LINEAR ALGEBRA

まずはこの一冊から

意味がわかる 線形代数

●●● 石井俊全 著
Toshiaki Ishii

はじめに

数ある線形代数の本の中から、この本を手に取っていただきありがとうございます。

ぼくは、「大人のための数学教室　和」という塾で、社会人の方に数学を教えています。ここにはよく文系学部の出身だけれども、どうしても数学が仕事に必要だという方が数学を習いに来られます。例えば、こんな方もいらっしゃいます。

「データ解析のアウトプットを見ても、解析の途中でされている手順がブラックボックスになっているので、結果として出てくる指標の意味が理解できません。ぜひともその仕組みを知りたいという知的好奇心がふつふつと湧いてきているのです」

他人が解析した結果を読むだけで済むのですから、業務には差し障りはないはずですが、どこか腑（ふ）に落ちないものを抱えていらっしゃるのでしょう。 やはり、コンピュータが行なっている解析の手順、その背景の理論を知っているに越したことはありません。

大学受験のときに文系を選択してしまうと、線形代数の基礎を学ぶ機会を逸してしまいます。経済学部に進まれた方は、そこで線形代数に出合うはずなのですが、高校での基礎がないため、いきなり抽象論から始まる大学の授業では身に付けるのにハードルが高いようです。そんな社会に出た方で、線形代数を理解することの必要に迫られている文系学部出身の方がこの本の第一の読者と言えます。

また、理系出身で、大学 1、2 年のときに線形代数を学んだ方でも、今やすっかり忘れてしまっている、当時は単位を取ることに一所懸命でいまだもって線形代数の概念の意味までは理解していない、という方もいらっしゃるでしょう。こういう方も、この本の対象読者です。この本は、線形代数の概念の意味を、図像も豊富に用いて分かりやすく説いていますから、この本で線形代数の復習をすることは、復習以上の効果があり、なお余りあるおつりがくることと思います。

そんな読者のみなさんに、よりよく線形代数を理解してもらうため、基本方針を練り、随所で表現の工夫を凝らしました。それらをまとめると、以下の 4 点になります。

① 概念が可能な限り言葉で説明されている
② 線形代数の諸概念の図像的イメージを説明
③ 話の流れがスムーズ
④ 社会科学・工学での応用を見据えた構成

① 概念が可能な限り言葉で説明されている

数学には興味がある、数学を理解してみたい！ と思って、本を読み進めていくのだけれど、途中で数式が出てくるとそこで止まってしまう。あわよくば数式を飛ばして読んでいっても理解できるのではないかと思って読み進めていくのだけれども、そういう箇所が積み重なってくると、それがボディブローのように効いてきて、あえなくノックダウン。という数学書との格闘を続けてこられた方も多いと思われます。

そこで、本書では数学の概念であっても、文系の方が分かるように可能な限り言葉で表現していくつもりです。もちろん、それと並行して数式・

図表でも表現していきます。

そもそも線形代数とは何か、から始まって、ベクトル、線形空間、線形写像、固有値・固有ベクトル、…、という**数学の概念を可能な限り言葉で説明します**。

ぼくは、「大人のための数学教室　和」という塾で、文系に進まれた方を対象に講義をしています。そこで出会った文系出身の生徒さんの言葉での表現能力にはいつも舌を巻いています。ぼくが説明する数式での概念を逐一言葉に置き換えて理解するんですね。概念を理解したあと、言葉に置き換える様はそれは見事なものです。きっと、ぼくとは頭脳の働いている箇所が異なっているのだなあと感じます。こちらが勉強させていただいている感じです。

きっとこの本を読んだあとは、数式に不慣れな方でも、お酒の席で「線形代数っていうのはさあ……」なんて、蘊蓄(うんちく)を披露できるようになっていることと思います。

②　線形代数の諸概念の図像的イメージを説明

線形代数は1次式を扱う数学の分野であるとともに、ベクトルといった図形的対象を扱います。計算で出てきた結果が、図形的にどのような意味を持っているのかを理解することは、線形代数の深い理解につながります。応用の場面でも縦横無尽にその理論を駆使することができるようになります。

そこでこの本では、図像を豊富に用い、概念の要諦を伝えることを目指しました。1次結合、部分空間、線形変換、固有値などを図像で表してみました。

数式の扱いはうまくはないけれど、図形的センスはあるといった方もいらっしゃるでしょう。事実、教室でそのような方に何人もお会いしてきました。そんな方は、この本の日本語部分の解説を読みながら挿図を見ることをお勧めします。それだけでも大まかな線形代数の概念をつかめると思います。

③ 話の流れがスムーズ

線形代数の参考書には、計算法を伝えることを第一の目的としている本があります。そのような本では、定義から始まって、計算法が示されます。が、概念についての十分な説明はありません。

それとは違ったタイプの本で、定義から始まり、定理、証明と進んでいく、正統ですが固めのものもあります。

もちろんいずれのタイプの本も、それぞれの役割があり、それぞれの読者がいらっしゃいます。でも、これから本格的に学んでいこうという人にとっては、意味の分からない計算法や無味乾燥な定義ばかり述べられても、読む気が失(う)せてしまうのではないでしょうか。とくに、大人になればなるほど、頭からこれはこうと決め付けられても、なかなか納得しづらいものです。大人になってから他言語を習得するときは、幼児期ほど素直に吸収できないのと同じ理由ですね。

ですから、この本では、定義のモチベーションを説き起こしたり、数値の入った具体例を先に出してから説明していくことを心がけました。

なぜそのように定義するのか、どういう目的意識でその概念を設定したのかを、具体例をあげながら解説してあります。

こうすることで、話の流れに一本筋が通って、初めて学ぶ人にとっては他書に比べて読みやすい本になっていると思います。いわば、線形代数を納得するための流動食という感じですね。

行列の計算法を本の冒頭に与えてから、おもむろに概念を解説していく本も見受けられます。本書では、なぜそのような計算方法をとったのかが分かるように、計算法が出てきた由来から説明を加えていきます。「行列の積」「行列式」の計算法についてもそのようなスタンスです。

1960年の教育課程から、高校でもベクトルがとり入れられるようになりました。1973 年からは、行列とそれが意味するところの 1 次変換も高校で習うようになりました。ときどき、行列・1 次変換が複素数にとって代わられて課程から姿を消すこともあったのですが、ベクトルのほうは引き続き教えられていて、いまや高校数学の基盤となっています。

ただし、このうち 1994 年から 2003 年までは、行列の計算方法だけが教えられ、1 次変換は教えられていませんでした。**1 次変換が分からなければ、行列の積の意味が分かりません**から、この期間に高校で数学を学んだ人は、意味の分からない計算をひたすらさせられていたことになります。

よくこんなことがまかり通っていたものだと思います。この時期に数学を学んだ人が、「数学とは、与えられた計算法則に従って計算すると、答えが求まるだけのものだ。どうしてそう計算するかは知らないけどさ」なんていう認識を持ってしまったとしたら、いったい誰のせいでしょうか。

この本を読めば、線形代数に出てくる計算法とその意味を十分に理解していただけるものと思います。

④　社会科学・工学での応用を見据えた構成

この本が想定する読者の方には、線形代数を社会科学や工学で応用することに興味がある方が多く含まれます。ですから、この本では、社会科学や工学において重要になってくる線形代数の概念を中心にして、講義の流れを構成しました。

この分野の応用で重要なのは、

・線形空間と基底　→　・線形変換　→　・基底の取替え
→　・固有値・固有ベクトル　→　・行列の対角化

という一連の流れであると考えます。

線形代数は、数学、物理学、化学はもとより、工学、経済学、社会科学といった分野にまで幅広く応用されている数学の理論です。

細かく言えば、多変量解析、線形計画法、信号理論、画像処理、3次元グラフィックス、…など切りがありません。2つ以上の変数を扱うところには線形代数が出てきてしまうといっても過言ではないでしょう。

これらの応用で重要なことは、**その変数を、より分かりやすい変数に取替えることです。**変数を取替えることによって、数の羅列からある特徴を導き出すことができるのです。応用の場面では、データの特徴をよく捉えることができるような見通しのよい「変数」を探すのが目的となることが多いのです。ですから、「変数の取替え」を意味する「基底の取替え」は重要であると考えます。

でも、「基底の取替え」が、きっちりと書かれている線形代数の本は意外と少ないです。割愛している本も多く見受けられます。

「基底の取替え」の概念とその形式を理解しておかなければ、「行列の対角化」の真の意味も理解することはできません。

「固有値・固有ベクトル」「行列の対角化」は、線形代数のクライマックスとも言うべき概念です。線形代数の用語では、「固有値」と言いますが、具体的な対象を扱う他の分野では、これに「固有値」とは異なった名称を与えることが多々あります。数学で言うところの「固有値」は、さまざまな分野で頻出の概念なのです。ですから、線形代数で「固有値」の意味をしっかりつかんでおくと、他の分野での類似の概念もスラスラと分かるようになります。それほど重要な概念です。この概念を読者の皆さんに、イメージと形式の両面で理解していただければ、この本の使命の大半が終わったと言ってもよいでしょう。

この本では、「スペクトル分解」という概念を解説しました。これは、初学者向けの解説書ではあまり触れられることの少ない概念ですが、応用上はとくに重要であるという私見のもと、あえて解説した次第です。このレベルの本で「スペクトル分解」を説明している本はなかなかないでしょう。とはいえ、初学者向けの本に書かれていないから難しいというわけではありません。「行列の対角化」にちょっと毛が生えた程度のものです。それでいて、幅広い分野に顔を出す概念です。

また、普通の解説書であれば、「連立方程式」の次ぐらいの章で解説する4次以上の「行列式」の定義が最後に回されているところも、この本の特徴です。「行列式」の概念は、数学・物理学では重要ですが、他の分野ではさほど重要ではないのではないかとの判断からです。

ただ、「行列式」の概念に全く触れずにメインストリームの概念を解説できるかというと、そうでもありません。「逆行列」を扱うところでは、どうしても「行列式」に言及せざるを得ません。この本の初めに出てくる「行列式」の説明は、行列式の定義から述べることはせずに、最小限の記述におさえました。後ろのほうでしっかりと説明します。

なお、経済学など、多変量についての「微積分」が必要になる方は、「行列式」の概念も、その幾何的なイメージとともにしっかりと学習しておく必要があります。本書では、「行列式」の図像的イメージもしっかりと説明しました。

線形代数の多くの本では、最後に「ジョルダン標準形」というトピックスを扱っています。しかし、この本では、この話題は応用には必要ないとして切り捨てました。「ジョルダン標準形」の理論は、行列をタイプ分けするときに必要な理論の1つです。**が、応用で扱われる行列は、そのほとんどが「対称行列」というタイプの行列であり、「対角化」することができるので、「ジョルダン標準形」を持ち出す必要がない**のです。

「はじめに」のおわりに、各章、節の流れを模式的に示して、学習の手順も述べておきましょう。

大きくシカク囲みをしたところを順に学んでいくのが、この本のメインストリームになります。

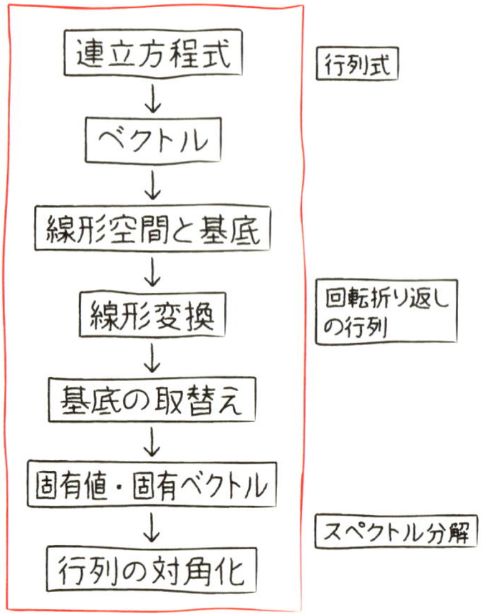

本書執筆の機会を賜りましたのは、私が講師をさせていただいている「大人のための数学教室　和」に書籍の企画が持ち込まれたことから始まります。

教室代表の堀口智之氏に、この企画をふっていただきました。深く感謝いたします。教室では、数学を学ぶ楽しさが伝わっていくような授業ができるよう努力して参ります。

ベレ出版の坂東一郎氏には、拙い原稿を本の形にしていただきました。いくら感謝しても足りません。また、編集者として多くの学ぶべき点があり、これで稿料をいただいよいのかと、ふと疑問に思うことさえありました。「語りかける数学」のようなロングセラーの良書をこれからも出し続けていかれることを祈念いたします。

また、組版を担当していただいたWAVEの清水氏、ラフな手書きの原稿の図から魅力的な図版を起こしていただいた溜池氏、校閲・校正担当の高橋氏、校正担当の小山氏、その他、関わっていただいた全てのみなさん、本当にお世話になりました。

なお、私が出版社の社員という身分でありながら、他社への寄稿を快諾していただきました株式会社東京出版代表取締役の黒木美左雄氏のご厚情には、本業を通して感謝の意を示していく所存です。

平成23年5月

石井俊全

まずはこの一冊から　意味がわかる線形代数

もくじ

第5章　対角化の意味

第 0 章

線形代数とは

① セ・ン・ケ・イ・ダ・イ・ス・ウ
―― 線形代数という言葉

線形代数って何？

「線形代数」って、どういうものを扱って、どういうことを言わんとしている数学の分野なんだろう。字面からいろいろと想像を巡らせている方もいらっしゃるかと思います。

まずは、「線形代数」という言葉の成り立ちから、線形代数の大まかな像に迫ってみましょう。

線形代数は、他の数学の諸概念と同様、ヨーロッパをその起源としています。そこで、線形代数という日本語の訳語よりも、まずは英語の**線形代数**を表す“**linear algebra**”という語にさかのぼって、そのイメージをつかんでみましょう。

“linear”は、“line”の形容詞です。“line”は、印欧語でリン＝亜麻糸、lign を語源に持つ単語で、糸のように細長いものを表しています。“line”に、「直線」と訳語を当てるのはご存知のとおりです。

ですから、文脈を無視していいので、“linear”の訳語を１つ上げよ、という問いに対しては、“直線の”と答えることになります。“linear”は、リニアと読み、日本語でもおなじみのリニアモーターカーのリニアとして使われています。軸を中心に回転するモーターに対し、軸を持たずに直線運動をするモーターを“リニアモーター”と言うのです。

“algebra”のほうも見ていきましょう。

“algebra”という語はアラビア語の“al-jabr”に由来しています。“al-jabr”は、「復元する」という意味を表します。方程式を解くときに、標準形に復元する操作をします。そこから未知数を文字でおき、方程式を解くような

数学の問題を “algebra” と呼ぶようになったそうです。

“algebra” は、日本語で「代数」と訳されます。

中学校に入学したての1年生で、数を x、y といった文字でおく考え方を学びましたね。未知数を x、y とおき、方程式を立てました。

$$2x + 1 = 3 \qquad \text{1次方程式}$$

$$\begin{cases} 2x + 3y = 3 \\ 3x + 4y = 5 \end{cases} \qquad \text{連立1次方程式}$$

$$x^2 + 5x + 6 = 0 \qquad \text{2次方程式}$$

などの方程式を解くことは、代数の分野の問題です。

このように “数の代わり” に文字でおく考え方を「代数」というのです。もっとも、「代数」という訳語は日本人が作ったものではありません。19世紀に “algebra” についての教科書を中国語で出版するとき、「代数学」と訳したことが、その嚆矢（こうし）とされています。数学の中身まで踏み込んだ名訳だと思います。

“linear algebra” を上で紹介した訳語を組み合わせて訳語を当てると、「直線の代数」となってしまいますね。う〜ん、このままでは、前半が図形のことに関する用語で、後半が式のことに関する用語で、ちぐはぐです。“linear” を代数にぴったり合うように訳すには、やはり中学校で習った数学の知識が必要です。

直線の式は、例えば、$y = 2x + 1$　あるいは　$2x + 3y = 1$ というように、x、y の1次式で表されましたよね。このことから、“linear” という単語は、代数の文脈において使われると、“1次の” あるいは “1次式の” という意味を持ってきます。

ですから、“**linear algebra**” を中身が分かるように意訳すれば、**「1次式を扱う代数」**となります。

線形代数学とは “1次式が持つ性質を研究する学問” なのです。

日本語の“線形”についても解説しておきましょう。

昔は、「センケイダイスウ」のことを“線型”代数と表記していました。しかし、文部省より“線型”を線形と表記するよう指導があり、徐々に線形代数と表記するようになりました。

形は、“カタチ”と読んで図像そのもののことを表し、型は“カタ”と読んで図像を分類したもの、分類したものに共通な性質を表します。線ケイ代数の“型”を“形”に置き換えたら、意味が違ってきますよね。中身が変わっていないのに、中身に由来する名前を変えろとは理不尽な要求です。まあ、よくある話ですが……。

書店に行くと、何冊かは、“線型”代数と表記されたタイトルの本が見つかります。これらは、文部省の通達よりも前に出版されたロングセラーの古典か、数学文化を大切にする気概を持った著者が書いた本のどちらかです。で、この本は？　といえば。ははは。ぼくがヘタレな日和見主義者なせいで、線形代数のほうになっています。とほほ。

線形代数は “linear algebra” の訳語です。

2 見た目から入る線形代数
―― 線形代数で扱うモノ

線形代数って何を扱うの？

線形代数学とは“1 次式が持つ性質を研究する学問”と言いました。少し実例をあげていきましょう。

等式が入った 1 次式で一番簡単なもの、例えば、

$$\boldsymbol{y = 2x}$$

なんて式があります。

これは、x の値を決めると y の値が決まります。上の式のような関係があるとき、「**$\boldsymbol{y}$ は $\boldsymbol{x}$ の 1 次関数である**」と言いました。とくにこの式では定数項がないので、「y は x に比例する」と言えます。比例関係というのは小学校でも勉強しましたね。こういった比例式は、「線形変換」という線形代数が扱う重要な概念の一番簡単な例になっています。

線形代数は、この「比例式」からすべてが始まるんです。でも、この比例式のままでは、あまり豊かな世界は築けませんよね。

そこで、$y = 2x$ では、文字は 2 文字ですが、この文字の数を増やしていくわけです。例えば、

$$\begin{cases} z = 2x + 3y \\ w = x + 4y \end{cases} \quad \cdots\cdots\cdots ①$$

といった具合です。

「$y = 2x$」の式では、「y は x に比例する」という言葉で表現し、x が 1 増えれば、y が 2 増えるという性質がありました。x に対する y の値を求め

るだけでなく、その 2 変数の変化の関係を特徴付けることができたわけです。

それでは、①の式の場合は、どうでしょうか。左辺に出てくる z、w と右辺に出てくる x、y にはどんな関係があるのでしょうか。

ここで持ち出されるのが高校でも習ったベクトルです。

ベクトルには、成分表示というのがあったのは覚えていますか。

例えば、座標平面上で原点と点(3, 4)を結んだ矢印(これがベクトル)を考えます。それを 2 数の組 $\begin{pmatrix} \mathbf{3} \\ \mathbf{4} \end{pmatrix}$ で表します。これが成分表示です。

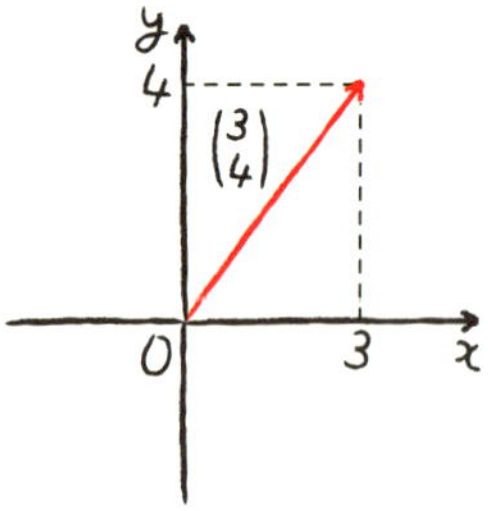

①の式を**ベクトル** $\begin{pmatrix} \boldsymbol{x} \\ \boldsymbol{y} \end{pmatrix}$ **とベクトル** $\begin{pmatrix} \boldsymbol{z} \\ \boldsymbol{w} \end{pmatrix}$ **の関係を表す式**と見るわけです。

それでは、$\begin{pmatrix} x \\ y \end{pmatrix}$ と $\begin{pmatrix} z \\ w \end{pmatrix}$ の関係はどのように特徴付けられるでしょうか。これに答えるのが線形代数の理論です。

線形代数は、1 次式を扱う数学だと言いましたが、式だけを扱っているわけではありません。式のみを扱って理論を展開することもできますが、ベクトルといった図形的対象を用いて式に意味付けをすることで、定義の意味や定理の成り立ちを深く理解することができます。

①からさらに扱う文字数を多くし、式の本数を増やしていくと、式をまとめて統一的に扱えるような理論がないと立ち行かなくなってきそうな気がしませんか。こういう**多変数からなる複数の 1 次式を上手く扱えるよ**

うにするのが線形代数の理論です。

　線形代数は、ベクトルや、その先にある概念を包括した数学の分野なのです。すでに高校数学で線形代数の一部を学んでいたんだ、と考えると少しハードルが低くなったような気がしますね。

> 線形代数とは、
> ベクトルや多変数の１次式を扱う数学の理論。

③ ダ・ヴィンチの予言
―― 線形代数の意義

なぜ線形代数を勉強しなければならないの？

大袈裟なタイトルを掲げてしまいました。もちろん、線形代数を勉強しなくても、人は生きていくことはできます。社会生活に何の支障もありません。

「多変量解析の概念を理解していないと仕事にならないんで、
線形代数から勉強しなくちゃならないんです」

という状況でこの本を手に取られた方もいらっしゃるでしょう。多変量解析に限らず、経済学、統計学、工学といった学問分野をベースとした仕事をされていて、必要に駆られて線形代数を勉強しなければならない方も多いことと思われます。ぼくが教えている「大人のための数学教室　和」には、仕事での必要性から線形代数を学ばなければならない多くの人がいらっしゃいます。

しかし、ぼくは、線形代数というのは、そうでない人でも学ぶ意義がある数学の分野であると思っています。それは、線形代数が、ぼくたちが住んでいる世界を認識するときの根本原理の１つだと思っているからなんです。

レオナルド・ダ・ヴィンチは、

「比例は、単に数および量の中に見出されるのみでなく、
さらに音、重量、時間および位置、
その他あらゆる可能態の中にもあるはずだ」

と述べました。

ダ・ヴィンチの言葉を少し補って大胆に解釈すれば、

「互いに関係がある2変数があると、それらの関係は比例式で記述することができる」
ということになるでしょう。

ダ・ヴィンチが生きた時代は15～16世紀です。物理学では、17世紀にはニュートンによる力学が、18世紀後半にはクーロンの法則など電磁気学が、19世紀にはカルノーによる熱力学が花開きました。これらでは、いずれも比例式が基礎となっています。そのことを予言するかのように「あるはずだ」と確信を持って、2世紀も前に上の言葉を吐いているのです。ダ・ヴィンチは、世界を捉える根本原理が比例式にあることを見抜いていたわけです。これが世界の認識の根本原理であることを暗黙裡に知っていたのでしょう。

2変数では比例式ですが、2以上の多変数になったときもやはり1次式の関係が重要であるとの認識をダ・ヴィンチは持っていたのではないかと思われます。その多変数の場合、1次式で表された諸量の関係を解析するのに必要となってくる理論が線形代数です。そういう意味で、線形代数は世界を認識するときの根本原理なのです。

もっとも線形代数が初めから世界の成り立ちを解明するために企図されていたかというと、そうでもないところが歴史の妙味です。線形代数を記述する上で根幹となるのは、数字を長方形に並べた「行列」と呼ばれるものです。「線形代数」という名称が使われるまでは、この分野は「行列と行列式」と呼ばれていたぐらいです。「行列式」は「行列」から派生してできた言葉のような印象がありますが、歴史的には「行列式」の概念のほうが早く考えられていました。「行列」はまだ考えられていなかったのですが、「行列式」だけは知られていたのです。

「行列式」の概念は、高次元の方程式を解くための理論を研究する過程で、17世紀の中ごろ、ライプニッツ(1646～1716)、関孝和(1642～1708）によって考案されました。和算の歴史が明治維新で途切れてしまったので、日本の数学者が行列式を考案していたことが、世界的には知られていないところがちょっと残念ですね。

線形代数を記述する上で一番基礎となる「行列」を定義したのは、ケイリー（1821 ～ 1895）です。19 世紀中ごろ、著書の中で、「行列」の積、スカラー倍、逆行列などを定義しました。20 世紀初めまで、「行列」は数学者だけが使うものでした。

「行列」を数学以外の分野で使い出したのは、物理学者のハイゼンベルクでした。量子という小さい粒子の動きを方程式で記述するために、線形代数を駆使した「行列力学」という分野を確立しました。1925 年のことです。このときから、線形代数は「世界を記述する」という使命を帯びてきます。

以後、「行列」という計算の道具に、線形空間、線形写像、固有ベクトルといった概念が加わって整備されるようになると、物理学以外にもその応用範囲がグンと広がるようになりました。こうすることで、ダ・ヴィンチの予言の実現を線形代数が駆動していくことになります。線形代数は、工学、経済学、統計学といった学問の基盤となり、どの分野についても欠くことができない理論的基盤となりました。

ですから、線形代数を学ぶ必要がないと主張する人は、哲学を学ぶ必要がないと主張しているのに等しいと思います。まあ、哲学などなくとも人は生きていけると言われてしまえば、それまでなのですが……。

線形代数とは、世界を認識する方法の１つです。

④ もしも線形代数がなかったら…
── 線形代数の応用分野

線形代数はどのように応用されていますか？

線形代数は多くの学問分野で応用されている数学の概念の１つであると書きました。では、具体的にどんな学問分野で応用されているのでしょうか。そのほんの一端を紹介したいと思います。

われわれの日常生活により密着している順に述べてみましょう。

① 情報	② 統計学	③ 経済学・経営学
④ 社会科学	⑤ 化学	⑥ 物理学

① 情報

誤り符号訂正理論

機器を用いて情報をやりとりするとき、工学的な理由により一部が誤って伝えられてしまうことがあります。これを正しい情報に復元するのが、誤り符号訂正理論です。

これには、「**線形空間**」の概念が用いられています。

この理論では、信号を線形空間の点と見なします。それらの点を、隣り合う２点間の距離がなるべく大きくなるように配置しておきます。こうしておくことで、受け取った信号に多少のずれがあっても、元の信号に復元することができるのです。

携帯電話の情報のやりとりでは、この理論が使われています。電波障害やプログラムのバグがあって情報が誤って伝えられても、多少であれば正しい情報に復元できるのは、この理論のおかげです。

　また、音楽 CD の情報の読み取りにも、この理論が使われています。CD の表面に多少のゴミがついていても、音楽を正常に再生できることの裏には、この理論の支えがあります。

画像圧縮技術

　コンピュータでは画像をどのようにして扱っているのでしょうか。コンピュータでは、画像を細かく分割し、点の明るさの情報に置き換えて扱います。

　細かく点に分けるので、情報が膨大な量となってしまいます。そこで活躍するのが、画像の傾向を捉え効率よく画像をより小さい量の電子情報に変換する画像圧縮技術です。

　ここでは、線形代数の「**固有値・固有ベクトル**」の考え方が使われています。画像情報から固有値の大きい固有ベクトルを取り出して、他を切り捨てることで、情報を圧縮していきます。

3 DCG（3 次元コンピュータ・グラフィックス）

　3 D（3 次元）に置かれた対象を 2 次元の画像で表現することが 3 DCG 技術です。

　表したい対象を 3 次元の座標軸上にプロットします。この情報をもとに空間中の 1 点から見たときの画像を作るには、座標軸を取替えなければなりません。このとき必要になるのが、線形代数の「**基底の取替え**」の考え方です。

②　統計学

多変量解析

　複数の数の組からなるデータ（多変数データ）を扱うのが多変量解析です。例えば、あるグループで、（身長、体重、胸囲）のデータを取り、その傾向を分析しようというときには、多変量解析の理論が有用です。

p.20で、2数の組をベクトルと見たように、多変数データを多次元のベクトルと見なして、線形代数の理論を応用します。

多変量のデータの傾向を分析するときに重要になるのが、線形代数の「**基底の取替え**」と「**固有値・固有ベクトル**」の考え方です。

多変量解析でいうところの「主成分」とは、最大の大きさの固有値に対する固有ベクトルのことです。

③　経済学・経営学

線形計画法

経営では、限られた経営資源を有効に利用して、最大限の利益を上げることが1つの目的です。このとき、どのように資源を配分すればよいかの答えを出すのに有効な考え方が線形計画法です。

各資源と各製品の関係を表す係数を求め、線形代数で扱う「**行列**」に整理します。この行列の不等式を解くことで、利益が最大となる資源の配分を求めます。

産業関連表

経済を複数の産業に分類し産業間の関係を表したものを産業関連表と言います。産業関連表の分析には、線形代数の「**行列**」や「**逆行列**」の理論が用いられています。

農業生産物から工業製品を作るように、各産業での製品が他の産業の材料となる場合があります。これについての統計を取り、各産業の投入と産出の関係を係数で表し、その係数を並べた行列を分析します。

これによって、経済のモデルを把握し、どの産業にどれだけの投資をしていけば効率のよい政策投資ができるかの判断をします。

④　社会科学

人口の動態分析

年齢階層別人口表を用いて、将来の人口構成を予測するのが、人口の動態分析です。

経年の人口の変化から、人口の動きを表す「**行列**」を求めます。線形代数の理論から、人口構成が一定化したとき人口が一定の割合で縮小することが導かれます。この縮小率は、行列の一番大きな「**固有値**」となっています。

⑤　化学

Huckel 近似

化学物質どうしの反応の特性を調べるには、媒介となる電子の振る舞いを知ることが１つの手がかりとなります。その電子の振る舞いを計算で解析するときに用いるのが Huckel 近似です。

Huckel 近似で用いられるのは、線形代数の「**固有値**」の考え方です。電子の振る舞いを表す方程式の解を線形空間と捉え、小さい固有値に対する固有ベクトルを選んで、電子の振る舞いを近似的に捉えます。

⑥　物理学

量子力学

原子、分子、電子、素粒子といった量子の振る舞いを方程式によって記述するのが量子力学です。ここで使われているのが、線形代数の表現形式である「**行列**」という道具です。

1925 年に、ハイゼンベルクは、量子の振る舞いの運動方程式を表現するために「行列」を用い、「行列力学」を発表しました。

上の Huckel 近似のおおもとの考え方になっています。

ここにあげた例は、線形代数が数学以外の分野で応用されている実例のほんの一部です。2つ以上の変数を扱うところでは、どこに行っても顔を出すのが線形代数の考え方です。数を扱う学問であれば、どんな学問であっても線形代数が入り口に構えていると言っても過言ではありません。みなさんも学問を進めていく上で、上にあげた以外の興味ある線形代数の応用に遭遇することでしょう。その学問の敷居を高くするのも低くするのも、この本の理解に懸かっていると言えます。ぜひとも、この本で線形代数の要諦をつかんでください。

第 1 章

連立1次方程式

1 掃き出して未知数を求めよう
── 連立 1 次方程式の解き方

掃き出し法って何？

x、y の連立 1 次方程式は、中学校で解きましたよね。

ここら辺りから復習していきましょう。

x、y を未知数とした連立方程式

$$\begin{cases} 2x + 2y = 2 & \cdots\cdots\cdots ① \\ 3x - 4y = 10 & \cdots\cdots\cdots ② \end{cases}$$

を解いてみましょう。

中学校では、連立方程式の解き方として 2 つの解法を習いました。代入法と消去法です。線形代数で重要になってくるのは消去法のほうです。**消去法は、1 つの文字について係数を合わせてから、式どうしの引き算をし、未知数の個数を減らしていく方程式の解法**でした。

例えば、上の連立方程式では、x の係数を、6 に合わせるために、①を 3 倍にし、②を 2 倍にします。これらの差をとって、

$$\begin{array}{rrl} & 6x + 6y = 6 & \cdots\cdots\cdots ①\times 3 \\ -) & 6x - 8y = 20 & \cdots\cdots\cdots ②\times 2 \\ \hline & 14y = -14 & \\ & y = -1 & \end{array}$$

（$\div 14$）

①の y に -1 を代入して、

$$2x + 2(-1) = 2$$
$$2x = 4$$

移項して $2+2$

$$x = 2$$

答えは、$\boldsymbol{x = 2}$**、**$\boldsymbol{y = -1}$　と求まりました。

線形代数で連立方程式を解くときの消去法は、これよりももっとシステマチックな消去法です。

さっそく実演してみましょう。

まず、x の係数を１に合わせるために、①を２で割ります。

①÷２
$$\begin{cases} x + y = 1 & \cdots\cdots\cdots ③ \\ 3x - 4y = 10 & \cdots\cdots\cdots ② \end{cases}$$

次に、②の x の係数を０にしましょう。③の x の係数が１、②の x の係数が３ですから、②に③の－３倍を足すと x の係数を消すことができます。

$$\begin{array}{rrl} & -3x - 3y = -3 & \cdots\cdots ③\times(-3) \\ +) & 3x - 4y = 10 & \cdots\cdots ② \\ \hline & -7y = 7 & \quad ③\times(-3)+② \end{array}$$

②の代わりに、③×(－３)＋②を書きます。③も書いておくことにします。

③×(－３)＋②
$$\begin{cases} x + y = 1 & \cdots\cdots\cdots ③ \\ -7y = 7 & \cdots\cdots\cdots ④ \end{cases}$$

次に、④の y の係数を１に合わせるために④を(－７)で割ります。

④÷(－７)
$$\begin{cases} x + y = 1 & \cdots\cdots\cdots ③ \\ y = -1 & \cdots\cdots\cdots ⑤ \end{cases}$$

そして、③の y の係数を０にするつもりで、③の代わりに、③＋⑤×(－１)を書きます。

③＋⑤×(－１)
$$\begin{cases} x = 2 & \cdots\cdots\cdots ⑥ \\ y = -1 & \cdots\cdots\cdots ⑤ \end{cases}$$

③－⑤でもOK!
$$\begin{array}{rrl} & x + y = 1 & -- ③ \\ -) & y = -1 & -- ⑤ \\ \hline & x = 2 & \end{array}$$

こうして、連立1次方程式を解くことができました。

中学校で習った消去法と比べてどうでしたか。最後は、x、y の係数を1にした等式が欲しいのですから、係数を強引に1に合わせていくところが、この消去法のポイントなんです。

未知数が2個の場合、まだそのシステマチックなところが実感していただけないかと思われます。次に、3個の場合に挑戦してみましょう。

x、y、z 3つの未知数に関する連立1次方程式

$$\begin{cases} 4x - 7y + 4z = 1 & \cdots\cdots\cdots ① \\ x + y - z = 6 & \cdots\cdots\cdots ② \\ 2x + 5y - 8z = 3 & \cdots\cdots\cdots ③ \end{cases}$$

を解いてみましょう。

②の x の係数がすでに1になっています。これを用いて、①、③の x の係数を0にします。①の代わりに、①＋②×(－4)を、
③の代わりに③＋②×(－2)を書きます。

$-7+1\times(-4)$　$4+(-1)\times(-4)$　$1+6\times(-4)$

$$\begin{array}{l} ①+②\times(-4) \\ \\ ③+②\times(-2) \end{array} \begin{cases} -11y + 8z = -23 & \cdots\cdots\cdots ④ \\ x + y - z = 6 & \cdots\cdots\cdots ② \\ 3y - 6z = -9 & \cdots\cdots\cdots ⑤ \end{cases}$$

$5+1\times(-2)$　$-8+(-1)\times(-2)$　$3+6\times(-2)$

次に y の係数を1にすることを考えます。④を(－11)で割るのと、⑤を3で割るのと2通りありますが、⑤を3で割った場合なら係数は整数のままですから、こちらを採用します。

$$\begin{array}{l} \\ \\ ⑤\div 3 \end{array} \begin{cases} -11y + 8z = -23 & \cdots\cdots\cdots ④ \\ x + y - z = 6 & \cdots\cdots\cdots ② \\ y - 2z = -3 & \cdots\cdots\cdots ⑥ \end{cases}$$

$3\div 3$　$(-6)\div 3$

次に、この y を用いて④、②の y の係数を０にしましょう。

8+(−2)×11　　−23+(−3)×11

$$
\begin{array}{ll}
④+⑥\times 11 & \left\{\begin{array}{l} \qquad -14z=-56 \quad \cdots\cdots⑦ \\ x+\qquad z=9 \quad \cdots\cdots⑧ \\ \quad y-2z=-3 \quad \cdots\cdots⑥ \end{array}\right. \\
②+⑥\times(-1) &
\end{array}
$$

⑦を(− 14)で割って、z の係数を１に合わせます。

$$
⑦\div(-14)\left\{\begin{array}{l} \qquad z=4 \quad \cdots\cdots⑨ \\ x+\qquad z-9 \quad \cdots\cdots⑧ \\ \quad y-2z=-3 \quad \cdots\cdots⑥ \end{array}\right.
$$

⑨を用いて、⑧、⑥の式から z を消去します。

$$
\begin{array}{ll}
 & \left\{\begin{array}{l} \qquad z=4 \quad \cdots\cdots⑨ \\ x \qquad\ =5 \quad \cdots\cdots⑩ \\ \quad y \qquad =5 \quad \cdots\cdots⑪ \end{array}\right. \\
⑧-⑨ & \\
⑥+⑨\times 2 &
\end{array}
$$

答えは、$\boldsymbol{x=5}$、$\boldsymbol{y=5}$、$\boldsymbol{z=4}$　となります。

こうして、連立１次方程式を解くことができました。

これらの例から分かるように、この消去法の手順は、

掃き出し法の手順

① 文字(例えば x)の係数を１に合わせる。

② その係数が１となった式を用いて、
他の式の文字 x を消去する。

ということを各文字について繰り返していきます。すべての文字について係数が１になれば、方程式が解けたことになります。

係数を１に合わせたら、その式を用いて他の式にあるその文字を消去していく、まるで「１という箒(ほうき)を使って、文字を掃き出し」ていくかのよ

うですね。そこで、この消去法は、「**掃き出し法**」と呼ばれています。または、考案した数学者の名前を冠して、「**ガウス－ジョルダン（Gauss － Jordan）の消去法**」と呼ばれています。

掃き出し法の本質的な計算は以上の通りですが、2つほど補足があります。

一点目。みなさんもお気づきかもしれませんが、未知数の x、y、z は係数の位置さえしっかり書いておけば、省略できそうですね。いちいち書くのが面倒です。実際、「掃き出し法で計算せよ」という問題が出題された場合には、x、y、z を省略して、係数と右辺の数だけを書いて計算していきます。

二点目。最後の式、⑨、⑩、⑪は、z、x、y の順に並んでいますね。できれば、最後が x、y、z の順に並ぶと見やすいという理由から、最終結果の1が右下がりの対角線に並ぶように、途中で式と式を入れ換えるのが流儀です。

この流儀にしたがった掃き出し法の計算を、x、y、z を付けた計算とともに書いておきますから、追いかけてみてくださいね。

x、y、z を書いている表記　　　係数だけを取り出したもの

$$\begin{cases} 4x-7y+4z=1 & \cdots\cdots ㋐ \\ x+y-z=6 & \cdots\cdots ㋑ \\ 2x+5y-8z=3 & \cdots\cdots ㋒ \end{cases} \qquad \left(\begin{array}{ccc|c} 4 & -7 & 4 & 1 \\ 1 & 1 & -1 & 6 \\ 2 & 5 & -8 & 3 \end{array}\right)$$

1に注目

㋐と㋑を入れ換えて

$$\begin{cases} x+y-z=6 & \cdots\cdots ㋐ \\ 4x-7y+4z=1 & \cdots\cdots ㋑ \\ 2x+5y-8z=3 & \cdots\cdots ㋒ \end{cases} \qquad \left(\begin{array}{ccc|c} 1 & 1 & -1 & 6 \\ 4 & -7 & 4 & 1 \\ 2 & 5 & -8 & 3 \end{array}\right)$$

掃き出し

㋑ → ㋑＋㋐×(−4)，㋒ → ㋒＋㋐×(−2) として

$$\begin{cases} x+y-z=6 & \cdots\cdots ㋐ \\ -11y+8z=-23 & \cdots\cdots ㋑ \\ 3y-6z=-9 & \cdots\cdots ㋒ \end{cases} \qquad \left(\begin{array}{ccc|c} 1 & 1 & -1 & 6 \\ 0 & -11 & 8 & -23 \\ 0 & 3 & -6 & -9 \end{array}\right)$$

1にしよう

㋒ → ㋒÷3

$$\left\{\begin{array}{rl} x+y-z=6 & \text{-----㋐} \\ -11y+8z=-23 & \text{-----㋑} \\ y-2z=-3 & \text{-----㋒} \end{array}\right. \qquad \left(\begin{array}{ccc|c} 1 & 1 & -1 & 6 \\ 0 & -11 & 8 & -23 \\ 0 & 1 & -2 & -3 \end{array}\right)$$

対角線上に1をもっていこう

㋑と㋒を入れ換え

$$\left\{\begin{array}{rl} x+y-z=6 & \text{-----㋐} \\ y-2z=-3 & \text{-----㋑} \\ -11y+8z=-23 & \text{-----㋒} \end{array}\right. \qquad \left(\begin{array}{ccc|c} 1 & 1 & -1 & 6 \\ 0 & 1 & -2 & -3 \\ 0 & -11 & 8 & -23 \end{array}\right)$$

掃き出し

㋐→㋐+㋑×(−1)、㋒→㋒+㋑×11

$$\left\{\begin{array}{rl} x+z=9 & \text{-----㋐} \\ y-2z=-3 & \text{-----㋑} \\ -14z=-56 & \text{-----㋒} \end{array}\right. \qquad \left(\begin{array}{ccc|c} 1 & 0 & 1 & 9 \\ 0 & 1 & -2 & -3 \\ 0 & 0 & -14 & -56 \end{array}\right)$$

1にしよう

㋒ → ㋒÷(−14)

$$\left\{\begin{array}{rl} x+z=9 & \text{-----㋐} \\ y-2z=-3 & \text{-----㋑} \\ z=4 & \text{-----㋒} \end{array}\right. \qquad \left(\begin{array}{ccc|c} 1 & 0 & 1 & 9 \\ 0 & 1 & -2 & -3 \\ 0 & 0 & 1 & 4 \end{array}\right)$$

掃き出し

㋐→㋐+㋒×(−1), ㋑→㋑+㋒×2

$$\left\{\begin{array}{rl} x=5 & \text{-----㋐} \\ y=5 & \text{-----㋑} \\ z=4 & \text{-----㋒} \end{array}\right. \qquad \left(\begin{array}{ccc|c} 1 & 0 & 0 & 5 \\ 0 & 1 & 0 & 5 \\ 0 & 0 & 1 & 4 \end{array}\right)$$

対角線上に1が並んだ!!

x、y、zがあったときには式と呼んでいましたが、係数だけを取り出した計算法では、文字やイコールがありませんからもはや式とは呼べません。式の代わりに、「行」と呼びましょう。

「行変形」の仕方をまとめると、次のようになります。

行基本変形

① 行と行を入れ替える

② 1つの行をc倍する

③ 1つの行のc倍を他の行に足す

連立 1 次方程式を解くときの掃き出し法とは、行基本変形を用い、対角線に 1 が並ぶように変形していく消去法である、とまとめることができます。

> 掃き出し法とは、
> 　行基本変形を用いて対角線に 1 が並ぶように変形していく消去法である。

演習問題　以下の連立方程式を掃き出し法を用いて解いてみましょう。

(1) $\begin{cases} 2x-3y=-13 \\ 7x+5y=1 \end{cases}$

(2) $\begin{cases} x+5y-4z=-1 \\ x-5y+15z=17 \\ 4x+9y+5z=16 \end{cases}$

解答

(1)　まずは、行を入れ替えることをせずに、対角線に 1 が並ぶように掃き出し法を用いて解いてみます。1 行目を㋐、2 行目を㋑と表します。以下、同様に表記することにします。

$$\left(\begin{array}{cc|c} 2 & -3 & -13 \\ 7 & 5 & 1 \end{array}\right) \xrightarrow[\text{㋐}\times\frac{1}{2}]{\text{㋐}\to} \left(\begin{array}{cc|c} 1 & -\frac{3}{2} & -\frac{13}{2} \\ 7 & 5 & 1 \end{array}\right) \xrightarrow[\text{㋑}+\text{㋐}\times(-7)]{\text{㋑}\to} \left(\begin{array}{cc|c} 1 & -\frac{3}{2} & -\frac{13}{2} \\ 0 & \frac{31}{2} & \frac{93}{2} \end{array}\right)$$

$$\xrightarrow[\text{㋑}\times\frac{2}{31}]{\text{㋑}\to} \left(\begin{array}{cc|c} 1 & -\frac{3}{2} & -\frac{13}{2} \\ 0 & 1 & 3 \end{array}\right) \xrightarrow[\text{㋐}+\text{㋑}\times\frac{3}{2}]{\text{㋐}\to} \left(\begin{array}{cc|c} 1 & 0 & -2 \\ 0 & 1 & 3 \end{array}\right)$$

（1にする、掃き出し）

これより、$x = -2$、$y = 3$

左頁のように分数が出てきてしまうことを避けたいのであれば、次のようにしてもよいでしょう。

（7−3×2=1を思いついて／掃き出し／1にする）

$$\left(\begin{array}{cc|c} 2 & -3 & -13 \\ 7 & 5 & 1 \end{array}\right) \xrightarrow[\text{㋑}+\text{㋐}\times(-3)]{\text{㋑}\to} \left(\begin{array}{cc|c} 2 & -3 & -13 \\ 1 & 14 & 40 \end{array}\right) \xrightarrow[\text{㋐}+\text{㋑}\times(-2)]{\text{㋐}\to} \left(\begin{array}{cc|c} 0 & -31 & -93 \\ 1 & 14 & 40 \end{array}\right)$$

$$\xrightarrow[\text{㋐}\times(-\frac{1}{31})]{\text{㋐}\to} \left(\begin{array}{cc|c} 0 & 1 & 3 \\ 1 & 14 & 40 \end{array}\right) \xrightarrow[\text{㋑}+\text{㋐}\times(-14)]{\text{㋑}\to} \left(\begin{array}{cc|c} 0 & 1 & 3 \\ 1 & 0 & -2 \end{array}\right) \xrightarrow{\text{㋐}\leftrightarrow\text{㋑}} \left(\begin{array}{cc|c} 1 & 0 & -2 \\ 0 & 1 & 3 \end{array}\right)$$

掃き出し法は、まず１を作るのが目標です。割り算でなくとも、１を作ることができればよいのです。

(2)

（掃き出し／−10−(−11)=1で1を作る）

$$\left(\begin{array}{ccc|c} 1 & 5 & -4 & -1 \\ 1 & -5 & 15 & 17 \\ 4 & 9 & 5 & 16 \end{array}\right) \xrightarrow[\substack{\text{㋒}\to \\ \text{㋒}+\text{㋐}\times(-4)}]{\substack{\text{㋑}\to \\ \text{㋑}+\text{㋐}\times(-1)}} \left(\begin{array}{ccc|c} 1 & 5 & -4 & -1 \\ 0 & -10 & 19 & 18 \\ 0 & -11 & 21 & 20 \end{array}\right)$$

（1にする）

$$\xrightarrow[\text{㋑}+\text{㋒}\times(-1)]{\text{㋑}\to} \left(\begin{array}{ccc|c} 1 & 5 & -4 & -1 \\ 0 & 1 & -2 & -2 \\ 0 & -11 & 21 & 20 \end{array}\right) \xrightarrow[\substack{\text{㋒}\to \\ \text{㋒}+\text{㋑}\times 11}]{\substack{\text{㋐}\to \\ \text{㋐}+\text{㋑}\times(-5)}} \left(\begin{array}{ccc|c} 1 & 0 & 6 & 9 \\ 0 & 1 & -2 & -2 \\ 0 & 0 & -1 & -2 \end{array}\right)$$

$$\xrightarrow[\text{㋒}\times(-1)]{\text{㋒}\to} \left(\begin{array}{ccc|c} 1 & 0 & 6 & 9 \\ 0 & 1 & -2 & -2 \\ 0 & 0 & 1 & 2 \end{array}\right) \xrightarrow[\substack{\text{㋑}\to \\ \text{㋑}+\text{㋒}\times 2}]{\substack{\text{㋐}\to \\ \text{㋐}+\text{㋒}\times(-6)}} \left(\begin{array}{ccc|c} 1 & 0 & 0 & -3 \\ 0 & 1 & 0 & 2 \\ 0 & 0 & 1 & 2 \end{array}\right)$$

2 解がたくさんあったっていいじゃないか？

―― 1 つの値に決まらない場合

解の値が 1 つに決まらない連立方程式は、どんな連立方程式？

さて、こうすると連立 1 次方程式はどんな場合でも解の値が 1 つに決まりそうですが、そうでない場合もあるんです。これから、そのような例をいくつかお目にかけましょう。

まずは、x、y を未知数とする連立 1 次方程式から解いてみましょう。

$$\begin{cases} x - 2y = 3 \\ 3x - 6y = 9 \end{cases}$$

この方程式を掃き出し法に乗せると、

$$\left(\begin{array}{cc|c} 1 & -2 & 3 \\ 3 & -6 & 9 \end{array}\right) \xrightarrow[\text{㋑}+\text{㋐}\times(-3)]{\text{㋑}\to} \left(\begin{array}{cc|c} 1 & -2 & 3 \\ 0 & 0 & 0 \end{array}\right)$$

2 行目が 0 になってしまいました。これを元の方程式に戻すと、

$$x - 2y = 3 \qquad \cdots\cdots\cdots ①$$

だけの式になってしまったということです。これでは、x、y の値が 1 つに決まりません。

$3-2\cdot 0=3$　　　$5-2\cdot 1=3$

例えば、$x = 3$ であれば $y = 0$、$x = 5$ であれば $y = 1$ というように、この式を満たす x、y の組は、無数にあります。

それらすべてを表すには、k という文字を用います。$y = k$ とおきましょう。これを $x - 2y = 3$ に代入して、

$$x - 2k = 3\text{、これより、}x = 2k + 3$$

つまり、k がどんな数であっても、

$$x = 2k + 3\text{、}y = k$$

のとき、連立方程式を満たすということです。k を具体的にすることで、

$k = 0$ のとき、$x = 3$、$y = 0$、

$k = 1$ のとき、$x = 5$、$y = 1$

と、上で紹介した方程式を満たす x、y の組を実現することができます。連立方程式の解は

$x = 2k + 3$、$y = k$ （k は勝手な数）

となります。

この連立方程式には、式を満たす無数の x、y の組があることが分かりました。このように**無数に解の組がある方程式を「不定」**と言います。

念のため、これが解であることを確かめておきましょう。①に代入すると、

$$x - 2y = (2k + 3) - 2k = 3$$

確かに成り立っていますね。2番目の式は、1番目の式を3倍した式ですから、1番目の式が成り立てば、2番目の式も成り立ちます。1番目の式が成り立つことを確かめるだけでO.K.です。

もしも2番目の式の右辺が異なる値だったらどうでしょう。

$$\begin{cases} x - 2y = 3 \\ 3x - 6y = 10 \end{cases}$$

という連立方程式を考えてみましょう。

この方程式を掃き出し法に乗せると、

$$\left(\begin{array}{cc|c} 1 & -2 & 3 \\ 3 & -6 & 10 \end{array}\right) \xrightarrow[\text{①}+\text{㋐}\times(-3)]{\text{①}\to} \left(\begin{array}{cc|c} 1 & -2 & 3 \\ 0 & 0 & 1 \end{array}\right)$$

となります。2 番目の式を復元してみると、

$$0x + 0y = 1$$
$$0 = 1$$

と、成り立たない式が出てきてしまいました。これでは、どう x、y を決めようとも式を成り立たせる余地はありません。

このように、**解が 1 つもない方程式を「不能」**と言います。***x*、*y* を満たす実数がない**どころか、与えられた式どうしに矛盾があるわけです。

未知数が 3 つになった場合も見てみましょう。

$$\begin{cases} x + 2y - 5z = 4 \\ 2x + 3y - 7z = 7 \\ 4x - y + 7z = 7 \end{cases}$$

を解いてみましょう。掃き出し法を実行します。

$$\begin{cases} x + 2y - 5z = 4 \\ 2x + 3y - 7z = 7 \\ 4x - y + 7z = 7 \end{cases}$$

掃き出し

$$\left(\begin{array}{ccc|c} 1 & 2 & -5 & 4 \\ 2 & 3 & -7 & 7 \\ 4 & -1 & 7 & 7 \end{array}\right) \xrightarrow[\text{㋒}\to\text{㋒}+\text{㋐}\times(-4)]{\text{①}\to\text{①}+\text{㋐}\times(-2)} \left(\begin{array}{ccc|c} 1 & 2 & -5 & 4 \\ 0 & -1 & 3 & -1 \\ 0 & -9 & 27 & -9 \end{array}\right)$$

1にする

$$\xrightarrow{\text{㋑}\to\text{㋑}\times(-1)}\left(\begin{array}{ccc|c} 1 & 2 & -5 & 4 \\ 0 & 1 & -3 & 1 \\ 0 & -9 & 27 & -9 \end{array}\right)\xrightarrow[\text{㋒}\to\text{㋒}+\text{㋑}\times 9]{\text{㋐}\to\text{㋐}+\text{㋑}\times(-2)}\left(\begin{array}{ccc|c} 1 & 0 & 1 & 2 \\ 0 & 1 & -3 & 1 \\ 0 & 0 & 0 & 0 \end{array}\right)$$

掃き出し

式の形に戻してみましょう。初めは 3 本あった式も、

$$\begin{cases} x \qquad + \ z = 2 \\ \qquad y - 3z = 1 \end{cases}$$

と式は 2 本になりました。

先ほどは、$\boldsymbol{y} = \boldsymbol{k}$ とおきました。今度はどうしたらよいでしょうか。今度は、$\boldsymbol{z} = \boldsymbol{k}$ とおきます。すると、

$$\begin{cases} x \qquad + \ k = 2 \\ \qquad y - 3k = 1 \end{cases} \quad x、y\text{を求めると、} \begin{cases} x = -k + 2 \\ y = 3k + 1 \end{cases}$$

これから、方程式を満たす x、y、z の組は、

$x = -k + 2$、$y = 3k + 1$、$z = k$（k は勝手な数）

となります。

もしも、3 番目の式の右辺の数 7 を 8 に置き換えた方程式を解くとどうなるでしょうか。

$$\begin{cases} x + 2y - 5z = 4 \\ 2x + 3y - 7z = 7 \\ 4x - y + 7z = 8 \end{cases}$$

掃き出し法を実行すると、

$$\left(\begin{array}{ccc|c} 1 & 2 & -5 & 4 \\ 2 & 3 & -7 & 7 \\ 4 & -1 & 7 & 8 \end{array}\right) \xrightarrow[\text{㋒}\to\text{㋒}+\text{㋐}\times(-4)]{\text{㋑}\to\text{㋑}+\text{㋐}\times(-2)} \left(\begin{array}{ccc|c} 1 & 2 & -5 & 4 \\ 0 & \underset{\text{1にする}}{-1} & 3 & -1 \\ 0 & -9 & 27 & -8 \end{array}\right)$$

$$\xrightarrow{\text{㋑}\to\text{㋑}\times(-1)} \left(\begin{array}{ccc|c} 1 & 2 & -5 & 4 \\ 0 & 1 & -3 & 1 \\ 0 & -9 & 27 & -8 \end{array}\right) \xrightarrow[\text{㋒}\to\text{㋒}+\text{㋑}\times 9]{\text{㋐}\to\text{㋐}+\text{㋑}\times(-2)} \left(\begin{array}{ccc|c} 1 & 0 & 1 & 2 \\ 0 & 1 & -3 & 1 \\ 0 & 0 & 0 & 1 \end{array}\right)$$

となり、3番目の式は、

$$0x + 0y + 0z = 1$$
$$0 = 1$$

となり、矛盾した式が表れますから、これは不能な方程式です。

続いて、4文字 x、y、z、w の場合を解いてみましょう。

$$\begin{cases} x - 4y + z = -2 \\ 2x - 3y - 2z + w = 1 \\ x + y - 3z + w = 3 \\ 4x - y - 8z + 3w = 7 \end{cases}$$

これに掃き出し法を用いると、

$$\left(\begin{array}{cccc|c} 1 & -4 & 1 & 0 & -2 \\ 2 & -3 & -2 & 1 & 1 \\ 1 & 1 & -3 & 1 & 3 \\ 4 & -1 & -8 & 3 & 7 \end{array}\right) \xrightarrow[\substack{\text{㋒}\to\text{㋒}+\text{㋐}\times(-1) \\ \text{㋓}\to\text{㋓}+\text{㋐}\times(-4)}]{\text{㋑}\to\text{㋑}+\text{㋐}\times(-2)} \left(\begin{array}{cccc|c} 1 & -4 & 1 & 0 & -2 \\ 0 & 5 & -4 & 1 & 5 \\ 0 & 5 & -4 & 1 & 5 \\ 0 & 15 & -12 & 3 & 15 \end{array}\right)$$

$$\xrightarrow[\text{㋓}\to\text{㋓}+\text{㋑}\times(-3)]{\text{㋒}\to\text{㋒}+\text{㋑}\times(-1)} \left(\begin{array}{cccc|c} 1 & -4 & 1 & 0 & -2 \\ 0 & \underset{\text{1にする}}{5} & -4 & 1 & 5 \\ 0 & 0 & 0 & 0 & 0 \\ 0 & 0 & 0 & 0 & 0 \end{array}\right) \xrightarrow{\text{㋑}\to\text{㋑}\times\frac{1}{5}} \left(\begin{array}{cccc|c} 1 & -4 & 1 & 0 & -2 \\ 0 & 1 & -\frac{4}{5} & \frac{1}{5} & 1 \\ 0 & 0 & 0 & 0 & 0 \\ 0 & 0 & 0 & 0 & 0 \end{array}\right)$$

$$\xrightarrow{㋐ \to ㋐+㋑\times 4} \left(\begin{array}{cccc|c} 1 & 0 & -\frac{11}{5} & \frac{4}{5} & 2 \\ 0 & 1 & -\frac{4}{5} & \frac{1}{5} & 1 \\ 0 & 0 & 0 & 0 & 0 \\ 0 & 0 & 0 & 0 & 0 \end{array}\right)$$

となります。下の 2 行が 0 になってしまいました。4 本の式が 2 本になってしまったわけです。式に戻してみましょう。

$$\begin{cases} x \qquad -\dfrac{11}{5}z + \dfrac{4}{5}w = 2 \\ \qquad y - \dfrac{4}{5}z + \dfrac{1}{5}w = 1 \end{cases}$$

今度は、4 個の未知数に対して、式が 2 本しかありません。

$z = k$ とおくだけでは足りません。$z = k$、$w = l$ と 2 つの勝手な数を設定しましょう。

$$\begin{cases} x \qquad -\dfrac{11}{5}k + \dfrac{4}{5}l = 2 \\ \qquad y - \dfrac{4}{5}k + \dfrac{1}{5}l = 1 \end{cases} \quad x、y\text{ を求めると、} \begin{cases} x = \dfrac{11}{5}k - \dfrac{4}{5}l + 2 \\ y = \dfrac{4}{5}k - \dfrac{1}{5}l + 1 \end{cases}$$

となります。ですから、この方程式の解は、

$$\boldsymbol{x = \frac{11}{5}k - \frac{4}{5}l + 2、y = \frac{4}{5}k - \frac{1}{5}l + 1、z = k、w = l}$$

（k、l は勝手な数）

となります。2 個も勝手な数を設定しなければならないところが新しいところでしたね。k、l はどんな数でもよかったのですから、

$k = 5a$、$l = 5b$ と新しい文字を置いてみましょう。すると、

$$x = \frac{11}{5}(5a) - \frac{4}{5}(5b) + 2 = 11a - 4b + 2、$$

$$y = \frac{4}{5}(5a) - \frac{1}{5}(5b) + 1 = 4a - b + 1$$

となりますから、方程式を満たす x、y、z、w を

$$\boldsymbol{x = 11a - 4b + 2、y = 4a - b + 1、z = 5a、w = 5b}$$

（a、b は勝手な数）

と書くこともできます。こちらのほうが、分数がないぶん易しくなったような気がします。本質は変わっていません。みなさんが線形代数の演習書を勉強するとき、解答には係数を整数に置きなおしたものが書かれていることもありえます。答えが合わないと慌てないようにしましょう。

さらに、上の掃き出し法では x、y の係数を1にしましたが、文字の順序を変えて、

$$\begin{cases} z + x - 4y = -2 \\ -2z + w + 2x - 3y = 1 \\ -3z + w + x + y = 3 \\ -8z + 3w + 4x - y = 7 \end{cases}$$

としたらどうでしょう。これに掃き出し法を実行すると、

$$\left(\begin{array}{cccc|c} 1 & 0 & 1 & -4 & -2 \\ -2 & 1 & 2 & -3 & 1 \\ -3 & 1 & 1 & 1 & 3 \\ -8 & 3 & 4 & -1 & 7 \end{array}\right) \xrightarrow[\text{㋓→㋓+㋐×8}]{\substack{\text{㋑→㋑+㋐×2} \\ \text{㋒→㋒+㋐×3}}} \left(\begin{array}{cccc|c} 1 & 0 & 1 & -4 & -2 \\ 0 & 1 & 4 & -11 & -3 \\ 0 & 1 & 4 & -11 & -3 \\ 0 & 3 & 12 & -33 & -9 \end{array}\right)$$

$$\xrightarrow{\substack{\text{㋒→㋒+㋑×(−1)} \\ \text{㋓→㋓+㋑×(−3)}}} \left(\begin{array}{cccc|c} 1 & 0 & 1 & -4 & -2 \\ 0 & 1 & 4 & -11 & -3 \\ 0 & 0 & 0 & 0 & 0 \\ 0 & 0 & 0 & 0 & 0 \end{array}\right)$$

これから、式を満たす z、w、x、y は、

$$z = -k + 4l - 2、w = -4k + 11l - 3、x = k、y = l$$
$$(k、l は勝手な数)$$

となります。文字の順序を変えただけの方程式ですから、解答は同じになるはずですよね。おかしいなあと思うかもしれませんが、どちらも正しい答えです。式を満たす x、y、z、w の表し方は 1 通りではないということなんです。

ここまで来ると、どのような連立 1 次方程式でも解けそうだと思えてきますね。ここで、方程式が不能でないときの連立方程式の解き方をまとめておきましょう。

x、y、z、w と書いていくと 26 文字しか使えませんので、

  x、y、z、w の代わりに、x_1、x_2、x_3、…
  k、l の代わりに、k_1、k_2、k_3、…

と書いていきます。

連立方程式の解き方

掃き出し法を用いて以下のようになったとき、

$$\begin{pmatrix} x_1 & x_2 & \cdots & x_\ell & x_{\ell+1} & \cdots & x_n & \\ 1 & 0 & 0 & \cdots & 0 & * & \cdots & * & * \\ 0 & 1 & 0 & \cdots & 0 & * & \cdots & * & * \\ 0 & 0 & 1 & \cdots & 0 & * & \cdots & * & * \\ & & & \ddots & & & & & \\ 0 & \cdots & \cdots & 0 & 1 & * & \cdots & * & * \\ 0 & 0 & 0 & \cdots & 0 & 0 & \cdots & 0 & 0 \\ & & & & \vdots & & & & \\ 0 & \cdots & \cdots & 0 & 0 & 0 & \cdots & 0 & 0 \end{pmatrix}$$

※は数字を表しています。
1 が ℓ コ並んでいます。

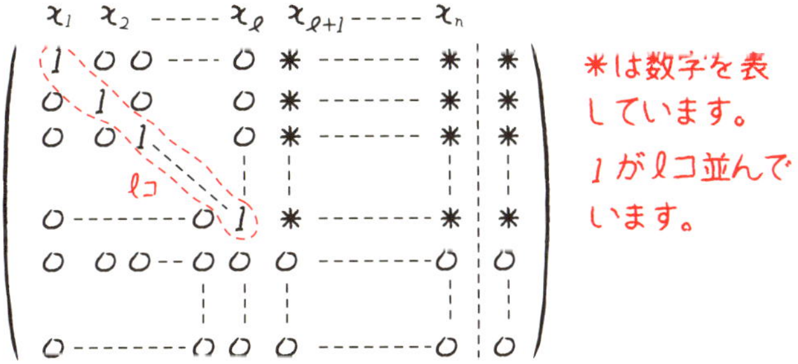

x_{l+1} から x_n までの未知数を、k_1、k_2、……と勝手な数でおき、x_1 から x_l までを実数 k_1、k_2、……によって表す。

上の 4 つの未知数を扱った連立方程式の例は、上のまとめをどう使っているのか示してみましょう。

$l = 2$、$n = 4$ で、

$$x_1 \to x、x_2 \to y、x_3 \to z、x_4 \to w$$

$$k_1 \to k、k_2 \to l$$

としています。

2コ並んでいるので、$l=2$

$$\begin{array}{cccc|c} x=x_1 & y=x_2 & z=x_3 & w=x_4 & \\ 1 & 0 & -\frac{11}{5} & \frac{4}{5} & 2 \\ 0 & 1 & -\frac{4}{5} & \frac{1}{5} & 1 \\ 0 & 0 & 0 & 0 & 0 \\ 0 & 0 & 0 & 0 & 0 \end{array}$$

P.45ではz, wをk, lとおいている。
一般論で言えば、x_3, x_4をk_1, k_2とおいている。

ここで、用語を補足しておきましょう。

ここまで扱った連立方程式はすべて 1 次式でしたから、これらを連立 1 次方程式と呼ぶことは了解していただけていると思います。

p.44 で扱った式の右辺をすべて 0 にした連立 1 次方程式

$$\begin{cases} x - 4y + z = 0 \\ 2x - 3y - 2z + w = 0 \\ x + y - 3z + w = 0 \\ 4x - y - 8z + 3w = 0 \end{cases}$$

を考えてみましょう。

このように右辺がすべて 0 になった方程式を**同次連立 1 次方程式**と言います。これに対して、右辺に 1 つでも 0 でない数があるときは、**非同次連立 1 次方程式**と呼びます。このページ以前の例は、すべてこれでした。

同次連立 1 次方程式の解き方はあらためて述べるまでもありません。非同次連立 1 次方程式の解き方が分かれば、同次連立 1 次方程式も解くことができます。

同じように掃き出し法を実行すればよいのです。上の掃き出し法を実行してみましょう。

$$\left(\begin{array}{cccc|c} 1 & -4 & 1 & 0 & 0 \\ 2 & -3 & -2 & 1 & 0 \\ 1 & 1 & -3 & 1 & 0 \\ 4 & -1 & -8 & 3 & 0 \end{array}\right) \xrightarrow[\text{㋓} \to \text{㋓}+\text{㋐}\times(-4)]{\text{㋑} \to \text{㋑}+\text{㋐}\times(-2),\ \text{㋒} \to \text{㋒}+\text{㋐}\times(-1)} \left(\begin{array}{cccc|c} 1 & -4 & 1 & 0 & 0 \\ 0 & 5 & -4 & 1 & 0 \\ 0 & 5 & -4 & 1 & 0 \\ 0 & 15 & -12 & 3 & 0 \end{array}\right)$$

$$\xrightarrow[\text{㋓} \to \text{㋓}+\text{㋑}\times(-3)]{\text{㋒} \to \text{㋒}+\text{㋑}\times(-1)} \left(\begin{array}{cccc|c} 1 & -4 & 1 & 0 & 0 \\ 0 & \underset{\text{1にする}}{5} & -4 & 1 & 0 \\ 0 & 0 & 0 & 0 & 0 \\ 0 & 0 & 0 & 0 & 0 \end{array}\right) \xrightarrow{\text{㋑} \to \text{㋑}\times\frac{1}{5}} \left(\begin{array}{cccc|c} 1 & -4 & 1 & 0 & 0 \\ 0 & 1 & -\frac{4}{5} & \frac{1}{5} & 0 \\ 0 & 0 & 0 & 0 & 0 \\ 0 & 0 & 0 & 0 & 0 \end{array}\right)$$

$$\xrightarrow{\text{㋐} \to \text{㋐}+\text{㋑}\times 4} \left(\begin{array}{cccc|c} 1 & 0 & -\frac{11}{5} & \frac{4}{5} & 0 \\ 0 & 1 & -\frac{4}{5} & \frac{1}{5} & 0 \\ 0 & 0 & 0 & 0 & 0 \\ 0 & 0 & 0 & 0 & 0 \end{array}\right)$$

実行するまでもなかったですかね。右端にはつねに0が並んでいます。解答は、

$$\boldsymbol{x = \frac{11}{5}k - \frac{4}{5}l、y = \frac{4}{5}k - \frac{1}{5}l、z = k、w = l}$$

(k, lは勝手な数)

となります。ちょうど、p.45の問題の解答の定数、2、1がなくなったものになります。

この非同次連立1次方程式を解くことは、先々重要になってきます。

> 連立方程式の解き方は
>
> 　掃き出し法を実行して、対角線に1が並んだところ以外の係数($x_{l+1} \sim x_n$)を持つ未知数をk_1、k_2、…と文字でおいて、対角線に1が並んだ係数を持つ未知数($x_1 \sim x_l$)を表す。

演習問題

次の連立 1 次方程式を解きましょう。

(1) $\begin{cases} x - 2y + z = 1 \\ 2x - 3y - z = 6 \end{cases}$

(2) $\begin{cases} x + 2y - z = 3 \\ 3x + 7y + z = -4 \\ -x - y + 5z = -16 \end{cases}$

(3) $\begin{cases} x + 2y - z - w = 3 \\ 2x + 3y + 5w = 2 \\ 4x + 7y - 2z + 3w = 8 \end{cases}$

(4) $\begin{cases} x + 5y - 8z - 2w = 7 \\ x + 3y - 2z = 3 \\ 3x + 7y + 2w = 5 \\ x + 2y + z + w = 1 \end{cases}$

解答

(1) 掃き出し法を実行して、

$$\left(\begin{array}{ccc|c} 1 & -2 & 1 & 1 \\ 2 & -3 & -1 & 6 \end{array}\right) \xrightarrow[\text{㋑}+\text{㋐}\times(-2)]{\text{㋑}\rightarrow} \left(\begin{array}{ccc|c} 1 & -2 & 1 & 1 \\ 0 & 1 & -3 & 4 \end{array}\right) \xrightarrow[\text{㋐}+\text{㋑}\times 2]{\text{㋐}\rightarrow}$$

$$\left(\begin{array}{ccc|c} 1 & 0 & -5 & 9 \\ 0 & 1 & -3 & 4 \end{array}\right)$$

$\boldsymbol{x = 5k + 9}$、$\boldsymbol{y = 3k + 4}$、$\boldsymbol{z = k}$　**（$\boldsymbol{k}$ は勝手な数）**

(2) 掃き出し法を実行して、

$$\left(\begin{array}{ccc|c} 1 & 2 & -1 & 3 \\ 3 & 7 & 1 & -4 \\ -1 & -1 & 5 & -16 \end{array}\right) \xrightarrow{\substack{\text{㋑}\to \\ \text{㋑}+\text{㋐}\times(-3) \\ \text{㋒}\to \\ \text{㋒}+\text{㋐}}} \left(\begin{array}{ccc|c} 1 & 2 & -1 & 3 \\ 0 & 1 & 4 & -13 \\ 0 & 1 & 4 & -13 \end{array}\right) \xrightarrow{\substack{\text{㋐}\to \\ \text{㋐}+\text{㋑}\times(-2) \\ \text{㋒}\to \\ \text{㋒}+\text{㋑}\times(-1)}}$$

$$\left(\begin{array}{ccc|c} 1 & 0 & -9 & 29 \\ 0 & 1 & 4 & -13 \\ 0 & 0 & 0 & 0 \end{array}\right)$$

$x = 9k + 29$、$y = -4k - 13$、$z = k$（k は勝手な数）

(3) 掃き出し法を実行して、

$$\left(\begin{array}{cccc|c} 1 & 2 & -1 & -1 & 3 \\ 2 & 3 & 0 & 5 & 2 \\ 4 & 7 & -2 & 3 & 8 \end{array}\right) \xrightarrow{\substack{\text{㋑}\to \\ \text{㋑}+\text{㋐}\times(-2) \\ \text{㋒}\to \\ \text{㋒}+\text{㋐}\times(-4)}} \left(\begin{array}{cccc|c} 1 & 2 & -1 & -1 & 3 \\ 0 & -1 & 2 & 7 & -4 \\ 0 & -1 & 2 & 7 & -4 \end{array}\right)$$

（-1 を 1にする）

$$\xrightarrow{\text{㋑}\to\text{㋑}\times(-1)} \left(\begin{array}{cccc|c} 1 & 2 & -1 & -1 & 3 \\ 0 & 1 & -2 & -7 & 4 \\ 0 & -1 & 2 & 7 & -4 \end{array}\right) \xrightarrow{\substack{\text{㋐}\to \\ \text{㋐}+\text{㋑}\times(-2) \\ \text{㋒}\to \\ \text{㋒}+\text{㋑}}} \left(\begin{array}{cccc|c} 1 & 0 & 3 & 13 & -5 \\ 0 & 1 & -2 & -7 & 4 \\ 0 & 0 & 0 & 0 & 0 \end{array}\right)$$

$x = -3k - 13l - 5$、$y = 2k + 7l + 4$、$z = k$、$w = l$

（k、l は勝手な数）

(4) 掃き出し法を実行して、

$$\left(\begin{array}{cccc|c} 1 & 5 & -8 & -2 & 7 \\ 1 & 3 & -2 & 0 & 3 \\ 3 & 7 & 0 & 2 & 5 \\ 1 & 2 & 1 & 1 & 1 \end{array}\right) \xrightarrow[\text{㋓}\to\text{㋓}+\text{㋐}\times(-1)]{\text{㋑}\to\text{㋑}+\text{㋐}\times(-1),\ \text{㋒}\to\text{㋒}+\text{㋐}\times(-3)} \left(\begin{array}{cccc|c} 1 & 5 & -8 & -2 & 7 \\ 0 & -2 & 6 & 2 & -4 \\ 0 & -8 & 24 & 8 & -16 \\ 0 & -3 & 9 & 3 & -6 \end{array}\right) \xrightarrow{\text{㋑}\to\text{㋑}\times(-\frac{1}{2})}$$

1にする

$$\left(\begin{array}{cccc|c} 1 & 5 & -8 & -2 & 7 \\ 0 & 1 & -3 & -1 & 2 \\ 0 & -8 & 24 & 8 & -16 \\ 0 & -3 & 9 & 3 & -6 \end{array}\right) \xrightarrow[\text{㋓}\to\text{㋓}+\text{㋑}\times 3]{\text{㋐}\to\text{㋐}+\text{㋑}\times(-5),\ \text{㋒}\to\text{㋒}+\text{㋑}\times 8} \left(\begin{array}{cccc|c} 1 & 0 & 7 & 3 & -3 \\ 0 & 1 & -3 & -1 & 2 \\ 0 & 0 & 0 & 0 & 0 \\ 0 & 0 & 0 & 0 & 0 \end{array}\right)$$

$x = -7k - 3l - 3$、$y = 3k + l + 2$、$z = k$、$w = l$

（k、l は勝手な数）

第2章

線形空間

① ふつうの数だって、立派なベクトルだ！
―― 線形空間の一番簡単な例

−５に隠された２つの意味とは？

小学校から中学校に入ると、数理・図形の性質を教える科目が、算数から数学に変わりましたね。中学校での数学の授業で一番初めに扱うのが、「正の数・負の数」でした。小学校では、数といえば正の数でしたが、中学校になると負の数まで扱うことになり、急に大人になったような気がしたのではないでしょうか。この「正の数・負の数」について、線形代数の観点からもう一度スポットライトを当ててみることにします。

小学校では、0から正の方向(右方向）にしか伸びていかなかった数直線も、中学校になると負の方向にも延ばすことになりました。

数直線上において、

＋５とは、0から右へ５目盛り移動した位置

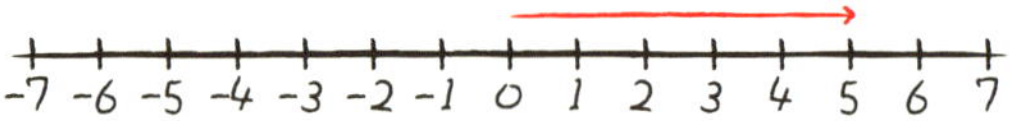

−５とは、0から左へ５目盛り移動した位置

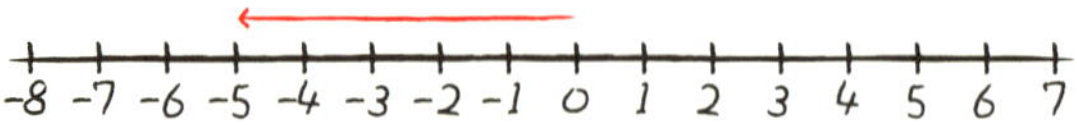

を表しています。移動の様子を矢印で表しました。

温度には、氷点下７度という表現がありますね。氷点というのは0度で、この氷点下７度というのは、0度より７度低い値という意味です。理科で

は、氷点下７度と表現しますが、数学的に表現すれば、マイナス７度ということです。温度計の目盛りを見ることで、マイナスの意味を実感していただけるものと思います。目盛りを読むだけでは面白くありません。正の数・負の数の演算は、数直線上では、どのような意味を持っているのかについて復習していきましょう。

数直線上において、

－３＋５＝２という式は、

「－３の位置から右に５だけ移動した点が２である」

ことを表しています。－３も移動した位置であると捉えて表現すれば、

「原点０から左へ３だけ移動し、続いて右に５だけ移動した点は、

原点０から右へ２だけ移動した点である」

ことを表しています。

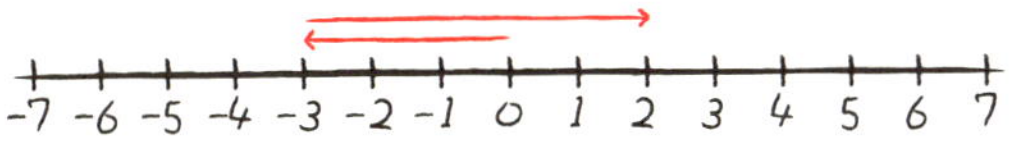

原点０から見ると、移動が２回続いています。

３＋(－５)＝－２という式は、

「原点０から右に３だけ移動した点から左に５だけ移動した点は、原点０から左に２だけ移動した点である」

こと表しています。

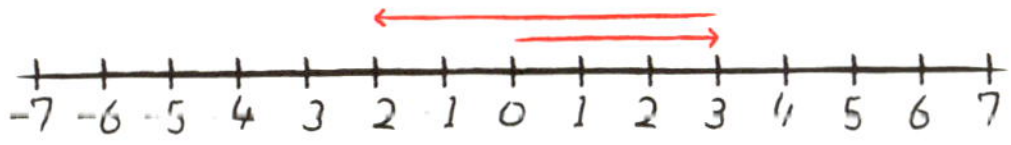

いずれの場合も、左辺は、原点０から見ると、移動が２回続いたものと見ることができます。等式は、

２本の矢印で表される移動を連続して施す移動が

１本の移動に等しい

と主張しているわけです。

ここで、あらためて、５と－５の意味について確認しておきます。

数直線上に単に点をプロットする(点を打つ)場合でも、足し算の結果をプロットする場合でも、数直線上の図で見ると、

５は、“右向きの大きさ５の矢印” 

－５は、“左向きの大きさ５の矢印” 

で表現されていますね。

このように“**向き**”と“**大きさ**”を持った情報を **ベクトル(vector)** と言います。数直線上の目盛りも、0からの移動を表していると見れば、それはもう立派なベクトルなんですね。そして、ベクトルは、上のように図形的には矢印で表されます。

矢印の根元を**始点**、先を**終点**と言います。

数直線上に単に点をプロットする場合でも、足し算の結果をプロットする場合でも、“－5”は、左方向に大きさ５の矢印を表していました。このように、“－5というベクトル”は、矢印の置かれた位置には関係しません。あくまでも**始点と終点の位置関係だけがベクトルの表すところ**なのです。

実数の足し算をベクトルで解説すると次のようになります。

－３＋５の答えを求めるのであれば、原点を始点としたときの－３のベクトルの終点に、５のベクトルの始点を重ね合わせ、５のベクトルの終点がある位置に書かれている数直線上の目盛りを読めばよいのです。

このように、足し算をするときは、２つの矢印が１本の道順になるようにつなげるわけです。模式的に描けば、

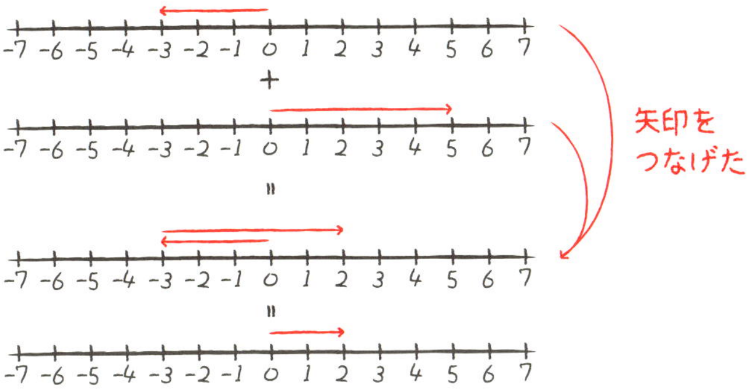

となります。

正の数・負の数の和についてはよく分かりました。

次に、積について考えてみましょう。

2 ×(− 3)＝− 6 という式の意味を数直線上で確認してみましょう。

(− 3) を 2 倍すると考えましょう。2 を(− 3) 倍するとしても間違いではありませんが、$2x$ のように右側にある x が 2 個あると読んだほうがあとの説明がしやすいのでそうします。

− 3 は、0 から左へ 3 だけ移動した位置

左向きの大きさ 3 の矢印

を表していましたね。2 ×(− 3) は、− 3 が表す矢印の向きを変えずに大きさを 2 倍にした矢印を表しています。矢印の向きは左向きのままで、大きさは 6 になります。

数直線上では、

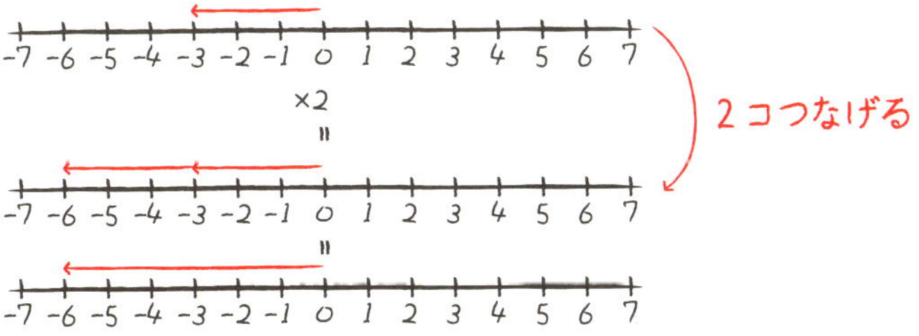

と表現されます。

$(-2)\times(-3)=6$ という式の意味も数直線上で確認しておきましょう。$(-2)\times(-3)$ が $2\times(-3)$ と異なるところは、2 にマイナスが付いているところです。マイナスが付いているので、向きを反対向きにします。$(-2)\times(-3)$ は、-3 が表す矢印の向きを反対向きにして、大きさを 2 倍にした矢印を表しています。数直線上で表すと、

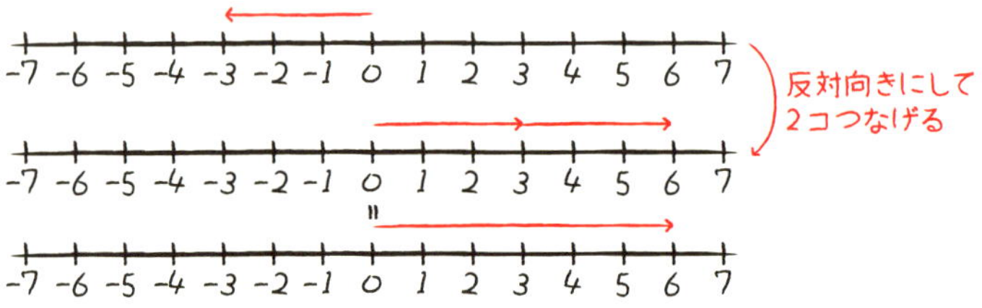

となります。

このように、ベクトル(矢印) に数を掛けることを "**スカラー倍する**" と言います。"-3" をベクトル、2 や -2 を数と見ているわけです。どちらも数じゃないかって？　まあ、いまのところは見た目には区別が付きづらいのも確かですが……。先に進むにつれてその違いが明確になってきますので、あまり神経質にならず流していってくださいな。

ベクトルの和と積については分かったけど、差はどう解釈したらよいのだろうか、と少し引っかかっている人もいるかもしれません。和と負の数の解釈が与えられているのですから、次のように計算法則を用いて、和に書き直してしまうのが 1 つの解釈の方法です。

例えば、

$2-5=2+(-5)$　　(正の数)＋(負の数)

$2-(-5)=2+5$　　(正の数)＋(正の数)

と解釈できる

という感じです。

a から b を引くことを、a に b のマイナス 1 倍したものを足すと解釈するわけです。　差の解釈 その1

$$a-b=a+(-1)\times b=a+(-b)$$

こうすると、和とスカラー倍だけで話が進みます。　差の解釈 その2

もう 1 つの解釈は、**差を、和の逆算である**として解釈する方法です。

例えば、2 − 5 であれば、“5 を足して 2 になるような数を表す” と捉えるわけです。未知数を用いれば、2 − 5 は、（−3）

$$2=5+x$$

（−3）

となる x を表しているものとするわけです。

矢印で言い換えておきましょう。

$$2-5=2+(-5)$$

差の解釈 その1

と解釈するのであれば、これは、

「原点 0 から右に 2 だけ移動した点から左に 5 だけ移動した点」

を表しています。

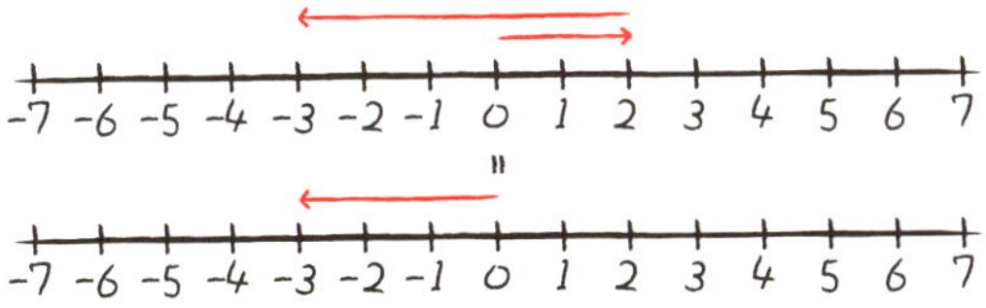

一方、

$$2=5+x$$

差の解釈 その2

となる x を矢印として捉えるとこうなります。x は、

「原点 0 から右に 5 だけ移動した点から、原点 0 から右に 2 だけ移動し

た点に移る移動」を表すベクトルです。

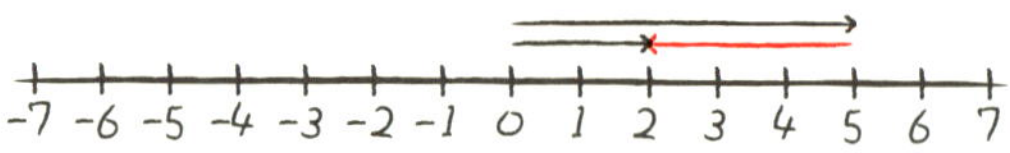

ベクトルの差はどちらで捉えてもかまいません。

あと、数直線が出てきたついでにもう１つ。「実数」という言葉について、説明しておきます。**「実数」とは、数直線上に表される数のこと**です。実数以外の数を知らない人は、数直線上に表されない数なんてあるんだろうか、といぶかるかもしれません。数直線上に表されない数もあるんです。数学では、複素数といって、数直線上には表されない数を扱う場合があります。でも、心配は要りません。この本では実数のみを扱うことにします。

実数の例をあげておきましょう。

円周率 3.1415…

$$2、-1、\frac{1}{2}、\sqrt{2}、\pi、4^{\frac{1}{3}}、\log_2 5$$

これらは、すべて実数です。

$4^{\frac{1}{3}}$は４の３分の１乗、$\log_2 5$は２を底とする５の対数で、５は２の何乗かという数を表しています。高校で習ったことですが、ふだん使う機会がないので、忘れてしまっている人もいるかと思います。

数直線上にプロットすると、およそ次のようになります。

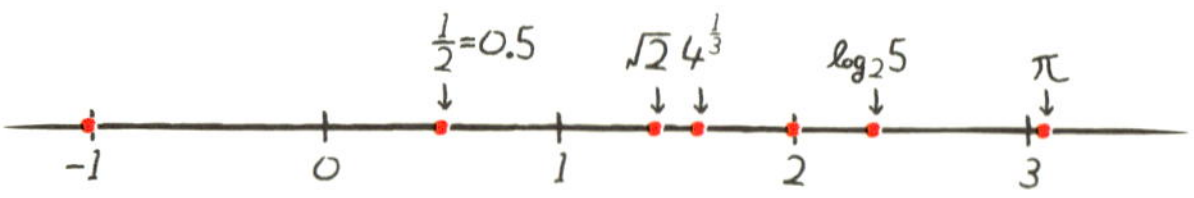

この実数全体の集合を $\boldsymbol{R}$ と表すことにします。

実数 $\boldsymbol{R}$ についての和、差とスカラー倍を数直線上で解釈することができました。実数の演算についての計算法則を確認しておきます。

実数の計算法則

$\boldsymbol{R}$ の任意の元 a、b、c、k、l について、次が成り立つ。

「どんな実数 a、b、c、k、l についても」という意味

(I)　和について

(i)　$(a+b)+c=a+(b+c)$　**(結合法則)**

(ii)　$a+b=b+a$　**(交換法則)**

集合の要素のことを元と言います。

(iii)　$a+0=0+a=a$ を満たすただ1つの元 0 が存在する。

(0 の存在)

(iv)　$a+x=x+a=0$ を満たすただ1つの元 x が存在する。

x を“a の逆元”と言い、$-a$ と表す。**(逆元の存在)**

(II)　スカラー倍

(i)　$1 \cdot a=a$　　(ii)　$k(a+b)=ka+kb$

(iii)　$(k+l)a=ka+la$　　(iv)　$(kl)a=k(la)$

(I)の和についての法則から確認していきましょう。

(i)結合法則、(ii)の交換法則は、実数の計算ではおなじみのものですからいいですね。

(iii)(0 の存在）は、何でこんな当たり前のことを言い出したのか分からないと考える人もいるかと思います。応用上は、ナーバスにならなくても構わないところです。

(iv)(逆元の存在)は、例をあげておきましょう。$a=3$ とすると、

$3+x=x+3=0$　より、$x=-3$ ですから、3 の逆元は、-3 です。$\boldsymbol{R}$ の元については、マイナス1倍したものが逆元であると言えます。なお、

0の逆元は0です。

(II)スカラー倍についての法則を確認します。

(i)　1倍すれば、もとの数と変わりません。

(ii)、(iii)は分配法則ですね。

(iv)は掛け算についての結合法則です。

－5は、数直線上で、左に5目盛り進む移動を表す。
0を始点に取って、この移動を施したときの終点に－5と目盛りをふる。

② 2数の組をベクトルと見よう
―― 座標平面へ拡張

平面上のベクトルの和、スカラー倍を定めよう。

実数についての和、差、積といった演算は、数直線上の矢印(ベクトル)を用いて、解釈することができました。次に、次元を1つ上げて、この数直線上での"ベクトルの演算"を、座標平面上での"ベクトルの演算"に拡張してみましょう。

－5は、"左向きの大きさ5の矢印"を表していて、それを数直線上の矢印として実現するには、0の目盛りの原点を始点とし、－5を終点として矢印を描けばよいのでした。数直線上の目盛りに対して、原点とそれを結ぶことでベクトル(矢印)が決まりました。

座標平面の場合も同じです。原点と座標平面上の点を結ぶことでベクトル(矢印)を決めましょう。

例えば、原点O(0, 0)を始点として、A(4, 3)を終点としたベクトル(矢印)を定めます。これは、**"x軸方向に＋4、y軸方向に＋3"という移動を表します。**

ベクトルは、あくまで移動の仕方を定めているにすぎませんから、始点が原点でなければ、異なった位置に描くこともできます。例えば、

(－3, 1)を始点、(1, 4)を終点

にしても、"x軸方向に＋4、y軸方向に＋3"の移動を表すことになりますから、上のものと等しいベクトルを表すことになります。

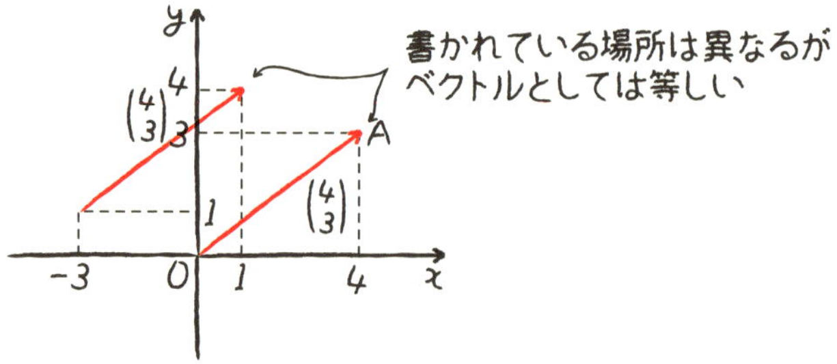

このようなベクトルを 4、3 を縦に並べて、

$$\begin{pmatrix}\mathbf{4}\\\mathbf{3}\end{pmatrix}$$ ←第１成分 ←第２成分

と書きます。これを**ベクトルの成分表示**と言います。このベクトルの第 1 成分は 4 で、第 2 成分は 3 です。

（4，3）の点に A と名前が付いているので、始点と終点を並べ、文字の上に矢印を乗せて、

$\overrightarrow{\mathrm{OA}}$

始点↗ ↖終点

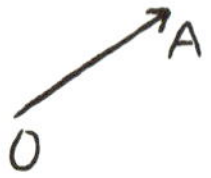

と書くこともできます。文字の上に矢印を付けると、ベクトルを表すことになります。また、始点、終点を書かずに、

$\vec{a}$，$\vec{b}$

などと、1 文字でおいたりすることがあります。

$$\vec{a}=\begin{pmatrix}4\\3\end{pmatrix} \text{とおく。}$$

などと使うわけです。

ここで、ベクトルの和を考えてみましょう。

数直線上での数の和は、

2本の矢印で表される移動を連続して施す移動を1本の移動に直すことでした。

矢印の操作としては、2本の矢印の始点と終点をつなげて、1本の矢印にすることでした。

これに倣って、$\begin{pmatrix}4\\3\end{pmatrix}$が表す移動と$\begin{pmatrix}1\\2\end{pmatrix}$が表す移動の和を考えてみましょう。

下右図を見ながら読んでください。

Oから、x方向に＋4、y方向に＋3だけ移動して、Aに

Aから　x方向に＋1、y方向に＋2だけ移動して、Cに移動する

この移動を一言で言えば、

Oから、x方向に＋5、y方向に＋5移動して、Cに移動する。

と言えます。

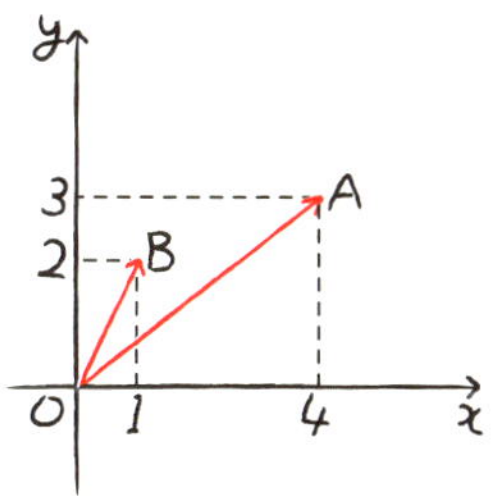

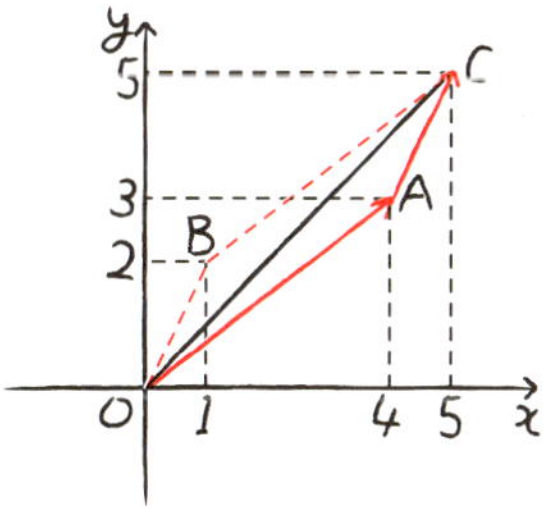

これを式で表すと、

$$\begin{pmatrix}4\\3\end{pmatrix}+\begin{pmatrix}1\\2\end{pmatrix}=\begin{pmatrix}5\\5\end{pmatrix}\begin{matrix}\leftarrow 4+1\\ \leftarrow 3+2\end{matrix}$$

となります。

つまり、平面上のベクトルの和は、x 方向の移動どうし、y 方向の移動どうしの和をとればよいのです。

x 方向の移動を表す数が第１成分、y 方向の移動を表す数が第２成分です。この用語を用いると、**ベクトルの和を計算するには、第１成分どうし、第２成分どうしの和を計算する**、と表現できます。

上の例では、成分がすべて正の数でしたが、この中に負の数が入ってきても計算方法は変わりません。x 成分どうし、y 成分どうしを正の数・負の数のときの計算法則を用いて計算するだけの話です。

次に、ベクトルをスカラー倍する計算方法を紹介しましょう。

$-2 \times \begin{pmatrix} 3 \\ 2 \end{pmatrix}$ は、どう考えたらよいでしょうか。

数直線上では、-2 倍とは、「矢印の向きを反対方向にして、大きさを２倍にした矢印を求める」ことでした。

$\begin{pmatrix} 3 \\ 2 \end{pmatrix}$ の向きを反対方向にとると、$\begin{pmatrix} -3 \\ -2 \end{pmatrix}$ になります。これを２倍の大きさにするには、各成分を２倍して $\begin{pmatrix} -6 \\ -4 \end{pmatrix}$ とすればよいでしょう。

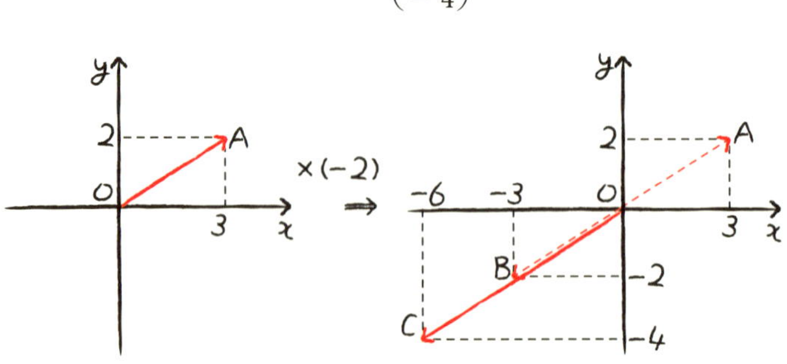

$-2\times\begin{pmatrix}3\\2\end{pmatrix}$を求めるには、結局のところ、第1成分を－2倍、第2成分を－2倍すればよいのです。－2倍のように、実数倍することをスカラー倍すると言います。数直線上のときと違って、今度は片方が2個の数を並べたベクトルですから、スカラー倍の意味がはっきりしますね。

このように、座標平面上の点と対応付けられるベクトルを考え、それについて和とスカラー倍を定めました。このように演算が定められたベクトルを**2次元列ベクトル**と言います。2次元列ベクトル全体の集合を$\boldsymbol{R}^2$と書きます。“列”とは、縦に並んだという意味を表しています。

座標平面上のベクトルについて、和とスカラー倍の計算方法を抽象的な書き方でまとめておきます。

和とスカラー倍

$$\begin{pmatrix}a\\b\end{pmatrix}+\begin{pmatrix}x\\y\end{pmatrix}=\begin{pmatrix}a+x\\b+y\end{pmatrix}、k\begin{pmatrix}a\\b\end{pmatrix}=\begin{pmatrix}ka\\kb\end{pmatrix}$$

差について、補足しておきます。

実数の差の演算については、解釈が2つありました。

1つは、$\vec{a}-\vec{b}=\vec{a}+(-1)\times\vec{b}=\vec{a}+(-\vec{b})$と、－1倍したものを足すと捉える解釈と、差を和の逆算として捉える解釈です。

2次元列ベクトルの場合も2通りやってみましょう。

$\begin{pmatrix}3\\4\end{pmatrix}-\begin{pmatrix}1\\2\end{pmatrix}$は、どう考えたらよいでしょうか。

－1倍したものを足すほうから、 差の解釈 その1

$$\begin{pmatrix}3\\4\end{pmatrix}-\begin{pmatrix}1\\2\end{pmatrix}=\begin{pmatrix}3\\4\end{pmatrix}+(-1)\times\begin{pmatrix}1\\2\end{pmatrix}=\begin{pmatrix}3\\4\end{pmatrix}+\begin{pmatrix}-1\\-2\end{pmatrix}$$

$$=\begin{pmatrix}3+(-1)\\4+(-2)\end{pmatrix}=\begin{pmatrix}3-1\\4-2\end{pmatrix}=\begin{pmatrix}2\\2\end{pmatrix}$$

となります。これから、ベクトルの差は、

ベクトルの差

$$\begin{pmatrix}a\\b\end{pmatrix}-\begin{pmatrix}x\\y\end{pmatrix}=\begin{pmatrix}a-x\\b-y\end{pmatrix}$$

となることが、容易に分かると思います。

差を和の逆算として捉えることを図形的に解釈してみましょう。

$\begin{pmatrix}3\\4\end{pmatrix}-\begin{pmatrix}1\\2\end{pmatrix}$であれば、これを$\vec{x}$として、$\begin{pmatrix}3\\4\end{pmatrix}-\begin{pmatrix}1\\2\end{pmatrix}=\vec{x}$

ベクトルを移項して、$\begin{pmatrix}3\\4\end{pmatrix}=\vec{x}+\begin{pmatrix}1\\2\end{pmatrix}$　………①

$\begin{pmatrix}1\\2\end{pmatrix}$、$\begin{pmatrix}3\\4\end{pmatrix}$の始点を原点Oにそろえ、$\begin{pmatrix}1\\2\end{pmatrix}$の終点をA、$\begin{pmatrix}3\\4\end{pmatrix}$の終点をBとします。すると、①の式は、$\overrightarrow{OA}$に$\vec{x}$が表すベクトルを足したら、$\overrightarrow{OB}$になったと読めますから、$\vec{x}$は、右頁図で赤い矢印が表すベクトルとなります。$\vec{x}=\overrightarrow{AB}$です。

このように、$\overrightarrow{OB}-\overrightarrow{OA}$は、Aを始点、Bを終点としたベクトルになります。**引き算をするということは、引くものを基準値にして、評価すること**であるわけです。

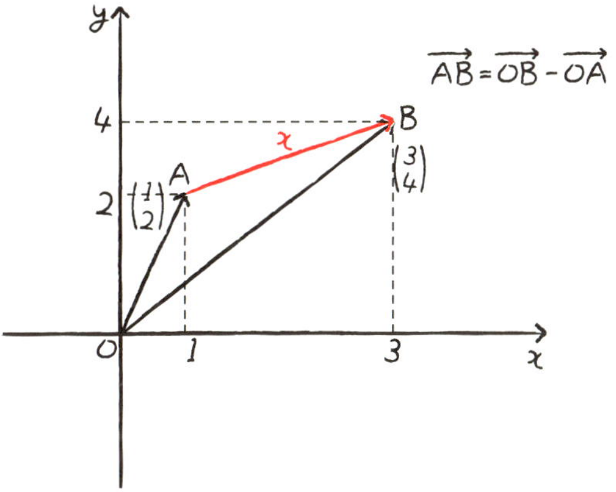

p.61の計算法則は、2次元列ベクトル $\boldsymbol{R}^2$ でも成り立つんです。再掲します。

ベクトルの計算方法の演習と、次の計算法則の確認を兼ねて、演習問題を解いてみましょう。

ベクトルの計算法則

(Ⅰ) **和について**

(ⅰ) $(\vec{a}+\vec{b})+\vec{c}=\vec{a}+(\vec{b}+\vec{c})$　**(結合法則)**

(ⅱ) $\vec{a}+\vec{b}=\vec{b}+\vec{a}$　**(交換法則)**

(ⅲ) $\vec{a}+\vec{0}=\vec{0}+\vec{a}=\vec{a}$ を満たすただ1つの元 $\vec{0}$ が存在する。
($\vec{0}$ の存在)

(ⅳ) $\vec{a}+\vec{x}=\vec{x}+\vec{a}=\vec{0}$ を満たすただ1つの元 $\vec{x}$ が存在する。
$\vec{x}$ を“$\vec{a}$ の逆元”と言い、$-\vec{a}$ と表す。**(逆元の存在)**

(Ⅱ) **スカラー倍**

(ⅰ) $1\cdot\vec{a}=\vec{a}$　(ⅱ) $k(\vec{a}+\vec{b})=k\vec{a}+k\vec{b}$

(ⅲ) $(k+l)\vec{a}=k\vec{a}+l\vec{a}$　(ⅳ) $(kl)\vec{a}=k(l\vec{a})$

和やスカラー倍は、同じ成分どうしの和、成分ごとの定数倍ですから、結合法則、交換法則、分配法則が成り立つことはすんなりと理解できますね。

(Ⅰ)(iii)、(iv)について、補足しましょう。

2次元ベクトルについて、どんなベクトルに足しても、そのベクトルを変えないベクトルは、$\begin{pmatrix} 0 \\ 0 \end{pmatrix}$ です。どんなベクトルに足しても、そのベクトルを変えないベクトルを、**ゼロベクトル**と言い、$\vec{\mathbf{0}}$ で表します。2次元ベクトルのゼロベクトルは、$\vec{0} = \begin{pmatrix} 0 \\ 0 \end{pmatrix}$ です。たしかに、

$$\begin{pmatrix} a \\ b \end{pmatrix} + \begin{pmatrix} 0 \\ 0 \end{pmatrix} = \begin{pmatrix} a \\ b \end{pmatrix} \qquad \begin{pmatrix} 0 \\ 0 \end{pmatrix} + \begin{pmatrix} a \\ b \end{pmatrix} = \begin{pmatrix} a \\ b \end{pmatrix}$$

となっていますね。

また、$\begin{pmatrix} a \\ b \end{pmatrix}$ の逆元は、足して $\vec{0}$ となるベクトルのことです。$\begin{pmatrix} a \\ b \end{pmatrix}$ の逆元は、成分ごとに－1倍して、$\begin{pmatrix} -a \\ -b \end{pmatrix}$ になります。実際に、

$$\begin{pmatrix} a \\ b \end{pmatrix} + \begin{pmatrix} -a \\ -b \end{pmatrix} = \begin{pmatrix} 0 \\ 0 \end{pmatrix} \qquad \begin{pmatrix} -a \\ -b \end{pmatrix} + \begin{pmatrix} a \\ b \end{pmatrix} = \begin{pmatrix} 0 \\ 0 \end{pmatrix}$$

と、その和は $\vec{0}$ になります。

演習問題　$\vec{a} = \begin{pmatrix} 2 \\ 1 \end{pmatrix}$、$\vec{b} = \begin{pmatrix} -3 \\ 2 \end{pmatrix}$、$\vec{c} = \begin{pmatrix} 1 \\ -2 \end{pmatrix}$、$k = -2$、$l = 3$ とする。

このとき、次のそれぞれの等式が成り立つことを示しましょう。

(i)　$(\vec{a} + \vec{b}) + \vec{c} = \vec{a} + (\vec{b} + \vec{c})$

(ii)　$\vec{a} + \vec{b} = \vec{b} + \vec{a}$

(iii)　$k(\vec{a} + \vec{b}) = k\vec{a} + k\vec{b}$

(iv)　$(k + l)\vec{a} = k\vec{a} + l\vec{a}$

(v)　$(kl)\vec{a} = k(l\vec{a})$

解答

(i) $(\vec{a}+\vec{b})+\vec{c} = \left\{\begin{pmatrix}2\\1\end{pmatrix}+\begin{pmatrix}-3\\2\end{pmatrix}\right\}+\begin{pmatrix}1\\-2\end{pmatrix} = \begin{pmatrix}-1\\3\end{pmatrix}+\begin{pmatrix}1\\-2\end{pmatrix} = \begin{pmatrix}0\\1\end{pmatrix}$

$\vec{a}+(\vec{b}+\vec{c}) = \begin{pmatrix}2\\1\end{pmatrix}+\left\{\begin{pmatrix}-3\\2\end{pmatrix}+\begin{pmatrix}1\\-2\end{pmatrix}\right\} = \begin{pmatrix}2\\1\end{pmatrix}+\begin{pmatrix}-2\\0\end{pmatrix} = \begin{pmatrix}0\\1\end{pmatrix}$

よって $(\vec{a}+\vec{b})+\vec{c}=\vec{a}+(\vec{b}+\vec{c})$ が成り立っている

(ii) $\vec{a}+\vec{b} = \begin{pmatrix}2\\1\end{pmatrix}+\begin{pmatrix}-3\\2\end{pmatrix} = \begin{pmatrix}-1\\3\end{pmatrix}$, $\vec{b}+\vec{a} = \begin{pmatrix}-3\\2\end{pmatrix}+\begin{pmatrix}2\\1\end{pmatrix} = \begin{pmatrix}-1\\3\end{pmatrix}$

よって $\vec{a}+\vec{b}=\vec{b}+\vec{a}$ が成り立っている

(iii) $k(\vec{a}+\vec{b}) = -2\left\{\begin{pmatrix}2\\1\end{pmatrix}+\begin{pmatrix}-3\\2\end{pmatrix}\right\} = -2\begin{pmatrix}-1\\3\end{pmatrix} = \begin{pmatrix}2\\-6\end{pmatrix}$

$k\vec{a}+k\vec{b} = -2\begin{pmatrix}2\\1\end{pmatrix}+(-2)\begin{pmatrix}-3\\2\end{pmatrix} = \begin{pmatrix}-4\\-2\end{pmatrix}+\begin{pmatrix}6\\-4\end{pmatrix} = \begin{pmatrix}2\\-6\end{pmatrix}$

よって，$k(\vec{a}+\vec{b})=k\vec{a}+k\vec{b}$ が成り立っている

(iv) $(k+l)\vec{a} = (-2+3)\begin{pmatrix}2\\1\end{pmatrix} = 1\cdot\begin{pmatrix}2\\1\end{pmatrix} = \begin{pmatrix}2\\1\end{pmatrix}$

$k\vec{a}+l\vec{a} = -2\begin{pmatrix}2\\1\end{pmatrix}+3\begin{pmatrix}2\\1\end{pmatrix} = \begin{pmatrix}-4\\-2\end{pmatrix}+\begin{pmatrix}6\\3\end{pmatrix} = \begin{pmatrix}2\\1\end{pmatrix}$

よって，$(k+l)\vec{a}=k\vec{a}+l\vec{a}$ が成り立っている

(v) $(kl)\vec{a} = \{(-2)\cdot 3\}\begin{pmatrix}2\\1\end{pmatrix} = -6\begin{pmatrix}2\\1\end{pmatrix} = \begin{pmatrix}-12\\-6\end{pmatrix}$

$k(l\vec{a}) = -2\left\{3\begin{pmatrix}2\\1\end{pmatrix}\right\} = -2\begin{pmatrix}6\\3\end{pmatrix} = \begin{pmatrix}-12\\-6\end{pmatrix}$

よって，$(kl)\vec{a}=k(l\vec{a})$ が成り立っている

③ 平面上に新しい番地を割り当てよう
―― ベクトルの１次結合（R^2 編）

✖ $k\vec{a}+l\vec{b}$ はどんなベクトルを表すの？

ベクトルの和とスカラー倍についての計算がひと通りできるようになったところで、"1 次結合" の話をしましょう。

ベクトル $\vec{a}$、$\vec{b}$ をそれぞれ実数倍（k 倍、l 倍）したものの和、

$$k\vec{a}+l\vec{b}$$

を **$\vec{a}$、$\vec{b}$ の１次結合**と言います。これの意味するところについて解釈していきましょう。問題の形で進めていきます。

例題　座標平面上で原点を O とし、$\vec{a}=\begin{pmatrix}3\\1\end{pmatrix}$、$\vec{b}=\begin{pmatrix}-1\\2\end{pmatrix}$ とする。

実数 k、l に対して、$\overrightarrow{\mathrm{OP}}=k\vec{a}+l\vec{b}$ と定める。

（1）　$k=-1$、$l=2$ となる P を座標平面上に図示してください。

（2）　$\overrightarrow{\mathrm{OP}}=\begin{pmatrix}0\\0\end{pmatrix}$ となる k、l を求めてみましょう。

（3）　$\overrightarrow{\mathrm{OP}}=\begin{pmatrix}5\\4\end{pmatrix}$ となる k、l を求めてみましょう。

---

(1) このまま計算しましょう。

$$\overrightarrow{\mathrm{OP}}=-\vec{a}+2\vec{b}=-\begin{pmatrix}3\\1\end{pmatrix}+2\begin{pmatrix}-1\\2\end{pmatrix}=\begin{pmatrix}-3\\-1\end{pmatrix}+\begin{pmatrix}-2\\4\end{pmatrix}=\begin{pmatrix}-5\\3\end{pmatrix}$$

（$-3+2\cdot(-1)$ → -5、$-1+2\cdot2$ → 3）

となりますから、P の座標は、（－ 5, 3）です。

実際にプロットすると、下図のようになります。

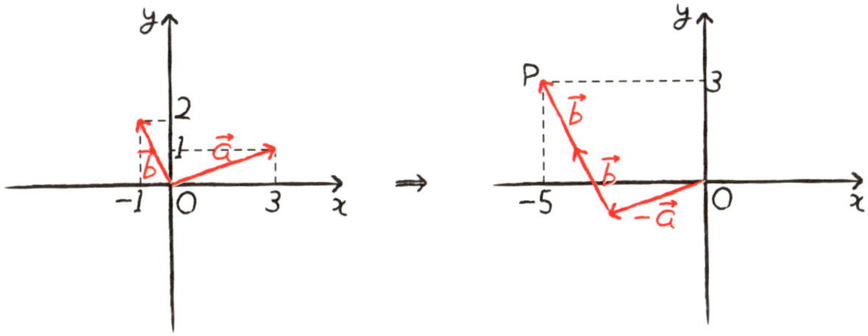

移動の考え方で、O から P までの移動を説明すると、

「O から $\vec{a}$ の向きに $\vec{a}$ の－ 1 個分だけ移動し、
$\vec{b}$ の向きに $\vec{b}$ の 2 個分だけ移動した点が P」

となります。－ 1 個分というのは、$\vec{a}$ と反対の向きに 1 個分進むということです。

(2) 左辺を k、l が入ったまま計算すると、

$$k\vec{a}+l\vec{b}=k\begin{pmatrix}3\\1\end{pmatrix}+l\begin{pmatrix}-1\\2\end{pmatrix}=\begin{pmatrix}3k\\k\end{pmatrix}+\begin{pmatrix}-l\\2l\end{pmatrix}=\begin{pmatrix}3k-l\\k+2l\end{pmatrix}$$

となります。これが $\begin{pmatrix}0\\0\end{pmatrix}$ に等しいのですから、

$$\begin{cases}3k-\ \ l=0 & \cdots\cdots\cdots①\\ \ \ k+2l=0 & \cdots\cdots\cdots②\end{cases}$$

となります。これは、k、l の 2 元連立 1 次方程式です。

掃き出し法で解いてみましょう。

$$\left(\begin{array}{cc|c} 3 & -1 & 0 \\ 1 & 2 & 0 \end{array}\right) \xrightarrow{㋐\leftrightarrow㋑} \left(\begin{array}{cc|c} 1 & 2 & 0 \\ 3 & -1 & 0 \end{array}\right) \xrightarrow[\text{㋑+㋐}\times(-3)]{㋑} \left(\begin{array}{cc|c} 1 & 2 & 0 \\ 0 & -7 & 0 \end{array}\right)$$

1にする

$$\xrightarrow[\text{㋑}\times(-\frac{1}{7})]{㋑} \left(\begin{array}{cc|c} 1 & 2 & 0 \\ 0 & 1 & 0 \end{array}\right) \xrightarrow[\text{㋐+㋑}\times(-2)]{㋐} \left(\begin{array}{cc|c} 1 & 0 & 0 \\ 0 & 1 & 0 \end{array}\right)$$

となります、$\boldsymbol{k=0}$、$\boldsymbol{l=0}$ と求まります。

(3)　$3k-l=5$　………③

$k+2l=4$　………④

となります。

$$\left(\begin{array}{cc|c} 3 & -1 & 5 \\ 1 & 2 & 4 \end{array}\right) \xrightarrow{㋐\leftrightarrow㋑} \left(\begin{array}{cc|c} 1 & 2 & 4 \\ 3 & -1 & 5 \end{array}\right) \xrightarrow[\text{㋑+㋐}\times(-3)]{㋑} \left(\begin{array}{cc|c} 1 & 2 & 4 \\ 0 & -7 & -7 \end{array}\right)$$

1にする

$$\xrightarrow[\text{㋑}\times(-\frac{1}{7})]{㋑} \left(\begin{array}{cc|c} 1 & 2 & 4 \\ 0 & 1 & 1 \end{array}\right) \xrightarrow[\text{㋐+㋑}\times(-2)]{㋐} \left(\begin{array}{cc|c} 1 & 0 & 2 \\ 0 & 1 & 1 \end{array}\right)$$

$\boldsymbol{k=2}$、$\boldsymbol{l=1}$ と求まります。

問題を振り返ってみましょう。

(1)の設問のように、$\overrightarrow{\mathrm{OP}}=k\vec{a}+l\vec{b}$ の k、l の値を決めると P の位置が決まります。

逆に、(2)、(3)の設問のように、$\overrightarrow{\mathrm{OP}}$ の具体的な成分を与えると、それに対応する k、l が定まります。

上の設問では、$\begin{pmatrix} 0 \\ 0 \end{pmatrix}$ と $\begin{pmatrix} 5 \\ 4 \end{pmatrix}$ の例しか扱いませんでしたが、一番右に書いてある数(0, 0, 5, 4)は、掃き出し法の手順に影響しませんでしたから、他の場合でも k、l を求めることができます。しかも、ただ1通りに k、l の値が定まります。

つまり、

$\overrightarrow{\mathrm{OP}}$ がどんな2次元列ベクトルであっても（Pが座標平面上のどこにあっても）、$\overrightarrow{\mathrm{OP}}$ を、1次結合 $k\vec{a}+l\vec{b}$ の形で、一意的に（1通りに）表すことができる

わけです。このとき、**「$\{\vec{a},\ \vec{b}\}$ は、$\boldsymbol{R}^2$ の基底である」**と言います。

← $\vec{a}$ と $\vec{b}$ の組であることに意味があるので { } で括っています

$\boldsymbol{R}^2$ の基底の定義

$\boldsymbol{R}^2$ 中の任意の点Pに対して、$\overrightarrow{\mathrm{OP}}=k\vec{a}+l\vec{b}$ となる $(k,\ l)$ の組がただ1通りに決まるとき、$\{\vec{a},\ \vec{b}\}$ は $\boldsymbol{R}^2$ の基底であると言います。

$\boldsymbol{R}^2$ の基底の取り方は、他にもいくつもあります。

例えば、$\vec{e_1}=\begin{pmatrix}1\\0\end{pmatrix}$、$\vec{e_2}=\begin{pmatrix}0\\1\end{pmatrix}$ もそうです。

これは、任意の $\boldsymbol{R}^2$ の元 $\begin{pmatrix}x\\y\end{pmatrix}$ に対して、

$$\begin{pmatrix}x\\y\end{pmatrix}=x\begin{pmatrix}1\\0\end{pmatrix}+y\begin{pmatrix}0\\1\end{pmatrix}=x\vec{e_1}+y\vec{e_2}$$

と書くことができるからです。

$\{\vec{e_1},\ \vec{e_2}\}$ のことを $\boldsymbol{R}^2$ **の標準基底**と言います。

図形的にも基底の意味を解釈しておきましょう。

$$\overrightarrow{\mathrm{OP}}=k\vec{a}+l\vec{b}$$

で、k、l が定められたとき、Pの位置を図形的に求めるには、どうしたらよいでしょうか。

その前に xy 平面での点のとり方を復習しておきます。

xy 平面で（－１，２）という座標を持つ点Qをとるときは、

「原点Oから x 軸の向きに－１だけ移動し

y 軸の向きに＋２だけ移動した点がQ」

でした。座標平面上に格子を描いておくと、点がとりやすいです。

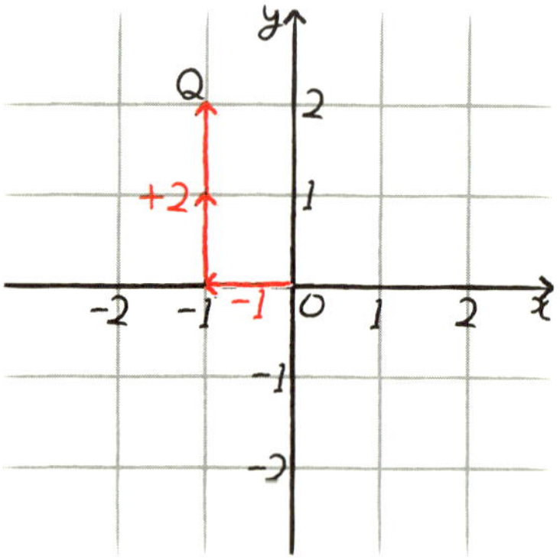

$\overrightarrow{\mathrm{OP}} = k\vec{a} + l\vec{b}$ のPをとる場合も同じです。下図のように $\vec{a}$ 方向と $\vec{b}$ 方向の平行線を等間隔に書いておくと、大きな助けになります。

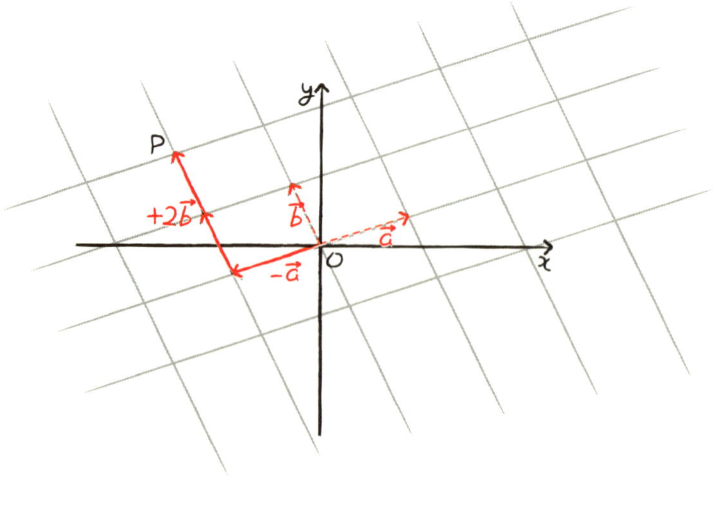

(1)では、$k=-1$、$l=2$でした。これは、

「O から $\vec{a}$ の向きに $\vec{a}$ の -1 個分だけ移動し、
　$\vec{b}$ の向きに $\vec{b}$ の 2 個分だけ移動した点が P」

として求めればよいわけです。

xy 平面で座標$(-1,\ 2)$を持つ点をとる場合も、
$\overrightarrow{\mathrm{OP}}=k\vec{a}+l\vec{b}(k=-1、l=2)$を満たす P をとる場合も、

-1 個分、2 個分

ととっていくわけです。

逆に座標平面上に P が与えられたとき、$\overrightarrow{\mathrm{OP}}=k\vec{a}+l\vec{b}$ を満たす k、l を図形的に求めるにはどうしたらよいでしょうか。

やはり、xy 平面での座標の導き方を復習しておきます。

次の図形で点 Q の座標の値を知るには、Q を通り、y 軸、x 軸にそれぞれ平行な直線を引き、x 軸、y 軸との交点の目盛りを読みました。

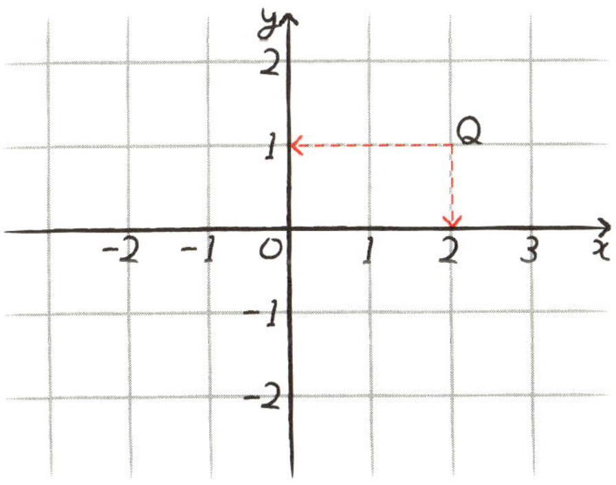

$\overrightarrow{\mathrm{OP}}=k\vec{a}+l\vec{b}$ を満たす k、l を求めるときも似ています。次の図形で考えてみましょう。

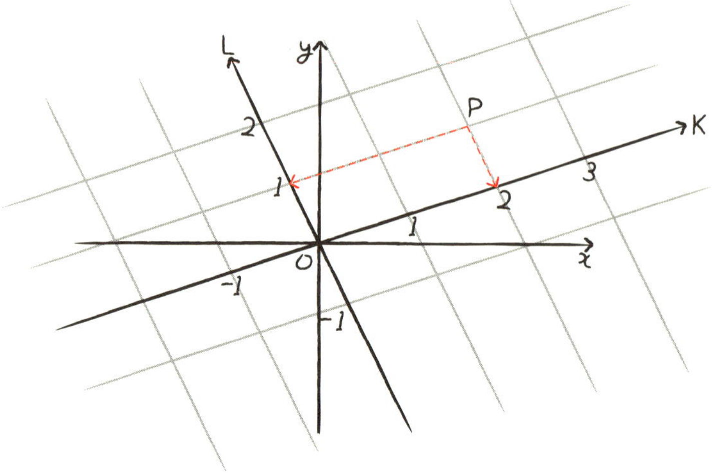

$\vec{a}$、$\vec{b}$ の始点を O に合わせ、$\vec{a}$、$\vec{b}$ の大きさを１単位として、O を通る $\vec{a}$ 方向の数直線 K、$\vec{b}$ 方向の数直線 L を引いておきます。

次に、P を通り $\vec{b}$ に平行な直線を引き K との交点の目盛りを読みます。この値が k です。今度は、P を通り $\vec{a}$ に平行な直線を引き L との交点の目盛りを読みます。この値が l です。

上の図では、$k = 2$、$l = 1$ となっています。

P のとり方が xy 平面上の点のとり方に似ているのも、k、l の求め方が座標の求め方に似ているのも、背後に同じ仕組みがあるからなんだと想像できますね。

P がどんな座標平面上の点であっても、$\overrightarrow{OP} = k\vec{a} + l\vec{b}$ を満たす $(k,\ l)$ がただ１つに定まりますから、この $(k,\ l)$ を座標平面（$= \boldsymbol{R}^2$）に付けられた新しい“座標”だと考えてもよいですね。

ベクトルを１次結合の形 $k\vec{a} + l\vec{b}$ で表すことは、２次元列ベクトル全体 $\boldsymbol{R}^2$ に新しい“座標”を導入することなんです。

$\vec{e_1}$ と $\vec{e_2}$ は直交していますが、$\vec{a}$ と $\vec{b}$ は斜めに交わっているので、$k\vec{a}+l\vec{b}$ を用いて座標平面に導入した新しい座標を**“斜交座標”**と呼ぶことがあります。正式な数学用語ではありませんが……。

$\vec{a}$、$\vec{b}$ が $\boldsymbol{R}^2$ の基底になっているとき、$\overrightarrow{\mathrm{OP}}=k\vec{a}+l\vec{b}$ を満たす$(k,\ l)$ は、P の斜交座標の値となるわけです。

これは、みなさんの生活の中でも似たような経験をお持ちの人がいらっしゃるかもしれませんね。住んでいるところは相変わらずなのに、住居表示が変わって、町名や番地が以前とは異なる表記となった、と考えると分かりやすいと思います。

いわば、

$\vec{e_1}$、$\vec{e_2}$ を標準基底とした座標が旧番地の住居表示、
$\vec{a}$、$\vec{b}$ を基底とした座標が新番地の住居表示

です。

さて、$\vec{a}$、$\vec{b}$ が上であげた例のときは、$\vec{a}$、$\vec{b}$ が $\boldsymbol{R}^2$ の基底になっていました。これは、$\vec{a}$、$\vec{b}$ をうまくとっておいたからなんです。勝手にとってきた $\vec{a}$、$\vec{b}$ がいつでも基底になるわけではありません。

$\vec{a}=\begin{pmatrix}1\\2\end{pmatrix}$、$\vec{b}=\begin{pmatrix}2\\4\end{pmatrix}$ のときは、$\vec{a}$、$\vec{b}$ は $\boldsymbol{R}^2$ の基底になりません。問題の形にしておきましょう。

例題　$\vec{a}=\begin{pmatrix}1\\2\end{pmatrix}$、$\vec{b}=\begin{pmatrix}2\\4\end{pmatrix}$ とする。P(3, 4)ととったとき、$\overrightarrow{\mathrm{OP}}=k\vec{a}+l\vec{b}$ を満たす$(k,\ l)$を求めてください。

$$k\vec{a}+l\vec{b}=k\begin{pmatrix}1\\2\end{pmatrix}+l\begin{pmatrix}2\\4\end{pmatrix}=\begin{pmatrix}k+2l\\2k+4l\end{pmatrix}$$

これが、$\begin{pmatrix}3\\4\end{pmatrix}$に等しいので、

$$\begin{cases}k+2l=3\\2k+4l=4\end{cases}\qquad\cdots\cdots\cdots①$$

掃き出し法を用いて、

$$\left(\begin{array}{cc|c}1&2&3\\2&4&4\end{array}\right)\xrightarrow{㋑\to㋑+㋐\times(-2)}\left(\begin{array}{cc|c}1&2&3\\0&0&-2\end{array}\right)$$

2行目の係数が0になったにもかかわらず、右辺に−2が残っています。これは解がないパターンの連立1次方程式でした。

①を満たす(k，l)はありませんから、$\begin{pmatrix}3\\4\end{pmatrix}$は、$k\vec{a}+l\vec{b}$の形で表せないことが分かりました。

このことを図形的に解釈してみましょう。

A(1，2)、B(2，4)とすると、$\overrightarrow{OA}=\vec{a}$、$\overrightarrow{OB}=\vec{b}$です。

$\vec{a}$、$\vec{b}$の始点を座標平面の原点にとって表すと、下のように同じ方向になってしまいます。前の問題のように“斜めの格子”を書くことはできません。これでは、“斜交座標”を導入することはできません。

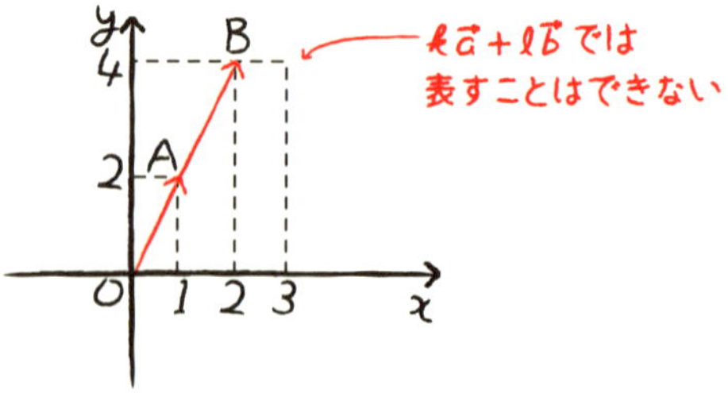

$\vec{a}$、$\vec{b}$ には、$2\vec{a}=\vec{b}$ という関係があります。

ですから、

$$k\vec{a}+l\vec{b}=k\vec{a}+l\cdot 2\vec{a}=(k+2l)\vec{a}$$

となり、k、l をどのようにとっても、$\vec{a}$ のスカラー倍にしかならないのです。

k、l が実数全体を動くときでも、$\overrightarrow{\mathrm{OP}}=k\vec{a}+l\vec{b}$ が表す P は、直線 OA 上しか動きません。

以上の例から、$\boldsymbol{R}^2$ の基底に関して、次のようにまとめてよいことを納得していただけるでしょう。

$\vec{a}$, $\vec{b}$ が $\boldsymbol{R}^2$ の基底となる条件

$\vec{0}$ でない $\boldsymbol{R}^2$ に含まれる２つの元 $\vec{a}$、$\vec{b}$ がある。

（ア）　$\vec{a}$、$\vec{b}$ の方向が異なるとき、$\vec{a}$、$\vec{b}$ は基底となる。

（イ）　$\vec{a}$、$\vec{b}$ の方向が同じとき、$\vec{a}$、$\vec{b}$ は基底とならない。

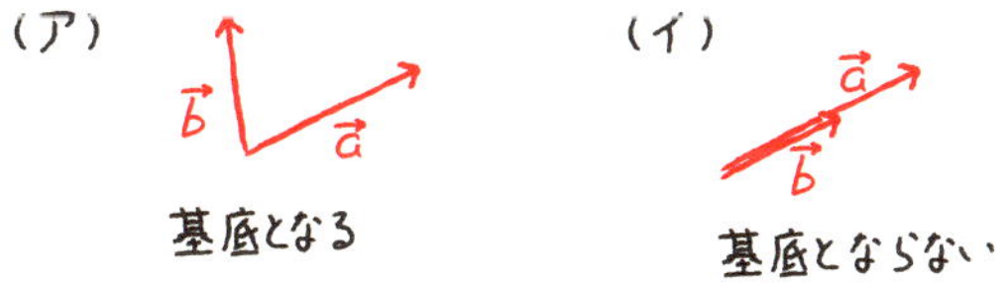

基底って何？

平面 $\boldsymbol{R}^2$ 上の勝手なベクトル($\overrightarrow{\mathrm{OP}}$) が与えられたとき、これを表す１次結合($k\vec{a}+l\vec{b}$) の係数($k$, l) がただ１通りに定まるとき、$\vec{a}$、$\vec{b}$ を基底と言う。

４ 平面ベクトルが分かれば空間ベクトルだって…
―― ３次元列ベクトル

次元を１つ増やしてみましょう。

次に、3 次元列ベクトルについて話をしていきましょう。2 次元列ベクトルは、原点 O と座標平面上の 1 点を結んで表現されました。3 次元列ベクトルは、原点 O と空間座標中の 1 点を結んで表現されます。

空間座標とは、互いに直交する 3 本の軸、x 軸、y 軸、z 軸の目盛りを読むことで、空間中の 1 点を 3 つの数字の組で表す仕組みのことです。

例えば、図の P の座標は、(2, 4, 5) です。といっても、この図に描かれた x 軸、y 軸、z 軸が直交しているように見えないと、実感できませんね。

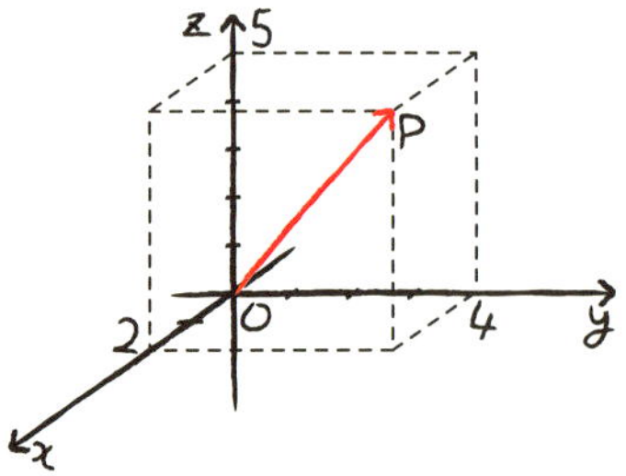

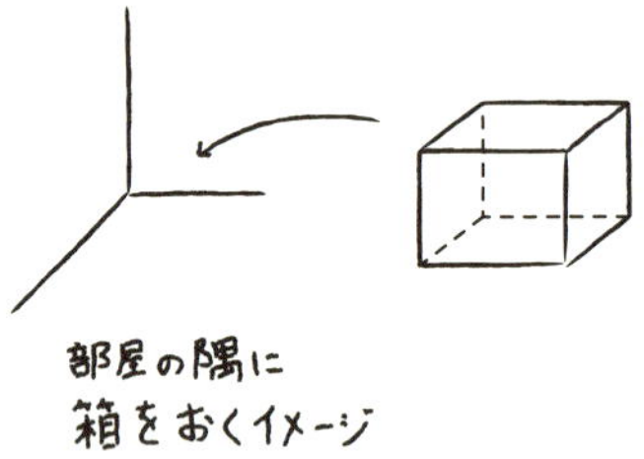

このとき、ベクトル $\overrightarrow{\mathrm{OP}}$ は、$\overrightarrow{\mathrm{OP}} = \begin{pmatrix} 2 \\ 4 \\ 5 \end{pmatrix}$ と表されます。

3 次元列ベクトルは、2 次元列ベクトルよりも成分が 1 つ多くなりました。成分が 1 つ多くなっただけです。和やスカラー倍の演算やその意味は、2 次元ベクトルのときと同様です。

3次元列ベクトルの和やスカラー倍の計算の仕方を示しておきます。3番目の成分についても同じことをすればよいのです。

3次元列ベクトルの和とスカラー倍

$$\begin{pmatrix} a \\ b \\ c \end{pmatrix} + \begin{pmatrix} x \\ y \\ z \end{pmatrix} = \begin{pmatrix} a+x \\ b+y \\ c+z \end{pmatrix}、k\begin{pmatrix} a \\ b \\ c \end{pmatrix} = \begin{pmatrix} ka \\ kb \\ kc \end{pmatrix}$$

ベクトルの和は、矢印で表される移動を2回続けて行なうのを、1回の移動で表すことですし、ベクトルのスカラー倍（k倍）は、向きを選んで、和を$|k|$回くりかえすことです。

こうして定められた和やスカラー倍が、p.69の計算法則を満たすことは容易に想像がつくでしょう。3番目の成分についても同様の計算をするのですから、やはり全体として計算法則が成り立ちます。

3次元列ベクトル全体の集合を$\boldsymbol{R}^3$と書きます。

例題

$\vec{a} = \begin{pmatrix} 3 \\ -1 \\ 2 \end{pmatrix}$、$\vec{b} = \begin{pmatrix} -2 \\ 4 \\ 3 \end{pmatrix}$のとき、次のベクトルを求めましょう。

(1)　$2\vec{a} - 3\vec{b}$

(2)　$3\vec{a} - 2\vec{b} - 4\vec{a} + 5\vec{b}$

解答

(1) $2\vec{a} - 3\vec{b} = 2\begin{pmatrix} 3 \\ -1 \\ 2 \end{pmatrix} - 3\begin{pmatrix} -2 \\ 4 \\ 3 \end{pmatrix} = \begin{pmatrix} 6 \\ -2 \\ 4 \end{pmatrix} - \begin{pmatrix} -6 \\ 12 \\ 9 \end{pmatrix} = \begin{pmatrix} 6-(-6) \\ -2-12 \\ 4-9 \end{pmatrix}$

$= \begin{pmatrix} \mathbf{12} \\ \mathbf{-14} \\ \mathbf{-5} \end{pmatrix}$

(2) 同じ項をまとめてから、成分計算をします。

$3\vec{a} - 2\vec{b} - 4\vec{a} + 5\vec{b} = -\vec{a} + 3\vec{b}$

$$= -\begin{pmatrix} 3 \\ -1 \\ 2 \end{pmatrix} + 3\begin{pmatrix} -2 \\ 4 \\ 3 \end{pmatrix} = \begin{pmatrix} -3 \\ 1 \\ -2 \end{pmatrix} + \begin{pmatrix} -6 \\ 12 \\ 9 \end{pmatrix} = \begin{pmatrix} \mathbf{-9} \\ \mathbf{13} \\ \mathbf{7} \end{pmatrix}$$

$\boldsymbol{R}^2$ の基底の定義に倣って、$\boldsymbol{R}^3$ の基底の定義は次のようになります。

$\boldsymbol{R}^3$ の基底の定義

$\boldsymbol{R}^3$ 中の任意の点Pに対して、$\overrightarrow{\mathrm{OP}} = k\vec{a} + l\vec{b} + m\vec{c}$ となる $(k,\ l,\ m)$ の組がただ1通りに決まるとき、「$\{\vec{a},\ \vec{b},\ \vec{c}\}$ は $\boldsymbol{R}^3$ の基底である」と言います。

定義中の「任意」とは、「勝手な」という意味です。数学用語にも段々と慣れていきましょう。

3次元列ベクトルの組 $\{\vec{a},\ \vec{b},\ \vec{c}\}$ が与えられたとき、$\{\vec{a},\ \vec{b},\ \vec{c}\}$ が $\boldsymbol{R}^3$ の基底となるか判定してみましょう。

3本の3次元列ベクトル $\vec{a}$、$\vec{b}$、$\vec{c}$ が与えられたとき、空間座標中の任意の1点Pが、実数 k、l、m を用いて、

$$\overrightarrow{\mathrm{OP}} = k\vec{a} + l\vec{b} + m\vec{c}$$

と表すことができるかを考えてみましょう。

例題　次の $\{\vec{a},\ \vec{b},\ \vec{c}\}$ が $\boldsymbol{R}^3$ の基底となるかを判定してください。

(1) $\vec{a}=\begin{pmatrix}1\\2\\1\end{pmatrix}$、$\vec{b}=\begin{pmatrix}2\\3\\1\end{pmatrix}$、$\vec{c}=\begin{pmatrix}3\\5\\3\end{pmatrix}$

(2) $\vec{a}=\begin{pmatrix}1\\2\\1\end{pmatrix}$、$\vec{b}=\begin{pmatrix}2\\3\\1\end{pmatrix}$、$\vec{c}=\begin{pmatrix}3\\5\\2\end{pmatrix}$

(3) $\vec{a}=\begin{pmatrix}1\\2\\3\end{pmatrix}$、$\vec{b}=\begin{pmatrix}2\\4\\6\end{pmatrix}$、$\vec{c}=\begin{pmatrix}3\\6\\9\end{pmatrix}$

---

(1) 任意の 1 点 P を表す k、l、m がただ 1 通りであるかどうかを調べます。ですから、例えば P(3, 4, 5) としてみましょう。

$$k\vec{a}+l\vec{b}+m\vec{c}=k\begin{pmatrix}1\\2\\1\end{pmatrix}+l\begin{pmatrix}2\\3\\1\end{pmatrix}+m\begin{pmatrix}3\\5\\3\end{pmatrix}=\begin{pmatrix}k+2l+3m\\2k+3l+5m\\k+l+3m\end{pmatrix}$$

です。これが $\overrightarrow{\mathrm{OP}}=\begin{pmatrix}3\\4\\5\end{pmatrix}$ に等しいのですから、

$$\begin{cases}k+2l+3m=3\\2k+3l+5m=4\\k+l+3m=5\end{cases}$$

を満たす $(k,\ l,\ m)$ を求めます。掃き出し法を用いようとして、

$$\left(\begin{array}{ccc|c} 1 & 2 & 3 & 3 \\ 2 & 3 & 5 & 4 \\ 1 & 1 & 3 & 5 \end{array}\right) \cdots\cdots\cdots\cdots ①$$

となりますが、一番右に並んだ数は掃き出し法の手順とは関係ありませんから、仮に3、4、5と定めましたが初めから無視してもかまいません。Pはどこにとってもよいわけです。この掃き出し法を実行して、斜めに1が3個並ぶようであれば、Pに対応する$(k,\ l,\ m)$がただ1つ求まることになり、そうでないときは、Pに対応する$(k,\ l,\ m)$が求まらなかったり、多数存在したりします。3、4、5を無視して掃き出し法を実行すると、

$$\begin{pmatrix} 1 & 2 & 3 \\ 2 & 3 & 5 \\ 1 & 1 & 3 \end{pmatrix} \xrightarrow[\substack{\text{㋒} \\ \to \text{㋒}+\text{㋐}\times(-1)}]{\substack{\text{㋑} \\ \to \text{㋑}+\text{㋐}\times(-2)}} \begin{pmatrix} 1 & 2 & 3 \\ 0 & -1 & -1 \\ 0 & -1 & 0 \end{pmatrix} \xrightarrow{\substack{\text{㋑} \\ \to \text{㋑}\times(-1)}} \begin{pmatrix} 1 & 2 & 3 \\ 0 & 1 & 1 \\ 0 & -1 & 0 \end{pmatrix}$$

$$\xrightarrow[\substack{\text{㋒} \\ \to \text{㋒}+\text{㋑}}]{\substack{\text{㋐} \\ \to \text{㋐}+\text{㋑}\times(-2)}} \begin{pmatrix} 1 & 0 & 1 \\ 0 & 1 & 1 \\ 0 & 0 & 1 \end{pmatrix} \xrightarrow[\substack{\text{㋑} \\ \to \text{㋑}+\text{㋒}\times(-1)}]{\substack{\text{㋐} \\ \to \text{㋐}+\text{㋒}\times(-1)}} \begin{pmatrix} 1 & 0 & 0 \\ 0 & 1 & 0 \\ 0 & 0 & 1 \end{pmatrix}$$

と斜めに1が3個並びます。右端の$(3,\ 4,\ 5)$も書いていれば、$k,\ l,\ m$の値が求まったはずです。$\vec{a}$、$\vec{b}$、$\vec{c}$ **は基底である**と言えます。

(2)　(1)で要領がつかめたので、$\vec{a}$、$\vec{b}$、$\vec{c}$の成分を並べて書いて、掃き出し法を用いましょう。すると、

$$\begin{pmatrix} 1 & 2 & 3 \\ 2 & 3 & 5 \\ 1 & 1 & 2 \end{pmatrix} \xrightarrow[\substack{\text{㋒} \\ \to \text{㋒}+\text{㋐}\times(-1)}]{\substack{\text{㋑} \\ \to \text{㋑}+\text{㋐}\times(-2)}} \begin{pmatrix} 1 & 2 & 3 \\ 0 & -1 & -1 \\ 0 & -1 & -1 \end{pmatrix} \xrightarrow{\substack{\text{㋑} \\ \to \text{㋑}\times(-1)}} \begin{pmatrix} 1 & 2 & 3 \\ 0 & 1 & 1 \\ 0 & -1 & -1 \end{pmatrix}$$

$$\xrightarrow[\substack{\text{㋒} \\ \to \text{㋒}+\text{㋑}}]{\substack{\text{㋐} \\ \to \text{㋐}+\text{㋑}\times(-2)}} \begin{pmatrix} 1 & 0 & 1 \\ 0 & 1 & 1 \\ 0 & 0 & 0 \end{pmatrix}$$

最後の行がすべて0になってしまいました。

$\vec{a}$、$\vec{b}$、$\vec{c}$ だけでなく、(1) の①のように連立 1 次方程式の右辺の数も書いてから掃き出し法を実行したとしましょう。

掃き出し法の結果が、もしも、左下の結果のように 3 行目がすべて 0 になっていれば、方程式は不定になります。また、右下の結果のように右下に 0 でない数字が残っていれば、方程式は不能になります。

$$\left(\begin{array}{ccc:c} 1 & 0 & 1 & 2 \\ 0 & 1 & 1 & 3 \\ 0 & 0 & 0 & 0 \end{array}\right) \to \text{不定} \qquad \left(\begin{array}{ccc:c} 1 & 0 & 1 & 2 \\ 0 & 1 & 1 & 3 \\ 0 & 0 & 0 & 4 \end{array}\right) \to \text{不能}$$

いずれにしろ、「方程式を満たす $(k,\ l,\ m)$ がただ 1 通りに決まる」とは言えません。つまり、$\boldsymbol{\vec{a}}$、$\boldsymbol{\vec{b}}$、$\boldsymbol{\vec{c}}$ **が基底ではない**ことが分かりました。

(3)　同じ要領で掃き出し法を実行してみましょう。

$$\begin{pmatrix} 1 & 2 & 3 \\ 2 & 4 & 6 \\ 3 & 6 & 9 \end{pmatrix} \xrightarrow[\text{㋒} \to \text{㋒} + \text{㋐} \times (-3)]{\text{㋑} \to \text{㋑} + \text{㋐} \times (-2)} \begin{pmatrix} 1 & 2 & 3 \\ 0 & 0 & 0 \\ 0 & 0 & 0 \end{pmatrix}$$

今度は、2 行目と 3 行目が 0 になってしまいました。

$\boldsymbol{\vec{a}}$、$\boldsymbol{\vec{b}}$、$\boldsymbol{\vec{c}}$ **が基底ではない**ことが分かりました。

(1)の場合、$\vec{a}$、$\vec{b}$、$\vec{c}$ は基底でした。ですから、$\boldsymbol{R}^3$ の任意の元 P をとってきたとき、

$$\overrightarrow{\mathrm{OP}} = k\vec{a} + l\vec{b} + m\vec{c}$$

を満たす$(k,\ l,\ m)$の組がただ１通り存在します。また、勝手に k、l、m を選ぶと、この式を満たす $\boldsymbol{R}^3$ の元Pが存在します。いわば、空間座標に$(k,\ l,\ m)$という"新しい座標"をつけたわけです。ここら辺りの事情は２次元列ベクトル全体 $\boldsymbol{R}^2$ のときと同じです。

(1) では、k、l、m がそれぞれ実数全体を動くとき、それに対応する P は $\boldsymbol{R}^3$ の元すべてを動きます。

でも、$\vec{a}$、$\vec{b}$、$\vec{c}$が基底とならない(2)、(3)の場合はどうなのでしょう。k、l、m がそれぞれ実数全体を動くとき、P はどこを動くのでしょうか。

(2) で、掃き出し法が、

$$\begin{pmatrix} 1 & 2 & 3 \\ 2 & 3 & 5 \\ 1 & 1 & 2 \end{pmatrix} \longrightarrow \begin{pmatrix} 1 & 0 & 1 \\ 0 & 1 & 1 \\ 0 & 0 & 0 \end{pmatrix}$$

と進行したということは、$k\vec{a} + l\vec{b} + m\vec{c} = \vec{0}$ を満たす$(k、l、m)$を求める方程式

$$\begin{cases} k + 2l + 3m = 0 \\ 2k + 3l + 5m = 0 \\ k + l + 2m = 0 \end{cases} \quad \text{を変形して} \begin{cases} k \qquad + m = 0 \\ \qquad l + m = 0 \end{cases}$$

となったということです。これから、この連立１次方程式の解は、

$$(k,\ l,\ m) = (-m,\ -m,\ m) \quad (m \text{ は任意の実数})$$

となります。つまり、

$$-m\vec{a}-m\vec{b}+m\vec{c}=\vec{0}\quad（m\text{は任意の実数}）$$

m は勝手にとることができますから、$m=1$ として

$$-\vec{a}-\vec{b}+\vec{c}=\vec{0}\text{、すなわち}\vec{c}=\vec{a}+\vec{b}$$

という関係式が $\vec{a}$、$\vec{b}$、$\vec{c}$ の間に成り立っているということです。

ですから、関係式 $\vec{c}=\vec{a}+\vec{b}$ を用いて、

$$\begin{aligned}\overrightarrow{OP}=k\vec{a}+l\vec{b}+m\vec{c}&=k\vec{a}+l\vec{b}+m(\vec{a}+\vec{b})\\&=(k+m)\vec{a}+(l+m)\vec{b}\end{aligned}$$

となります。$\vec{c}$ は消去されて、$\vec{a}$、$\vec{b}$ の 1 次結合になってしまいました。

あらためて、$p=k+m$、$q=l+m$ とおきます。

k、l、m が実数全体を動くとき、

$$\overrightarrow{OP}=p\vec{a}+q\vec{b}\,(p=k+m\text{、}q=l+m\text{、}k\text{、}l\text{、}m\text{は実数})$$

を満たす P はどこを動くでしょうか。

実は、p、q はどんな値でもとることができます。例えば、$p=3$、$q=2$ であれば、$k=3$、$l=2$、$m=0$ として実現できます。

m を 0 と決めてしまえば、$p=k$、$q=l$ となり、k、l は実数全体を動きますから、p、q は実数全体を動きます。

しかし、k、l、m が実数全体を自由に動いたところで、$\vec{a}$、$\vec{b}$、2 本のベクトルの 1 次結合ですから、P は空間全体の点を行き渡りません。

図形的にも説明しておきましょう。

座標空間中に、A(1，2，1)、B(2，3，1)をとります。すると、$\overrightarrow{OA}=\vec{a}$、$\overrightarrow{OB}=\vec{b}$ を満たします。

$$\overrightarrow{OP}=p\vec{a}+q\vec{b}\,(p\text{、}q\text{は実数})$$

を満たす P は、O、A、B で定められる平面上にあります。

なぜかも説明しておきましょう。

その前に、空間中に異なる３点（１直線上にない）が与えられたとき、その３点を通る平面はただ１つに決定することを感覚的に捉えておきましょう。

２点 A、B を通る平面は、次の右図のように無数にあります。直線 AB を軸にして、平面がグルグルと回転しているイメージです。直線 AB 以外の点 C をとると、A、B、C を通る平面が定まります。点 C が、直線 AB を軸として回っている平面をピタッと止めるようなイメージです。

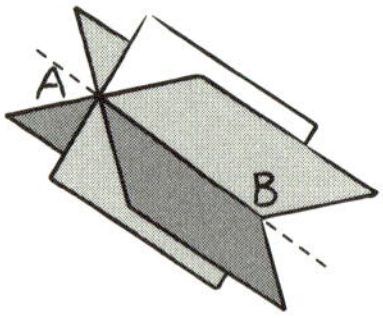

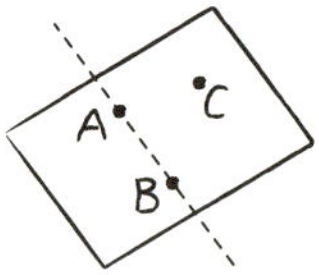

O、A、B で定められる平面を π とします。

$p=2$、$q=3$ として、$\overrightarrow{\mathrm{OP}}=2\vec{a}+3\vec{b}$ を満たす P が、π 上にあることを説明してみます。

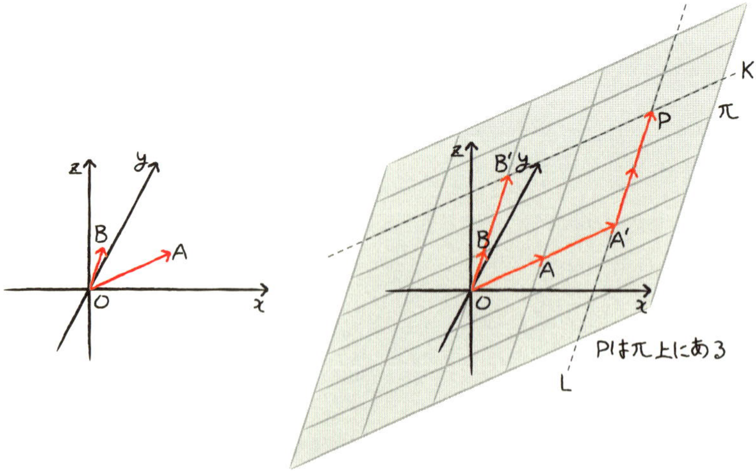

$\overrightarrow{\mathrm{OA'}} = 2\vec{a}$ を満たす A′ は直線 OA 上にあります。直線 OA は平面 π 上にあります。$\overrightarrow{\mathrm{OB'}} = 3\vec{b}$ を満たす B′ は直線 OB 上にあります。直線 OB は平面 π 上にあります。A′ を通って OB に平行な直線を L、B′ を通って OA に平行な直線を K とします。L、K は平面 π 上にあるので、L、K の交点も平面 π 上にあります。この交点を Q とすると、作り方から、四角形 OA′QB′ は平行四辺形になります。よって、

$$\overrightarrow{\mathrm{OQ}} = \overrightarrow{\mathrm{OA'}} + \overrightarrow{\mathrm{A'Q}} = \overrightarrow{\mathrm{OA'}} + \overrightarrow{\mathrm{OB'}} = 2\vec{a} + 3\vec{b}$$

となり、Q が実は P であり、P が π 上にあることが分かります。

このような平面 π を、**“$\vec{a}$ と $\vec{b}$ で張られる平面”** と表現します。

(3)の場合はどうでしょうか。掃き出し法が、

$$\begin{pmatrix} 1 & 2 & 3 \\ 2 & 4 & 6 \\ 3 & 6 & 9 \end{pmatrix} \longrightarrow \begin{pmatrix} 1 & 2 & 3 \\ 0 & 0 & 0 \\ 0 & 0 & 0 \end{pmatrix}$$

と進行したということは、$k\vec{a} + l\vec{b} + m\vec{c} = \vec{0}$ を満たす $(k,\ l,\ m)$ を求める方程式

$$\begin{cases} k + 2l + 3m = 0 \\ 2k + 4l + 6m = 0 \\ 3k + 6l + 9m = 0 \end{cases} \quad \text{を変形して、} \quad k + 2l + 3m = 0$$

となったということです。これから、この連立1次方程式の解は、

$$(k,\ l,\ m) = (-2l - 3m,\ l,\ m) \quad (l\text{、}m\text{ は任意の実数})$$

となります。つまり、

$$(-2l - 3m)\vec{a} + l\vec{b} + m\vec{c} = \vec{0} \quad (l,\ m\text{ は任意の実数})$$
$$l(-2\vec{a} + \vec{b}) + m(-3\vec{a} + \vec{c}) = \vec{0}$$

l がかかっている項と
m がかかっている項に分けた

ここで、l、m は勝手にとることができますから、

$l = 1$、$m = 0$ として、$-2\vec{a} + \vec{b} = \vec{0}$　　$\therefore\ \vec{b} = 2\vec{a}$

$l = 0$、$m = 1$ として、$-3\vec{a} + \vec{c} = \vec{0}$　　$\therefore\ \vec{c} = 3\vec{a}$

この関係を用いて $\vec{b}$, $\vec{c}$ を消去すると、

$$\overrightarrow{\mathrm{OP}} = k\vec{a} + l\vec{b} + m\vec{c} = k\vec{a} + l(2\vec{a}) + m(3\vec{a})$$
$$= (k + 2l + 3m)\vec{a}$$

k, l, m が実数全体を動くとき
$k+2l+3m$ は実数全体を動く

となり、$\overrightarrow{\mathrm{OP}}$ は $\vec{a}$ のスカラー倍となります。

$\overrightarrow{\mathrm{OA}} = \vec{a}$ とすると、P は、直線 OA 上を動きます。

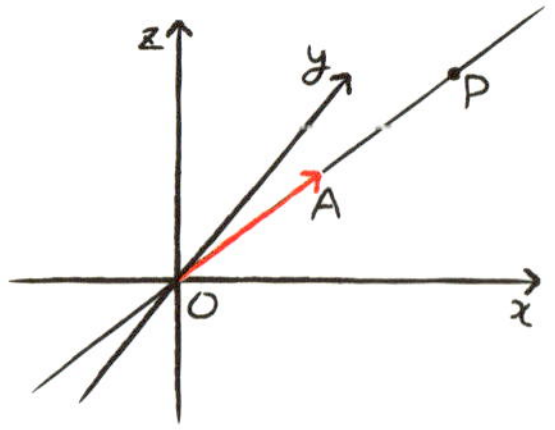

上の問題では、計算をすることで $\vec{a}$, $\vec{b}$, $\vec{c}$ が基底になるか否かを判定しました。計算だけだとイメージが湧かないと思いますから、$\vec{a}$、$\vec{b}$、$\vec{c}$ は図形的にはどのような関係になっていたのかを説明しておきましょう。

(1)の $\vec{a}$、$\vec{b}$、$\vec{c}$ は、3 本のベクトルがバラバラの方向に向いている状態です。三角錐の頂点に集まる 3 本の辺の位置関係が、この位置関係です。親指、人差し指、中指の 3 本を、ベクトル $\vec{a}$、$\vec{b}$、$\vec{c}$ に見立て、手でこれらのベクトルの位置関係を表現すると次頁の(1) のようになります。ちょうど、手で寿司でもつまんでいるような状態のときです。

(2)では、$\vec{c}$ を $\vec{a}$、$\vec{b}$ の 1 次結合で書くことができました。つまり、$\vec{c}$ が $\vec{a}$、$\vec{b}$ で張られる平面上にありました。(2) の $\vec{a}$、$\vec{b}$、$\vec{c}$ は、始点をそろえると同一平面上にある状態です。平らなボール紙の上に 3 本のベクトル $\vec{a}$、

$\vec{b}$、$\vec{c}$ が書かれているところを想像するとよいでしょう。手でこの位置関係を表現すると(2) のようになります。手を机の端において、3 本の指を机の面にぴたっと付けると、親指、人差し指、中指が表すベクトルが同じ平面上にあることになります。

(3)の $\vec{a}$、$\vec{b}$、$\vec{c}$ は、3 本のベクトルが同じ方向を向いている状態です。手でこの位置関係を表現すると(3) のようになります。ちょうど手刀でも作ったときのような状態です。

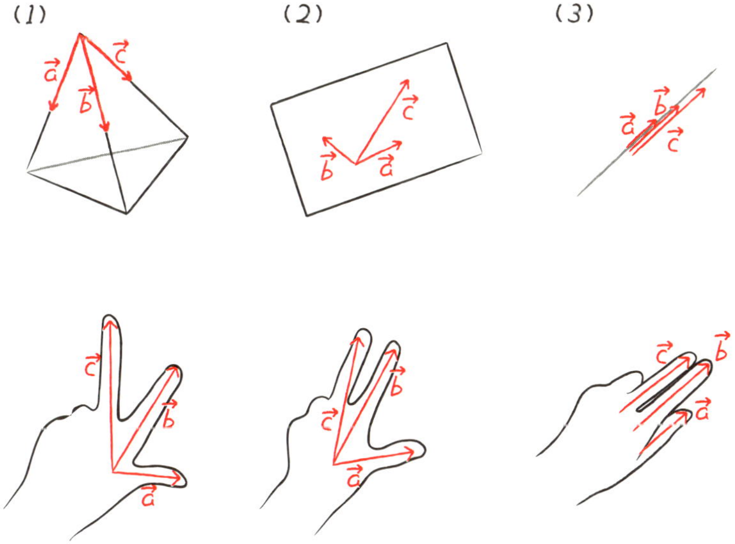

5 ベクトルの集合をカッコよく言うと
―― 線形空間

線形空間って何？

いままでに、$\boldsymbol{R}$、$\boldsymbol{R}^2$、$\boldsymbol{R}^3$ という例を通して、ベクトルの意味や演算、ベクトルの1次結合の性質を見てきました。

ここら辺りで、一度抽象的な言い方でまとめておきましょう。"線形空間 $\boldsymbol{V}$" と小難しい物言いをしますが、なあに、いままで紹介した $\boldsymbol{R}^2$ や $\boldsymbol{R}^3$ のことだと思って読んでくださって結構です。

なお、$\boldsymbol{R}^2$ は2次元の"平面"ですが、線形"空間"なんです。違和感を持たれる方もいらっしゃるかもしれません。空間と日常語で言えば、幅、奥行き、高さの3成分をもった3次元ベクトル空間のことを指すからです。線形"空間"という言葉で使われているときの"空間"は、3次元ベクトル空間のことではないのです。

線形空間(linear space)の定義

集合 $\boldsymbol{V}$ の任意の元 $\vec{a}$、$\vec{b}$ や任意の k について、

和　$\vec{a}+\vec{b}$　と　**スカラー倍**　$k\vec{a}$

が $\boldsymbol{V}$ の元となるように定義されていて、これらの演算が次を満たすとき、$\boldsymbol{V}$ を線形空間と言う。

(I)　**和について**

(i)　$(\vec{a}+\vec{b})+\vec{c}=\vec{a}+(\vec{b}+\vec{c})$　(**結合法則**)

(ii)　$\vec{a}+\vec{b}=\vec{b}+\vec{a}$　(**交換法則**)

(iii) $\vec{a}+\vec{0}=\vec{0}+\vec{a}=\vec{a}$ を満たすただ1つの元 $\vec{0}$ が存在する。

($\vec{0}$ の存在)

(iv) $\vec{a}+\vec{x}=\vec{x}+\vec{a}=\vec{0}$ を満たすただ1つの元 $\vec{x}$ が存在する。
$\vec{x}$ を“$\vec{a}$ の逆元”と言い、$-\vec{a}$ と表す。**(逆元の存在)**

(II) **スカラー倍**

(i) $1\cdot\vec{a}=\vec{a}$　(ii) $k(\vec{a}+\vec{b})=k\vec{a}+k\vec{b}$

(iii) $(k+l)\vec{a}=k\vec{a}+l\vec{a}$　(iv) $(kl)\vec{a}=k(l\vec{a})$

和やスカラー倍の性質が $\boldsymbol{R}$、$\boldsymbol{R}^2$、$\boldsymbol{R}^3$ で成り立つことは、いままで実感していることと思います。$\boldsymbol{R}$、$\boldsymbol{R}^2$、$\boldsymbol{R}^3$ など n 次元列ベクトル全体の集合 $\boldsymbol{R}^n$ は線形空間の例になっています。

$\boldsymbol{R}^3$ までは、その元であるベクトルを図に描いて、「移動」「矢印」として説明しましたが、4次以上の次元になると、図に描き表すのが困難になってきます。4次以上のベクトルは数の羅列にしか見えなくとも仕方ありません。

実際、4次元以上は図で表せないのだから、初めからベクトルを矢印で表すことなく、数の羅列として定義する流儀の解説書も見受けられます。しかし、2次元列ベクトル、3次元列ベクトルの図形的イメージを持っておくことは、4次元以上のベクトルの性質を理解するための大きな助けとなると、ぼくは考えています。

ところで、$\boldsymbol{R}^n$ 以外に線形空間となる例はあるのでしょうか。これは、初めに「矢印」をベクトルだと思ってしまうと、ありえないように思えます。でも、線形空間などとあえて抽象的な言い方で大見得を切るわけですから、$\boldsymbol{R}^n$ 以外にも線形空間がないとなったら、立つ瀬がありません。実は、この本では十分に説明できないのですが、数学には線形空間となる例が、$\boldsymbol{R}^n$ 以外にもいろいろとあるんです。だからこそ、$\boldsymbol{R}^n$ をモデルにして、抽象的に線形空間の定義をしておくのです。

この本では原則として、扱う数を実数全体の集合としています。これを

分数のこと

①「有理数全体の集合」や②「複素数全体の集合」に変えたり、③「整数を素数で割った余りの数の集合」とすることで、興味深い例をたくさん作ることができます。上の定義では、k が含まれる集合をあいまいなままにしたが、これも①～③などの場合があります。

また、いまは次元が有限なんですが、次元が無限になるような線形空間の例もあります。

「整数を素数で割った余りの数の集合」をもとに作った線形空間を応用する例は、誤り符号訂正理論という分野に見られます。これはデータをやり取りするときに、誤って伝わってしまった信号を、受け手側が理論に基づいて訂正することができるという技術です。線形代数が生活に役立っていることの１つの例です。興味のある人は、コラムを読んでみてください。

p.72、p.79、p.85 の問題で扱ってきたことを新しい用語の紹介もしながらまとめていきましょう。

線形独立と線形従属

線形空間 $\boldsymbol{V}$ の元の組 $\{\vec{a}_1,\ \vec{a}_2,\ \cdots,\ \vec{a}_n\}$ に対して、

$$c_1\vec{a}_1 + c_2\vec{a}_2 + \cdots + c_n\vec{a}_n = \vec{0}$$

を満たす $(c_1,\ c_2,\ \cdots,\ c_n)$ を求める。

（ア）　$c_1 = c_2 = \cdots = c_n = 0$ のみとなるとき、

「$\{\vec{a}_1,\ \vec{a}_2,\ \cdots,\ \vec{a}_n\}$ は**線形独立**　または　**1 次独立**である」

（イ）　c_1、c_2、$\cdots$、c_n のうち、少なくとも 1 つは 0 でないものがあるとき、

「$\{\vec{a}_1,\ \vec{a}_2,\ \cdots,\ \vec{a}_n\}$ は**線形従属**　または　**1 次従属**である」

と言う。

線形空間 $\boldsymbol{V}$ の元の組 $\{\vec{a}_1, \vec{a}_2, \cdots, \vec{a}_n\}$ について、(ア)の場合か、(イ)の場合のどちらかは成り立ちますから、$\{\vec{a}_1, \vec{a}_2, \cdots, \vec{a}_n\}$ は線形独立か線形従属のどちらかになります。

ここで、重要な線形従属の言い換えをしておきましょう。

$\{\vec{a}_1, \vec{a}_2, \cdots\cdots, \vec{a}_n\}$ が線形従属であるとき、

$$c_1\vec{a}_1 + c_2\vec{a}_2 + \cdots\cdots + c_n\vec{a}_n = \vec{0}$$

を満たす、c_1、c_2、…、c_n（n 個のうち少なくとも 1 つは 0 でない）が存在しました。c_1 が 0 でないとしましょう。すると、

$$c_1\vec{a}_1 = -c_2\vec{a}_2 - c_3\vec{a}_3 - \cdots\cdots - c_n\vec{a}_n$$

$c_1 \neq 0$ ですから、c_1 で割って、

$$\vec{a}_1 = -\frac{c_2}{c_1}\vec{a}_2 - \frac{c_3}{c_1}\vec{a}_3 - \cdots\cdots - \frac{c_n}{c_1}\vec{a}_n$$

となります。つまり、$\vec{a}_1$ を $\vec{a}_2$、$\vec{a}_3$、……、$\vec{a}_n$ の 1 次結合で表すことができます。

また逆に、$\vec{a}_1$ が $\vec{a}_2$、$\vec{a}_3$、……、$\vec{a}_n$ の 1 次結合で表されるとき、

$$\vec{a}_1 = b_2\vec{a}_2 + b_3\vec{a}_3 + \cdots\cdots + b_n\vec{a}_n$$
$$\vec{a}_1 - b_2\vec{a}_2 - b_3\vec{a}_3 - \cdots\cdots - b_n\vec{a}_n = \vec{0}$$

となり、$c_1 = 1$、$c_2 = -b_2$、……、$c_n = -b_n$ とすれば、c_1、c_2、…、c_n（n 個のうち少なくとも 1 つは 0 でない）があることになるので、線形従属です。

つまり、線形従属に関して、次のような言い換えが可能です。

$\{\vec{a}_1, \vec{a}_2, \cdots\cdots, \vec{a}_n\}$ が線形従属である

$\Leftrightarrow$ $\{\vec{a}_1, \vec{a}_2, \cdots\cdots, \vec{a}_n\}$ のうちどれか 1 つは、他の 1 次結合で表すことができる。

p.72 や p.79 の $\boldsymbol{R}^2$ についての問題の 2 つのベクトルは、線形独立の例、そのあとの解説に出てきた例は線形従属の例でした。図像的イメージを並べて描いておくと、次のようです。

線形独立　　線形従属

p.85 の $\boldsymbol{R}^3$ についての問題の(1)の 3 つのベクトルは線形独立の例。(2)、(3) は線形従属の例でした。$\vec{a}$, $\vec{b}$, $\vec{c}$ の図像的イメージを並べて描いておくと、次のようです。

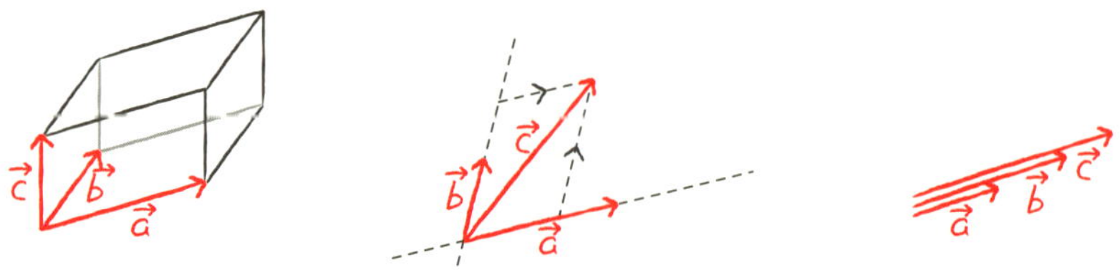

(1)　線形独立　　(2)　線形従属　　(3)　線形従属

これらの例から、線形独立・従属と基底の関係も見えてきますね。$\{\vec{a}_1, \vec{a}_2, \cdots, \vec{a}_n\}$ が基底になるには、どうやら線形独立でなければいけなさそうです。

$\boldsymbol{V}$ の元 $\{\vec{a}_1, \vec{a}_2, \cdots, \vec{a}_n\}$ が基底であれば、$\boldsymbol{V}$ の任意のベクトルが、

$$c_1\vec{a}_1 + c_2\vec{a}_2 + \cdots + c_n\vec{a}_n$$

の形にただ 1 通りに表されます。

$(c_1, c_2, \cdots, c_n) = (0, 0, \cdots, 0)$ のとき、

$$c_1\vec{a}_1 + c_2\vec{a}_2 + \cdots + c_n\vec{a}_n = \vec{0}$$

が成り立ちますが、$\{\vec{a}_1, \vec{a}_2, \cdots, \vec{a}_n\}$ が基底であれば、そのような $(c_1, c_2, \cdots,$

c_n)は、これ1通りになりますから、$\{\vec{a}_1, \vec{a}_2, \cdots, \vec{a}_n\}$は線形独立になります。$\{\vec{a}_1, \vec{a}_2, \cdots, \vec{a}_n\}$が基底であるためには、線形独立であることが必要です。

線形空間$\boldsymbol{V}$における基底のきちんとした定義は次のようになります。

基底の定義

線形空間$\boldsymbol{V}$の元の組$\{\vec{a}_1, \vec{a}_2, \cdots, \vec{a}_n\}$が次の(1)(2)を満たすとき、これらは基底となる。

(1) $\{\vec{a}_1, \vec{a}_2, \cdots, \vec{a}_n\}$は線形独立である。

(2) $\boldsymbol{V}$の任意の元が

$$c_1\vec{a}_1 + c_2\vec{a}_2 + \cdots + c_n\vec{a}_n \ (c_1, c_2, \cdots, c_n \text{は実数})$$

の形に書くことができる。

この基底に含まれるベクトルの個数(上のn)が、線形空間の**次元**です。$\boldsymbol{R}^2$、$\boldsymbol{R}^3$の例では、初めから次元が分かっている線形空間ですが、抽象的な線形空間や統計学で線形空間を設定したときなど、初めから次元が分かっているとは限りません。ですから、基底を決定することは、線形空間の成り立ちを調べる上できわめて重要な作業になってきます。上で見たように、基底の取り方はいろいろとありますが、**どのように基底を取ったときでも、基底に含まれるベクトルの個数は一定です。1つの線形空間に対して、次元はただ1通りに定まります。**

次元のことを英語でdimensionと言います。ここから、$\boldsymbol{V}$の次元を$\dim\boldsymbol{V}$と表します。

$\boldsymbol{V}$ の次元が n であれば、

$$\dim \boldsymbol{V} = n$$

と表します。

上では、$\boldsymbol{R}^2$ のときは2本のベクトルについて、$\boldsymbol{R}^3$ のときは3本のベクトルについて、線形独立であるか、線形従属であるかを考えました。

ここでは、$\boldsymbol{R}^2$ の $\vec{0}$ でない3本のベクトル $\vec{a}$、$\vec{b}$、$\vec{c}$ が線形独立であるか、線形従属であるかを考えましょう。

$\vec{a}$、$\vec{b}$ が線形従属であれば、

$$k\vec{a} + l\vec{b} = \vec{0}\text{（}k\text{、}l\text{ のうち少なくとも 1 つは 0 でない）}$$

となりますから、$\vec{a}$、$\vec{b}$ に $\vec{c}$ を加えても、

$$k\vec{a} + l\vec{b} + 0\vec{c} = \vec{0}\text{（}k\text{、}l\text{ のうち少なくとも 1 つは 0 でない）}$$

となりますから、$\vec{a}$, $\vec{b}$, $\vec{c}$ は線形従属です。

$\vec{a}$, $\vec{b}$ が線形独立であれば、いま2次元ベクトル空間で考えていますから、これに含まれるどんなベクトルも $\vec{a}$, $\vec{b}$ の1次結合の形で表すことができます。よって、線形従属の言い換えを用いて、$\vec{a}$, $\vec{b}$, $\vec{c}$ が線形従属になります。

結局、$\boldsymbol{R}^2$ の $\vec{0}$ でない3本のベクトル $\vec{a}$, $\vec{b}$, $\vec{c}$ は、常に線形従属になります。もしも $\boldsymbol{R}^2$ の $\vec{0}$ でない4本のベクトル $\vec{a}$, $\vec{b}$, $\vec{c}$, $\vec{d}$ があったとしても、線形従属である $\vec{a}$, $\vec{b}$, $\vec{c}$ に $\vec{d}$ を付け加えたものと考えれば、$\vec{a}$, $\vec{b}$, $\vec{c}$, $\vec{d}$ も線形従属となります。

同様にして、$\boldsymbol{R}^3$ の $\vec{0}$ でない4本のベクトル $\vec{a}$、$\vec{b}$、$\vec{c}$、$\vec{d}$ が線形従属であることを説明することができます。

このように線形空間の次元より多い個数のベクトルの組は、線形従属になります。

初めに紹介した基底の説明(p.75、p.84）と基底の定義が若干食い違っています。補足しておきましょう。

上の(2) では、“ただ1通りに表される”とは言っていませんが、その代わりに(1) の条件があるので、結局のところ“ただ1通り”になります。なぜかを説明してみましょう。

もしも、1つのベクトルが、

$$c_1\vec{a}_1 + c_2\vec{a}_2 + \cdots + c_n\vec{a}_n \text{ と } b_1\vec{a}_1 + b_2\vec{a}_2 + \cdots + b_n\vec{a}_n$$

と2通りに表されるのであれば、

$$c_1\vec{a}_1 + c_2\vec{a}_2 + \cdots + c_n\vec{a}_n = b_1\vec{a}_1 + b_2\vec{a}_2 + \cdots + b_n\vec{a}_n$$

$$\therefore \quad (c_1 - b_1)\vec{a}_1 + (c_2 - b_2)\vec{a}_2 + \cdots + (c_n - b_n)\vec{a}_n = \vec{0}$$

となりますが、線形独立の性質から、

$c_1 - b_1 = 0$、$c_2 - b_2 = 0$、…、$c_n - b_n = 0$

つまり、$c_1 = b_1$、$c_2 = b_2$、…、$c_n = b_n$

と、結局初めの2式の係数は同じになってしまいます。

ですから、“ただ1通り”になるわけです。

6 線形空間の一部でも線形空間だ！
―― 1 次結合と部分空間

部分空間って何？

問題では、k、l、m が実数全体を動くとき、$k\vec{a}+l\vec{b}$ や $k\vec{a}+l\vec{b}+m\vec{c}$ が表すものを調べました。一般に、係数が実数全体を動くとき１次結合 $c_1\vec{a}_1+c_2\vec{a}_2+\cdots+c_n\vec{a}_n$ が表すものは何でしょうか。

これには、部分空間という名前が付いています。部分空間の定義から述べてみましょう。

部分空間の定義

$\boldsymbol{W}$ を線形空間 $\boldsymbol{V}$ の空でない部分集合とする。次の２つが成り立つとき、$\boldsymbol{W}$ を $\boldsymbol{V}$ の部分空間と言う。

(1)　$\boldsymbol{W}$ の任意の元 $\vec{a}$、$\vec{b}$ に対して、$\vec{a}+\vec{b}$ は $\boldsymbol{W}$ の元である。

(2)　$\boldsymbol{W}$ の任意の元 $\vec{a}$, 任意の実数 k に対して、$k\vec{a}$ は $\boldsymbol{W}$ の元である。

上の定義では、$\boldsymbol{V}$ 自身も部分空間と言うことができます。

実際、数学ではそのように扱います。$\boldsymbol{V}$ は、$\boldsymbol{V}$ の部分空間です。が、日常語で“部分”といえば、全体に対してその一部のことを指し示すことが多いので、違和感がありますね。

また、$\boldsymbol{V}$ のゼロベクトル $\vec{0}$ も、それだけで部分空間となります。これも当たり前で面白くありません。

ですから、これから $\boldsymbol{V}$ や $\vec{0}$ 以外の部分空間を列挙していきましょう。

実は、これまでに部分空間がたくさん出てきていたんです。定義の確認はともかくそれらを整理してみます。

p.79 の例題では $\boldsymbol{V} = \boldsymbol{R}^2$ の部分空間を扱っていました。

$\overrightarrow{\mathrm{OA}} = \vec{a} = \begin{pmatrix} 1 \\ 2 \end{pmatrix}$、$\overrightarrow{\mathrm{OB}} = \vec{b} = \begin{pmatrix} 2 \\ 4 \end{pmatrix}$ とすると、k、l が実数全体を動くとき、$\overrightarrow{\mathrm{OP}} = k\vec{a} + l\vec{b}$ で表される P は直線 OA 上を動きます。集合の表記を用いると、P が動く部分は

$$\boldsymbol{W} = \{ k\vec{a} + l\vec{b} \mid k、l \text{は実数} \}$$

集合の元をすべて書き並べたいところですが、無数にあるので、$k\vec{a}+l\vec{b}$ として、k, l の条件をたて棒の右側に書きました

この $\boldsymbol{W}$ の元の始点を O にとると終点は直線 OA 上にあります。

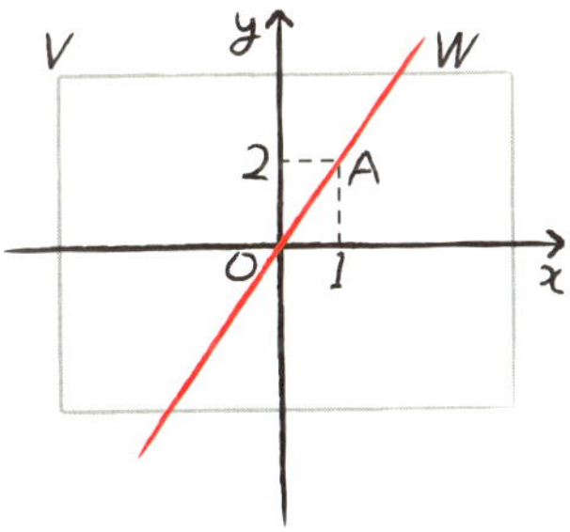

この $\boldsymbol{W}$ は、$\boldsymbol{R}^2$ の部分空間です。

一般に、$\boldsymbol{R}^2$（＝座標平面）において、始点を原点に持ち、原点を通る直線上の点を終点に持つベクトル全体の集合は部分空間になります。また、**$\boldsymbol{R}^2$ の部分空間は、**

原点を通る直線

だけです。

p.85 の例題では $\boldsymbol{V} = \boldsymbol{R}^3$ の場合を扱っていました。

k、l、m が実数全体を動くとき、$\overrightarrow{\mathrm{OP}} = k\vec{a} + l\vec{b} + m\vec{c}$ で表される P が動く範囲を、集合の表現を用いて表します。

$$\boldsymbol{W}=\{k\vec{a}+l\vec{b}+m\vec{c}\mid k、l、m \text{は実数}\}$$

$\vec{a}=\begin{pmatrix}1\\2\\1\end{pmatrix}$、$\vec{b}=\begin{pmatrix}2\\3\\1\end{pmatrix}$、$\vec{c}=\begin{pmatrix}3\\5\\2\end{pmatrix}$の場合、$\boldsymbol{W}$のベクトルの終点を表したものが左図、

$\vec{a}=\begin{pmatrix}1\\2\\3\end{pmatrix}$、$\vec{b}=\begin{pmatrix}2\\4\\6\end{pmatrix}$、$\vec{c}=\begin{pmatrix}3\\6\\9\end{pmatrix}$の場合、$\boldsymbol{W}$のベクトルの終点を表したものが右図です。

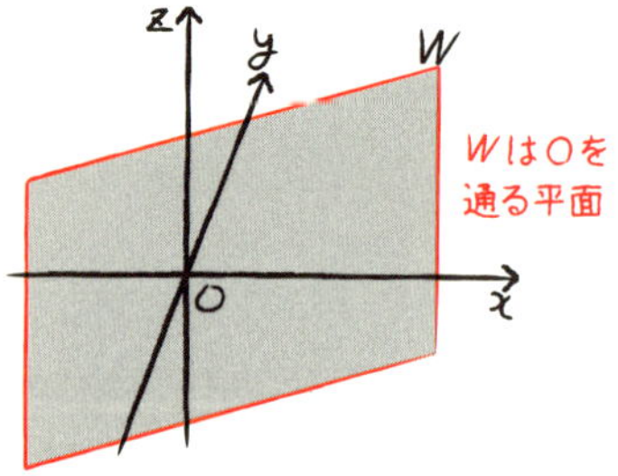

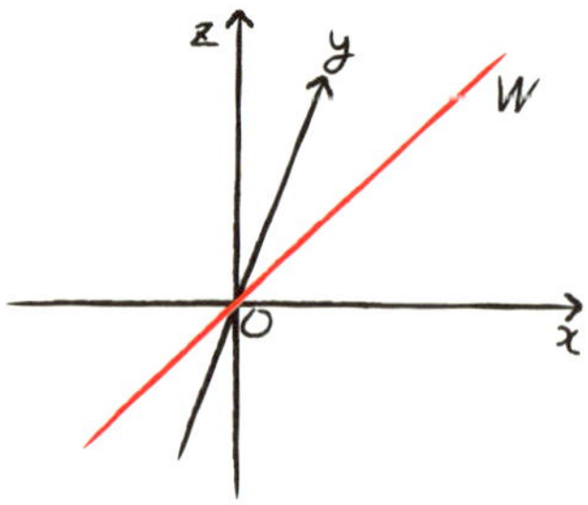

これらの $\boldsymbol{W}$ は、どちらも $\boldsymbol{R}^3$ の部分空間になっています。

一般に、**$\boldsymbol{R}^3$(＝座標空間)において、**

原点を通る直線　や　原点を通る平面

は部分空間になります。また、$\boldsymbol{R}^3$ の部分空間は、これだけです。

問題では $\boldsymbol{R}^2$、$\boldsymbol{R}^3$ で１次結合が表すベクトルが動く範囲のことを考察しました。これを一般化すると、次のようになります。

線形空間 $\boldsymbol{V}$ の元の組 $\{\vec{a}_1, \vec{a}_2, \cdots, \vec{a}_n\}$ に対して、

$$\boldsymbol{W} = \{c_1\vec{a}_1 + c_2\vec{a}_2 + \cdots + c_n\vec{a}_n \mid c_1、c_2、\cdots、c_n \text{は実数}\}$$

で定められる $\boldsymbol{W}$ を、$\{\vec{a}_1, \vec{a}_2, \cdots, \vec{a}_n\}$ が張る $\boldsymbol{V}$ の部分空間と言う。

$\{\vec{a}_1, \vec{a}_2, \cdots, \vec{a}_n\}$ は必ずしも、線形独立ではなくともよいことに注意しておいてください。**$\{\vec{a}_1, \vec{a}_2, \cdots, \vec{a}_n\}$ が線形独立のときは、n が部分空間 $\boldsymbol{W}$ の次元となります。**

上の事実を部分空間の定義に沿って、説明しておきましょう。
$\boldsymbol{W}$ の任意の元

$$\vec{b} = b_1\vec{a}_1 + b_2\vec{a}_2 + \cdots + b_n\vec{a}_n$$
$$\vec{c} = c_1\vec{a}_1 + c_2\vec{a}_2 + \cdots + c_n\vec{a}_n$$

これに対して、

$$\begin{aligned}\vec{b} + \vec{c} &= (b_1\vec{a}_1 + b_2\vec{a}_2 + \cdots + b_n\vec{a}_n) + (c_1\vec{a}_1 + c_2\vec{a}_2 + \cdots + c_n\vec{a}_n) \\ &= (b_1 + c_1)\vec{a}_1 + (b_2 + c_2)\vec{a}_2 + \cdots + (b_n + c_n)\vec{a}_n\end{aligned}$$

となり、$\vec{a}_1$、$\vec{a}_2$、$\cdots$、$\vec{a}_n$ の 1 次結合で書くことができるので、
$\vec{b} + \vec{c}$ は $\boldsymbol{W}$ の元になります。部分空間の定義 (*1*)
また、$\boldsymbol{W}$ の任意の元

$$\vec{b} = b_1\vec{a}_1 + b_2\vec{a}_2 + \cdots + b_n\vec{a}_n$$

と任意の実数 k に対して、

$$\begin{aligned}k\vec{b} &= k(b_1\vec{a}_1 + b_2\vec{a}_2 + \cdots + b_n\vec{a}_n) \\ &= kb_1\vec{a}_1 + kb_2\vec{a}_2 + \cdots + kb_n\vec{a}_n\end{aligned}$$

となり、$\vec{a}_1$、$\vec{a}_2$、…、$\vec{a}_n$ の1次結合で書くことができるので、
$k\vec{b}$ は $\boldsymbol{W}$ の元になります。部分空間の定義（2）

　したがって、$\boldsymbol{W}$ は $\boldsymbol{V}$ の部分空間であることが説明できました。

　それと部分空間の例に出てきた「直線」や「平面」の前に付いている、「原点を通る」という修飾語についても補足しておきます。

　もしも「原点を通らない」とどうなるかを見てみましょう。

　$\boldsymbol{R}^2$（＝座標平面）における、原点を通らない直線 l

　$\boldsymbol{R}^3$（＝座標空間）における、原点を通らない平面 π

が、部分空間になるかを考察してみましょう。結論から言うと、なりません

　下図のように、l 上の2点、π 上の2点をとって、A、B とします。

　このとき、$\overrightarrow{\mathrm{OC}} = \overrightarrow{\mathrm{OA}} + \overrightarrow{\mathrm{OB}}$ を満たす点Cを考えます。

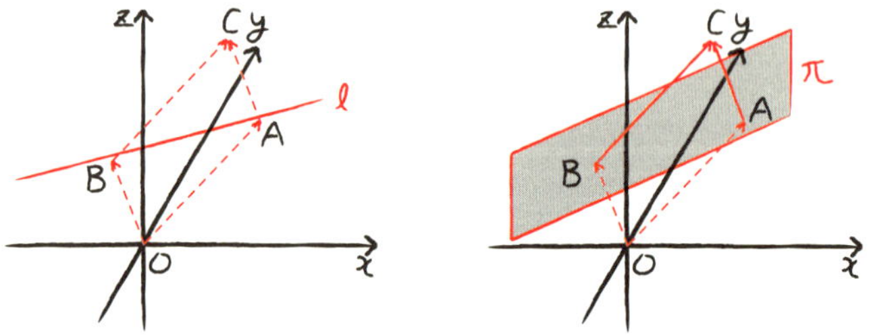

　部分空間の定義(1)によれば、任意の元 $\overrightarrow{\mathrm{OA}}$、$\overrightarrow{\mathrm{OB}}$ を足したベクトルも、部分空間の中に含まれていなければなりませんが、図から考えて、C は l 上、π 上にはありませんから、矛盾しています。

　原点を含まない集合は、線形空間の部分空間にはなりません。

　部分空間は必ず原点を含みます。

これは、定義からもすぐに分かります。$\boldsymbol{W}$ の元 $\vec{a}$ に対して、$k\vec{a}$ は $\boldsymbol{W}$ の元となるのですから、$k=0$ ととれば、$k\vec{a}=0\vec{a}=\vec{0}$ が $\boldsymbol{W}$ の元となることが示されます。

$\boldsymbol{R}$、$\boldsymbol{R}^2$ といった線形空間は、形としては、直線であり平面です。このようなイメージは確かに理解の助けになります。

その形としての直線や平面が、空間の一部を占めているのだから、たとえその直線や平面が原点を含まなくとも、全体の一部分を占める空間、“部分”空間と言ってしまってもよいのではないだろうか、とみなさんが思うのも無理はありません。

しかし、**線形空間というのは、計算結果がまたもとの集合の中に含まれる“閉じている演算（和やスカラー倍）”がセットになっている概念である、**と捉えるところがポイントです。線形空間という集合は、単なる形だけを表すものではありません。

1 次結合で表されるベクトルが部分空間になることを確認しました。部分空間の表し方は、他にもあります。例題を通して確認してみましょう。

例題

$$\boldsymbol{W}=\left\{\begin{pmatrix}x\\y\\z\end{pmatrix}\middle|\ 2x-y+z=0\ ;x、y、z\text{ は実数}\right\}$$

が、$\boldsymbol{R}^3$ の部分空間であることを示し、$\boldsymbol{W}$ の 1 組の基底と次元を求めてください。

部分空間の定義に沿って示してみましょう。

$\boldsymbol{W}$ の任意の元 $\vec{a}$、$\vec{b}$ をとります。

$$\vec{a}=\begin{pmatrix}x_1\\y_1\\z_1\end{pmatrix};\ \underbrace{2x_1-y_1+z_1=0}_{①}\ (x_1, y_1, z_1\text{の条件式})、\quad \vec{b}=\begin{pmatrix}x_2\\y_2\\z_2\end{pmatrix};\ \underbrace{2x_2-y_2+z_2=0}_{②}\ (x_2, y_2, z_2\text{の条件式})$$

これに対して、

$$\vec{a}+\vec{b}=\begin{pmatrix}x_1\\y_1\\z_1\end{pmatrix}+\begin{pmatrix}x_2\\y_2\\z_2\end{pmatrix}=\begin{pmatrix}x_1+x_2\\y_1+y_2\\z_1+z_2\end{pmatrix}$$

これが $\boldsymbol{W}$ の元であるか否かを調べます。

$$\begin{aligned}&2(x_1+x_2)-(y_1+y_2)+(z_1+z_2)\\&\quad=\underbrace{(2x_1-y_1+z_1)}_{①}+\underbrace{(2x_2-y_2+z_2)}_{②}=0+0=0\end{aligned}$$

$\vec{a}+\vec{b}$ は $\boldsymbol{W}$ の元になっています。　部分空間の定義（1）

また、

$$k\vec{a}=k\begin{pmatrix}x_1\\y_1\\z_1\end{pmatrix}=\begin{pmatrix}kx_1\\ky_1\\kz_1\end{pmatrix}$$

これが $\boldsymbol{W}$ の元であるか否かを調べます。

$$2kx_1-ky_1+kz_1=k\underbrace{(2x_1-y_1+z_1)}_{①}=k\cdot 0=0$$

$k\vec{a}$ は $\boldsymbol{W}$ の元になっています。　部分空間の定義（2）

$\boldsymbol{W}$ は部分空間であることが分かりました。

次に、$\boldsymbol{W}$ の基底となるベクトルの組を1つ求めてみましょう。x、y、z についての条件式がありますから、これを用いて1文字を消去してみましょう。

$z = -2x + y$ として、z を消去します。

$$\begin{pmatrix} x \\ y \\ z \end{pmatrix} = \begin{pmatrix} x \\ y \\ -2x+y \end{pmatrix} = x\begin{pmatrix} 1 \\ 0 \\ -2 \end{pmatrix} + y\begin{pmatrix} 0 \\ 1 \\ 1 \end{pmatrix} \quad (x\text{、}y \text{ は実数})$$

となります。

ここで、$\vec{a} = \begin{pmatrix} 1 \\ 0 \\ -2 \end{pmatrix}$、$\vec{b} = \begin{pmatrix} 0 \\ 1 \\ 1 \end{pmatrix}$ とおきます。部分空間 $\boldsymbol{W}$ は、$\vec{a}$, $\vec{b}$ で張られる部分空間です。実は、$\vec{a}$, $\vec{b}$ は 1 次独立になっています。このことを確かめてみましょう。$\vec{a}$、$\vec{b}$ が 1 次独立であることの定義は、

「$p\vec{a} + q\vec{b} = \vec{0}$ となる p、q は、$p = 0$、$q = 0$ のみである」
でした。

$$p\vec{a} + q\vec{b} = p\begin{pmatrix} 1 \\ 0 \\ -2 \end{pmatrix} + q\begin{pmatrix} 0 \\ 1 \\ 1 \end{pmatrix} = \begin{pmatrix} p \\ q \\ -2p+q \end{pmatrix}$$

が $\vec{0}$ になるのは、$p = 0$、$q = 0$ のときだけです。$\vec{a}$、$\vec{b}$ は 1 次独立になります。1 次独立である 2 個のベクトルの組で張られるので、部分空間 $\boldsymbol{W}$ の次元は 2、$\dim\boldsymbol{W} = 2$ です。

ここで、$\vec{a}$、$\vec{b}$ は、この部分空間 $\boldsymbol{W}$ の基底となっています。

部分空間 $\boldsymbol{W}$ は、$\vec{a}$、$\vec{b}$ を基底として張られる部分空間です。

第3章 ●●●

内 積

①ベクトルどうしを掛けると…
―― 内積

内積って何？

ベクトルは、**大きさと向きを持った量**であると書きました。ベクトルから大きさを取り出すには次のようにします。

例えば、$\vec{p}=\begin{pmatrix}3\\1\end{pmatrix}$ というベクトルは、始点を原点Oに取って、終点をPとすれば、図のように描くことができます。

ベクトルの大きさとは、そのまま矢印の長さを表すと考えるのは自然ですね。実際、ベクトルの大きさはそのように定義されます。

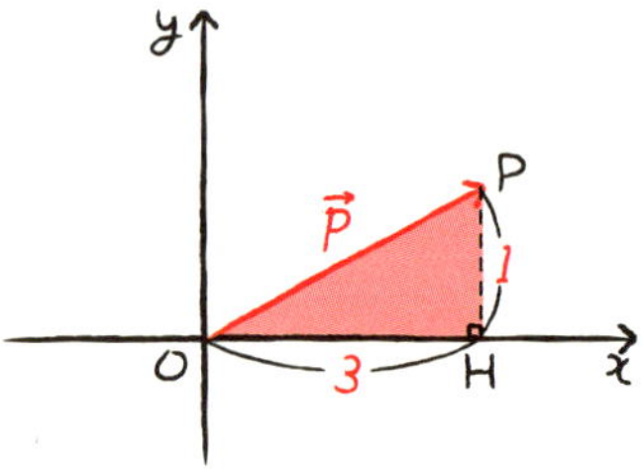

網目の三角形に三平方の定理を用いて、

c
b
a
直角三角形で
$c^2=a^2+b^2$ が成り立つ

$$\mathrm{OP}^2=\mathrm{OH}^2+\mathrm{PH}^2$$
$$=3^2+1^2=10$$

これより、$\mathrm{OP}=\sqrt{10}$

したがって、$\vec{p}$ の大きさは $\sqrt{10}$ です。これを

$$|\vec{p}|=\sqrt{10}$$

と書きます。この記号は絶対値の記号と同じです。

絶対値記号の中身が実数の場合、例えば、$|3|=3$、$|-5|=5$でした。実数に絶対値の記号をつけると、その実数が原点からどれだけ離れているか、“原点からの距離”を表していましたね。

ベクトルの場合も同じです。絶対値記号は、ベクトルの終点が原点からどれだけ離れているか、**終点の“原点からの距離”**を表しています。

一般に、$\vec{p}=\begin{pmatrix}a\\b\end{pmatrix}$のとき、

$$|\vec{p}|=\sqrt{a^2+b^2}$$

となります。

3次元ベクトルの場合も大きさを定義してみましょう。

$\vec{p}=\begin{pmatrix}3\\1\\2\end{pmatrix}$の大きさを求めてみましょう。始点をO、終点をPとします。

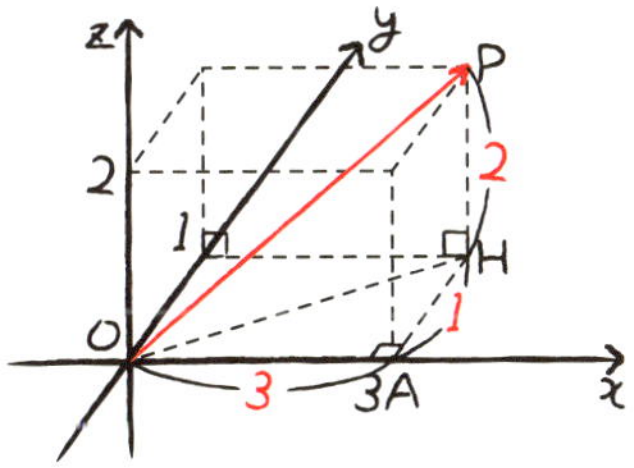

今度は、三平方の定理を2回使います。

$$\begin{aligned}OP^2 &= OH^2+PH^2\\ &= OA^2+AH^2+PH^2\\ &= 3^2+1^2+2^2=14\end{aligned}$$

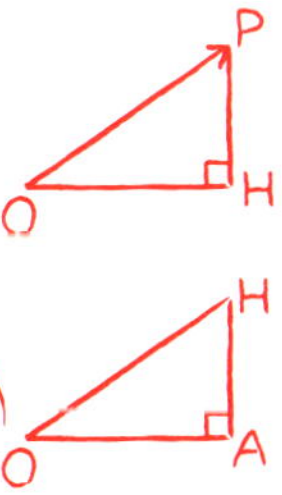

これより、$\mathrm{OP}=\sqrt{14}$

したがって、$|\vec{p}|=\sqrt{14}$

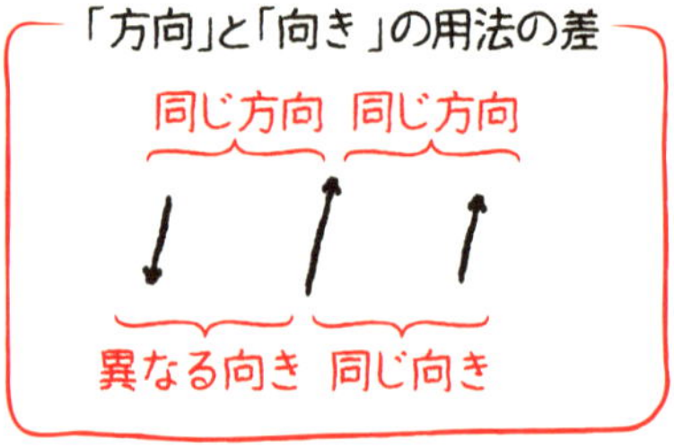

一般に、$\vec{p}=\begin{pmatrix}a\\b\\c\end{pmatrix}$のとき、

$$|\vec{p}|=\sqrt{a^2+b^2+c^2}$$

です。ここまで来ると、4次元以上の場合もお分かりでしょう。

$$\vec{p}=\begin{pmatrix}a_1\\a_2\\\vdots\\a_n\end{pmatrix}\text{のとき、}|\vec{p}|=\sqrt{{a_1}^2+{a_2}^2+\cdots+{a_n}^2}$$

となります。

大きさが1になるベクトルを単位ベクトルと呼びます。

つまり、ベクトル$\vec{e}$が単位ベクトルであるとは、

$$|\vec{e}|=1$$

となることです。

例えば、$\vec{p}=\begin{pmatrix}\frac{3}{5}\\\frac{4}{5}\end{pmatrix}$は、

第1成分が$\frac{3}{5}$、第2成分が$\frac{4}{5}$

$$|\vec{p}|=\left|\begin{pmatrix}\frac{3}{5}\\\frac{4}{5}\end{pmatrix}\right|=\sqrt{\left(\frac{3}{5}\right)^2+\left(\frac{4}{5}\right)^2}=1$$

となりますから、単位ベクトルです。

もしも、$\vec{q}=\begin{pmatrix}3\\4\end{pmatrix}$であれば、

$$\vec{q} = 5\vec{p} \quad \left(\begin{pmatrix} 3 \\ 4 \end{pmatrix} = 5\begin{pmatrix} \frac{3}{5} \\ \frac{4}{5} \end{pmatrix}\right)$$

$$\begin{pmatrix} \frac{3}{5} \\ \frac{4}{5} \end{pmatrix} = \frac{1}{5}\begin{pmatrix} 3 \\ 4 \end{pmatrix}$$ 縦に長くなるので分母を外に出して表すとよい

という関係が成り立ちます。$\vec{q}$ は、単位ベクトル $\vec{p}$ のスカラー倍になっています。

前頁の右上参照

一般に、任意のベクトル($\vec{0}$ でない)には、その方向と同じ方向を持つ単位ベクトルが存在します。つまり、任意のベクトルは単位ベクトルのスカラー倍になっています。

ベクトルに対して、その方向と同じ方向を持つ単位ベクトルの求め方は、$\vec{p}$ であれば、それをベクトルの大きさ $|\vec{p}|$ で割って、すなわち逆数 $\frac{1}{|\vec{p}|}$ を掛けて求めます。$\vec{p}$ に対して、$\frac{1}{|\vec{p}|}\vec{p}$ です。これと反対向きのものでもO.K. です。つまり、－1倍した $-\frac{1}{|\vec{p}|}\vec{p}$ も単位ベクトルです。

ベクトル $\vec{p}$ に対して、それと同じ方向を持つ単位ベクトルは、

$$\frac{1}{|\vec{p}|}\vec{p}、-\frac{1}{|\vec{p}|}\vec{p}$$

の2つです。

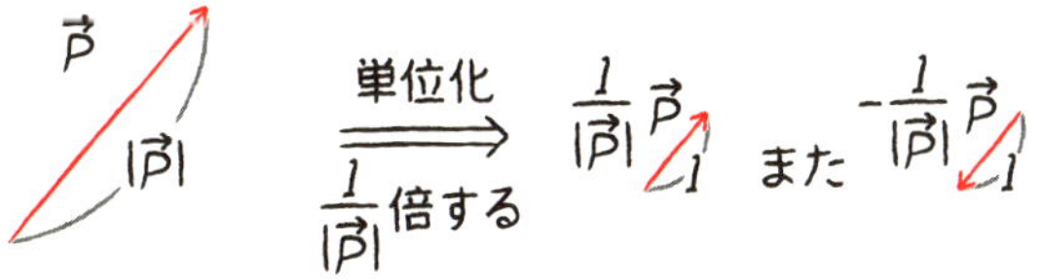

ですから、$\vec{q} = \begin{pmatrix} 3 \\ 4 \end{pmatrix}$ に対して、これと同じ方向を持つ単位ベクトルを求めるには、

$$\pm\frac{1}{|\vec{p}|}\vec{q} = \pm\frac{1}{\sqrt{3^2+4^2}}\begin{pmatrix}3\\4\end{pmatrix} = \pm\frac{1}{5}\begin{pmatrix}3\\4\end{pmatrix}$$

とします。このうちの１つが先ほどの $\vec{p}$ なのでした。

任意のベクトル $\vec{a}(\neq 0)$ は、

$$\vec{a} = |\vec{a}| \times \frac{\vec{a}}{|\vec{p}|}$$

（$\vec{a}$ の大きさ）×（$\vec{a}$ 方向の単位ベクトル）

と表すことができます。

ここで、ベクトルに関しての新しい演算を導入したいと思います。

それは、ベクトルどうしの掛け算の１つで、**内積**と呼ばれるものです。英語では、“***inner product***” あるいは “***dot product***” と言います。

内積の定義（R^2 の場合）

$\vec{p} = \begin{pmatrix}a\\b\end{pmatrix}$、$\vec{q} = \begin{pmatrix}x\\y\end{pmatrix}$ のとき、$\vec{p}$ と $\vec{q}$ の内積 $\vec{p}\cdot\vec{q}$ を、

$$\vec{p}\cdot\vec{q} = ax + by$$

（$\vec{p}$：ベクトル、$\vec{q}$：ベクトル、$ax+by$：実数）

$$\begin{pmatrix}a\\b\end{pmatrix}\cdot\begin{pmatrix}x\\y\end{pmatrix} = ax+by$$

と定義します。２つのベクトルの間に・（ドット）を書いて表します。

$\vec{p}$ と $\vec{q}$ の第１成分どうし、第２成分どうしを掛けて和をとります。これが内積の定義です。

ベクトルとベクトルを掛けて、実数になることに注意してください。

具体例を示しましょう。

$\vec{p}=\begin{pmatrix}3\\1\end{pmatrix}$、$\vec{q}=\begin{pmatrix}2\\4\end{pmatrix}$とすると、

$$\vec{p}\cdot\vec{q}=\begin{pmatrix}3\\1\end{pmatrix}\cdot\begin{pmatrix}2\\4\end{pmatrix}=3\cdot2+1\cdot4=10$$

「×」のこと。数の積の場合は「・」でも「×」でよい

となります。

この内積の記号を用いると大きさを表すことができます。

例えば、$\vec{p}=\begin{pmatrix}3\\1\end{pmatrix}$のとき、

$$\vec{p}\cdot\vec{p}=\begin{pmatrix}3\\1\end{pmatrix}\cdot\begin{pmatrix}3\\1\end{pmatrix}=3^2+1^2=10$$

一方、$|\vec{p}|^2=3^2+1^2$

ですから、$|\vec{p}|^2=\vec{p}\cdot\vec{p}$

これは、$\vec{p}$が任意のベクトルの場合も成り立つことが分かりますね。

$$|\vec{p}|^2=\vec{p}\cdot\vec{p}$$

これは、3次元以上のベクトルの場合でも成り立つ式です。

この内積の計算を用いると、$\vec{p}$、$\vec{q}$の2つのベクトルが直交するか否かが分かります。2次元の場合で検討してみましょう。

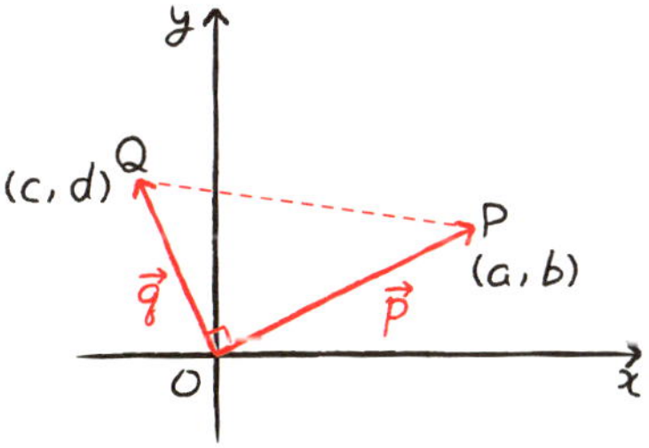

$\vec{p}=\begin{pmatrix}a\\b\end{pmatrix}$、$\vec{q}=\begin{pmatrix}c\\d\end{pmatrix}$と、これらを、始点をOにとって描きます。終点がP、Qです。$\vec{p}$と$\vec{q}$が直交しているとき、△OPQが直角三角形になりますから、三平方の定理によって、

$$\mathrm{OP}^2 + \mathrm{OQ}^2 = \mathrm{QP}^2$$

が成り立ちます。ベクトルを用いて書いて、左辺に集めると、

$$|\overrightarrow{\mathrm{OP}}|^2 + |\overrightarrow{\mathrm{OQ}}|^2 - |\overrightarrow{\mathrm{QP}}|^2 = 0 \quad \cdots\cdots\cdots①$$

ここで左辺を計算すると、

$$|\overrightarrow{\mathrm{OP}}|^2 + |\overrightarrow{\mathrm{OQ}}|^2 - |\overrightarrow{\mathrm{QP}}|^2 = |\vec{p}|^2 + |\vec{q}|^2 - |\vec{p} - \vec{q}|^2 \quad \cdots\cdots\cdots②$$

$$= \left|\begin{pmatrix} a \\ b \end{pmatrix}\right|^2 + \left|\begin{pmatrix} c \\ d \end{pmatrix}\right|^2 - \left|\begin{pmatrix} a-c \\ b-d \end{pmatrix}\right|^2$$

$$= (a^2 + b^2) + (c^2 + d^2) - \{(a-c)^2 + (b-d)^2\}$$

$$= (a^2 + b^2) + (c^2 + d^2) - (a^2 - 2ac + c^2 + b^2 - 2bd + d^2)$$

$$= 2ac + 2bd$$

となるので、①は、

$$2ac + 2bd = 0 \quad \text{つまり、} ac + bd = 0$$

となります。$ac + bd$ は $\vec{p}$ と $\vec{q}$ の内積でしたね。ここまでの等式は逆にたどることもでき、直角三角形でないときは三平方の定理が成り立ちませんから、

> $\vec{p}$ と $\vec{q}$ が直交するとき、　$\vec{p} \cdot \vec{q} = 0$
> $\vec{p}$ と $\vec{q}$ が直交しないとき、$\vec{p} \cdot \vec{q} \neq 0$

と言えます。

次に３次元ベクトルの場合を考えましょう。

３次元ベクトルの場合でも、内積の計算の仕方、内積が持つ性質は、２次元の場合と変わりません。

内積の定義（R^3 の場合）

$$\vec{p} = \begin{pmatrix} a \\ b \\ c \end{pmatrix}、\vec{q} = \begin{pmatrix} d \\ e \\ f \end{pmatrix} のとき、$$

$$\vec{p} \cdot \vec{q} = ad + be + cf$$

となります。3 番目の成分が増えただけですね。

2 つのベクトルの直交条件も、$\vec{p} \cdot \vec{q} = 0$ と表されます。

内積の演算、また内積と他のベクトルの和とスカラー倍といった演算の間には、どのような計算法則が成り立っているのでしょうか。

次のような計算法則が成り立っています。みなさんは、あとにあげる具体例で確かめてくださいね。

内積の計算法則

$\vec{a} \cdot \vec{b} = \vec{b} \cdot \vec{a}$　（**交換法則**）

$\vec{a} \cdot (\vec{b} + \vec{c}) = \vec{a} \cdot \vec{b} + \vec{a} \cdot \vec{c}$　（**分配法則**）

$(\vec{a} + \vec{b}) \cdot \vec{c} = \vec{a} \cdot \vec{c} + \vec{b} \cdot \vec{c}$　（**分配法則**）

$(k\vec{a}) \cdot \vec{b} = k(\vec{a} \cdot \vec{b})$　（**内積とスカラー倍の結合法則**）

もちろん、2 次元でも、3 次元でも、それ以上の次元の場合でも成り立つ性質です。

矢印記号を取ってみれば、なんてことはないですね。普通の計算と同じようにしてよいということです。

ですから、例えば、カッコがついた計算も分配法則を用いて、

$$(\vec{a}+\vec{b})\cdot(\vec{c}+\vec{d})=\vec{a}\cdot(\vec{c}+\vec{d})+\vec{b}\cdot(\vec{c}+\vec{d})$$
$$=\vec{a}\cdot\vec{c}+\vec{a}\cdot\vec{d}+\vec{b}\cdot\vec{c}+\vec{b}\cdot\vec{d}$$

文字式
(a+b)(c+d)
=ac+ad+bc+bd

とできます。普通の文字式を展開するときの要領と同じです。

$$|\vec{a}-\vec{b}|^2=(\vec{a}-\vec{b})\cdot(\vec{a}-\vec{b})=\vec{a}\cdot\vec{a}-\vec{a}\cdot\vec{b}-\vec{b}\cdot\vec{a}+\vec{b}\cdot\vec{b}$$
$$=|\vec{a}|^2-2\vec{a}\cdot\vec{b}+|\vec{b}|^2 \quad \cdots\cdots\cdots ③$$

これも、文字式の展開公式、

$$(a-b)^2=a^2-2ab+b^2$$

と比べると、そっくりです。なお、②も、③を用いて計算すると、

$$|\vec{p}|^2+|\vec{q}|^2-|\vec{p}-\vec{q}|^2$$
$$=|\vec{p}|^2+|\vec{q}|^2-(|\vec{p}|^2-2\vec{p}\cdot\vec{q}+|\vec{q}|^2)$$
$$=2\vec{p}\cdot\vec{q}$$

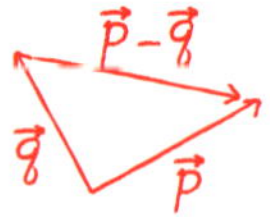

となりますから、$\vec{p}$、$\vec{q}$ が張る三角形が直角三角形のとき、三平方の定理より(左辺)＝0なので、

$\vec{p}$ と $\vec{q}$ が直交するとき、$\vec{p}\cdot\vec{q}=0$ である

ということが、成分計算をせずに導けます。2つのベクトルの直交条件は3次元ベクトルでも成り立つことが分かります。

$\vec{p}$ が4次元以上のベクトルであっても、ベクトル $\vec{p}$ の大きさ $|\vec{p}|$ を2次元ベクトル・3次元ベクトルのときと同じように定め、4次元以上のときも三平方の定理が成り立っているとすれば、$\vec{p}$ と $\vec{q}$ の直交条件が $\vec{p}\cdot\vec{q}=0$ となることが導けます。

「4次元のベクトルが直交するってどういうことですか？」そうですね。

4次元のベクトルは、なかなか頭の中に思い浮かべることができません。ですから、4次元以上の場合は、逆に、$\vec{p} \cdot \vec{q} = 0$のとき、$\vec{p}$と$\vec{q}$が直交していると定義すればいいわけです。

念のため、3次元ベクトルが直交するというイメージを補足しておきましょう。

3次元ベクトル$\vec{p}$、$\vec{q}$が直交するということは、$\vec{p}$と$\vec{q}$の始点を合わせ、その2つのベクトルを含むような平面を設定したときに、その平面内での$\vec{p}$、$\vec{q}$のなす角が直角であるということです。

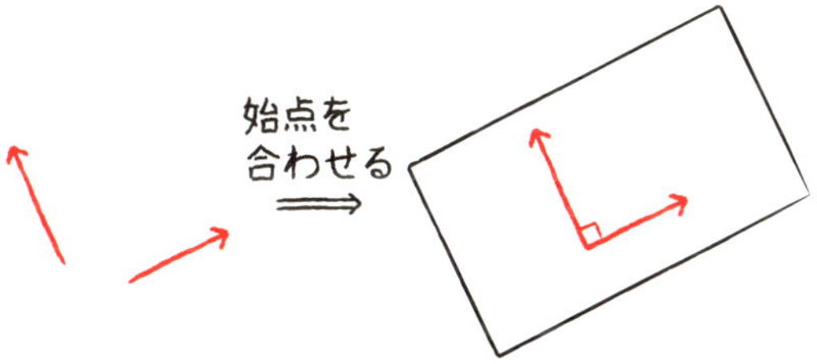

ですから、次の直方体でBAとCDの辺は“交わって”はいませんが、直交しています。

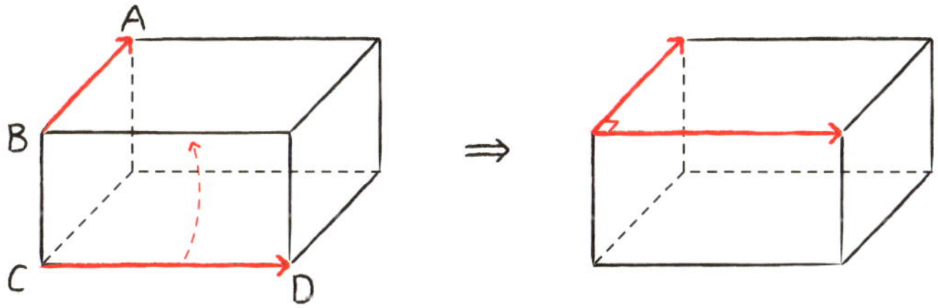

内積とは、
　2つのベクトルの同じ成分どうしを掛けて和をとったもの。

演習問題

(1) $\vec{p}=\begin{pmatrix}1\\-2\\2\end{pmatrix}$と同じ方向を持つ単位ベクトルを求めましょう。

(2) $|\vec{p}|\neq 0$のとき、$\dfrac{1}{|\vec{p}|}\vec{p}$の大きさを求めましょう。

(3) $\vec{p}=\begin{pmatrix}2\\-3\\1\end{pmatrix}$、$\vec{q}=\begin{pmatrix}1\\2\\4\end{pmatrix}$のとき、$\vec{p}$、$\vec{q}$が直交するか判定してください。

(4) $\vec{a}=\begin{pmatrix}1\\2\\-1\end{pmatrix}$、$\vec{b}=\begin{pmatrix}-3\\1\\-2\end{pmatrix}$、$\vec{c}=\begin{pmatrix}-2\\-1\\3\end{pmatrix}$、$k=2$のとき、

$\vec{a}\cdot\vec{b}=\vec{b}\cdot\vec{a}$　（交換法則）

$\vec{a}\cdot(\vec{b}+\vec{c})=\vec{a}\cdot\vec{b}+\vec{a}\cdot\vec{c}$　（分配法則）

$(k\vec{a})\cdot\vec{b}=k(\vec{a}\cdot\vec{b})$　（内積とスカラー倍の結合法則）

が成り立っていることを確かめてみましょう。

解答

(1) $\vec{p}$を$|\vec{p}|$で割って、向きをつけると、

$$\pm\frac{1}{|\vec{p}|}\vec{p}=\pm\frac{1}{\sqrt{1^2+(-2)^2+2^2}}\begin{pmatrix}1\\-2\\2\end{pmatrix}=\pm\boldsymbol{\frac{1}{3}\begin{pmatrix}1\\-2\\2\end{pmatrix}}$$

(2) $$\left|\frac{1}{|\vec{p}|}\vec{p}\right|^2=\left(\frac{1}{|\vec{p}|}\vec{p}\right)\cdot\left(\frac{1}{|\vec{p}|}\vec{p}\right)=\frac{1}{|\vec{p}|^2}(\vec{p}\cdot\vec{p})=\frac{|\vec{p}|^2}{|\vec{p}|^2}=1$$

より、$\dfrac{1}{|\vec{p}|}\vec{p}$の大きさは1である。p.115の式で表されるベクトルの大きさが1であることが確かめられました。

(3) $\vec{p}$ と $\vec{q}$ の内積を計算します。

$$\vec{p}\cdot\vec{q}=\begin{pmatrix}2\\-3\\1\end{pmatrix}\cdot\begin{pmatrix}1\\2\\4\end{pmatrix}=2\cdot1+(-3)\cdot2+1\cdot4=0$$

$\vec{p}\cdot\vec{q}=0$ となるので、$\boldsymbol{\vec{p}}$ **と** $\boldsymbol{\vec{q}}$ **は直交する**。

(4) $$\vec{a}\cdot\vec{b}=\begin{pmatrix}1\\2\\-1\end{pmatrix}\cdot\begin{pmatrix}-3\\1\\-2\end{pmatrix}=1\cdot(-3)+2\cdot1+(-1)\cdot(-2)=1$$

$$\vec{b}\cdot\vec{a}=\begin{pmatrix}-3\\1\\-2\end{pmatrix}\cdot\begin{pmatrix}1\\2\\-1\end{pmatrix}=(-3)\cdot1+1\cdot2+(-2)\cdot(-1)=1$$

よって、$\boldsymbol{\vec{a}\cdot\vec{b}=\vec{b}\cdot\vec{a}}$ **が成り立つ**。

$$\vec{a}\cdot(\vec{b}+\vec{c})=\begin{pmatrix}1\\2\\-1\end{pmatrix}\cdot\left\{\begin{pmatrix}-3\\1\\-2\end{pmatrix}+\begin{pmatrix}-2\\-1\\3\end{pmatrix}\right\}=\begin{pmatrix}1\\2\\-1\end{pmatrix}\cdot\begin{pmatrix}-5\\0\\1\end{pmatrix}$$

$$=1\cdot(-5)+2\cdot0+(-1)\cdot1=-6$$

$$\vec{a}\cdot\vec{b}+\vec{a}\cdot\vec{c}=\begin{pmatrix}1\\2\\-1\end{pmatrix}\cdot\begin{pmatrix}-3\\1\\-2\end{pmatrix}+\begin{pmatrix}1\\2\\-1\end{pmatrix}\cdot\begin{pmatrix}-2\\-1\\3\end{pmatrix}$$

$$=1+1\cdot(-2)+2\cdot(-1)+(-1)\cdot3$$

$$=1+(-7)=-6$$

よって、$\boldsymbol{\vec{a}\cdot(\vec{b}+\vec{c})=\vec{a}\cdot\vec{b}+\vec{a}\cdot\vec{c}}$ **が成り立つ**。

(5) $(k\vec{a})\cdot\vec{b}=\left\{2\begin{pmatrix}1\\2\\-1\end{pmatrix}\right\}\cdot\begin{pmatrix}-3\\1\\-2\end{pmatrix}=\begin{pmatrix}2\\4\\-2\end{pmatrix}\cdot\begin{pmatrix}-3\\1\\-2\end{pmatrix}$

$$=2\cdot(-3)+4\cdot1+(-2)\cdot(-2)=2$$

$$k(\vec{a}\cdot\vec{b})=2(\vec{a}\cdot\vec{b})=2\cdot1=2$$

よって、$\boldsymbol{(k\vec{a})\cdot\vec{b}=k(\vec{a}\cdot\vec{b})}$**が成り立っている。**

② 内積のイメージを捉えよう
―― 内積の図形的な意味

内積の図形的な意味って何？

これから、内積にはどのような図形的な意味があるのかを紹介していきましょう。実は、**内積は、ベクトルのなす角に関係のある量**なのです。

角度のことを扱うので、その前に三角関数、sin、cos、tan の復習をしておきましょう。

図1

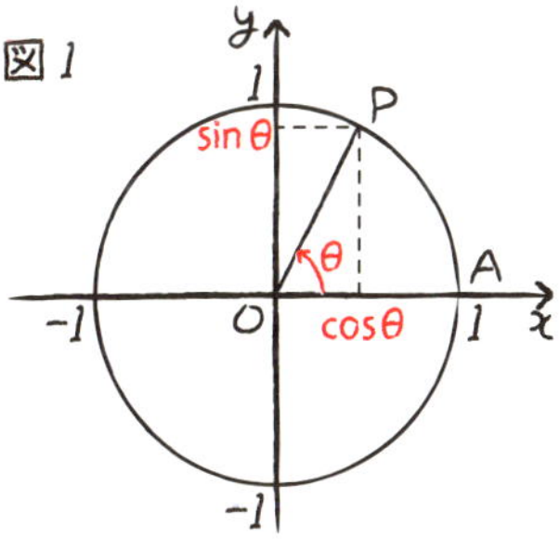

図2

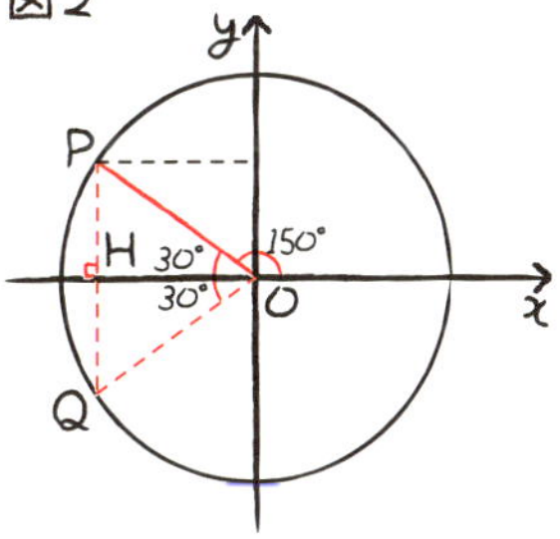

図1のように、座標平面に原点を中心とした半径1の円を描きます。A(1, 0) とします。この円周上に点Pをとります。Aを、Oを中心にして反時計回りにθ度回転したところに点Pをとります。このとき、

P の x 座標を $\cos\theta$、P の y 座標を $\sin\theta$、OP の傾きを $\tan\theta$

と定めます。

これが、sin、cos、tan の定義でした。

例えば、$\theta = 150°$であれば、図2のようになります。

△OPQ は頂角が 60 度の二等辺三角形であり、正三角形になります。

$$PQ = 1、PH = \frac{1}{2}、$$

$OH^2+PH^2=OP^2$

三平方の定理より、$OH = \sqrt{OP^2 - PH^2} = \sqrt{1^2 - \left(\frac{1}{2}\right)^2} = \frac{\sqrt{3}}{2}$

ですから、

$$\cos\theta = -\frac{\sqrt{3}}{2}、\sin\theta = \frac{1}{2}、\tan\theta = -\frac{1}{\sqrt{3}}$$

となります。

三角関数を思い出してもらったところで、ベクトルの内積の意味について解説していきましょう。

当面の目標は、

$$\vec{p}\cdot\vec{q} = |\vec{p}|\cdot|\vec{q}|\cos\theta$$

という式を導くことです。ここで、**θ は $\vec{p}$ と $\vec{q}$ のなす角**です。これは、$\vec{p}$、$\vec{q}$ を $\vec{p} = \overrightarrow{OP}$、$\vec{q} = \overrightarrow{OQ}$ と始点をそろえて描き、その間にできた角のことです。

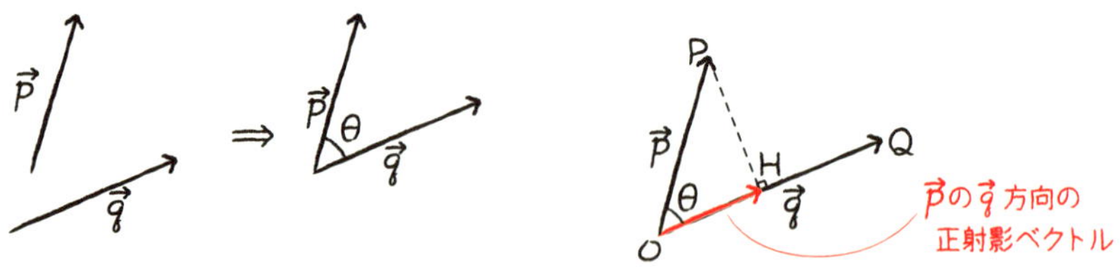

P から直線 OQ に垂線を下ろし、その足を H とします。

すると、

$$\overrightarrow{HP} = \overrightarrow{OP} - \overrightarrow{OH} = \vec{p} - \overrightarrow{OH} \quad \cdots\cdots\cdots①$$

となります。ここで、$\overrightarrow{HP}$ は、$\vec{q}$ と直交しますから、

$$\overrightarrow{\mathrm{HP}} \cdot \vec{q} = 0 \qquad \cdots\cdots\cdots ②$$

が成り立ちます。②に①を用いて、

$$(\vec{p} - \overrightarrow{\mathrm{OH}}) \cdot \vec{q} = 0$$
$$\vec{p} \cdot \vec{q} - \overrightarrow{\mathrm{OH}} \cdot \vec{q} = 0$$
分配法則
$$\vec{p} \cdot \vec{q} = \overrightarrow{\mathrm{OH}} \cdot \vec{q} \qquad \cdots\cdots\cdots ③$$

が成り立ちます。

$\overrightarrow{\mathrm{OH}}$ のことを、

ベクトル $\vec{p}$ の $\vec{q}$ 方向の正射影ベクトル

と言います。

「**射影**」とは、光が射したときの影のことです。$\vec{q}$ の方向に対して直交方向の光線による影を考えているので、とくに「**正**」と断っているわけです。

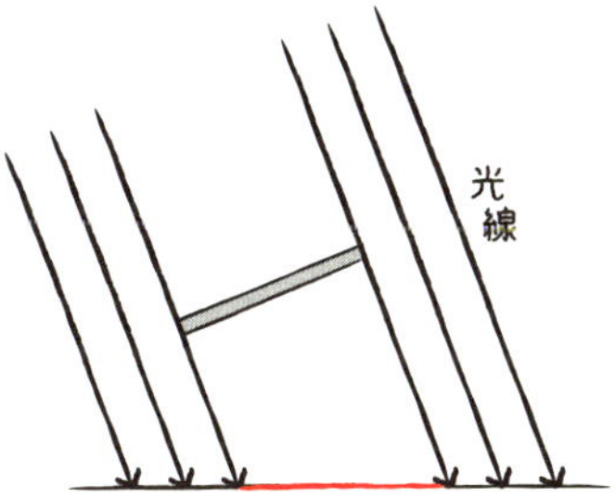

射影

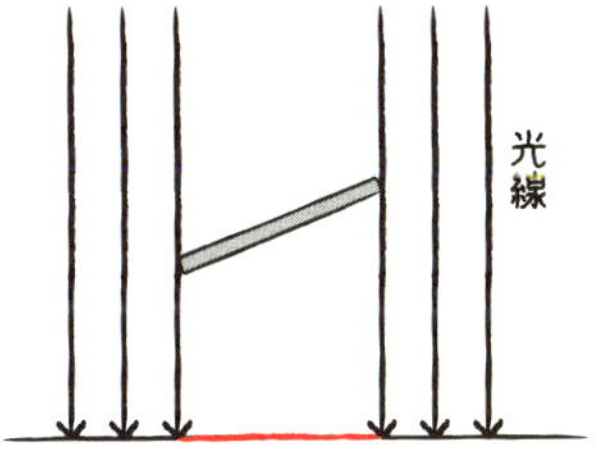

正射影

正射影ベクトルという言葉を使えば、③は、

$$\vec{p} \cdot \vec{q} = (\vec{p}\ \text{の}\ \vec{q}\ \text{方向の正射影ベクトル}) \cdot \vec{q}$$

となります。

ここで、$\vec{q}$ と $\overrightarrow{\mathrm{OH}}$ が同じ方向のベクトルであることに注目しましょう。

ここで、$\vec{p}$、$\vec{q}$ のなす角 θ が、(ア)90 度以下の場合と、(イ)90 度以上の場合に分けて考えます。

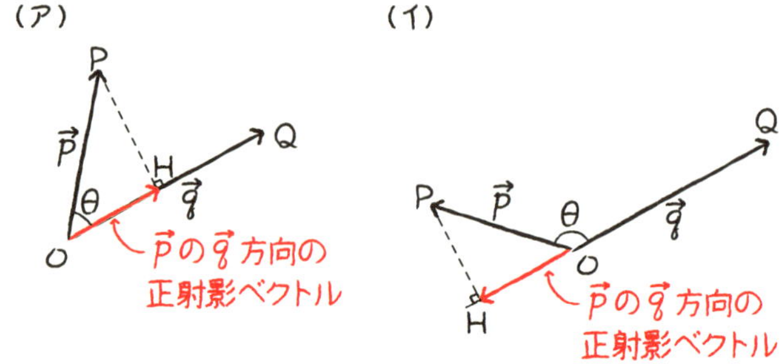

(ア)　$\vec{p}$、$\vec{q}$ のなす角 θ が 90 度以下の場合

このとき、$\vec{q}$ と同じ向きの単位ベクトルを $\vec{e}$ として、

$$\vec{q}=|\vec{q}|\,\vec{e}\text{、}\ \overrightarrow{\mathrm{OH}}=|\overrightarrow{\mathrm{OH}}|\,\vec{e}$$

と書くことができます。ですから、

内積とスカラー倍の結合法則
$|\overrightarrow{\mathrm{OH}}|(\vec{e}\cdot|\vec{q}|\vec{e})$ など使った

$$\vec{p}\cdot\vec{q}=(|\overrightarrow{\mathrm{OH}}|\vec{e})\cdot(|\vec{q}|\vec{e})=|\overrightarrow{\mathrm{OH}}|\,|\vec{q}|\,(\vec{e}\cdot\vec{e})=|\overrightarrow{\mathrm{OH}}|\,|\vec{q}|$$

$\vec{e}$は単位ベクトル、$|\vec{e}|^2=1$

となります。ここで、

$$|\overrightarrow{\mathrm{OH}}|=\mathrm{OP}\cos\theta=|\vec{p}|\cos\theta$$

よって、

$$\vec{p}\cdot\vec{q}=|\overrightarrow{\mathrm{OH}}|\,|\vec{q}|=|\vec{p}|\cos\theta\,|\vec{q}|=|\vec{p}|\,|\vec{q}|\cos\theta$$

となって、目標の式となりました。

(イ)　$\vec{p}$、$\vec{q}$ のなす角 θ が 90 度以上の場合

このとき、$\vec{q}$ と同じ向きの単位ベクトルを $\vec{e}$ として、

$$\vec{q}=|\vec{q}|\,\vec{e}\text{、}\ \overrightarrow{\mathrm{OH}}=-|\overrightarrow{\mathrm{OH}}|\,\vec{e}$$

と書くことができます。$\vec{q}$ と $\overrightarrow{\mathrm{OH}}$ の向きが逆になるので、$\overrightarrow{\mathrm{OH}}$ の式にマイナスが付いていることに注意してください。ですから、

$$\vec{p}\cdot\vec{q}=(-|\overrightarrow{\mathrm{OH}}|\vec{e})\cdot(|\vec{q}|\vec{e})=-|\vec{q}||\overrightarrow{\mathrm{OH}}|(\vec{e}\cdot\vec{e})=-|\vec{q}||\overrightarrow{\mathrm{OH}}|$$

となります。ここで、θ が 90 度以上、180 度以下ですから、

$\cos\theta \leqq 0$ となり、$|\overrightarrow{\mathrm{OP}}|\cos\theta$ も 0 または負となります。したがって、$|\overrightarrow{\mathrm{OH}}|$ が正であることを考えると、

$$|\overrightarrow{\mathrm{OH}}|=-|\overrightarrow{\mathrm{OP}}|\cos\theta=-|\vec{p}|\cos\theta$$

が成り立つことになります。よって、

$$\vec{p}\cdot\vec{q}=-|\vec{q}||\overrightarrow{\mathrm{OH}}|=-|\vec{q}|(-|\vec{p}|\cos\theta)=|\vec{p}||\vec{q}|\cos\theta$$

となって、目標の式となりました。

よって、(ア)、(イ)どちらの場合でも、目標の式を確認することができました。

θ が 90 度より大きいと、$\overrightarrow{\mathrm{OH}}$ と $\vec{q}$ の向きが反対になりますが、$\cos\theta$ も負になるので、結局場合分けせず 1 つの式で表されたわけです。

例題

次の図の(1)、(2)の図で $\vec{p}\cdot\vec{q}$ を求めましょう。

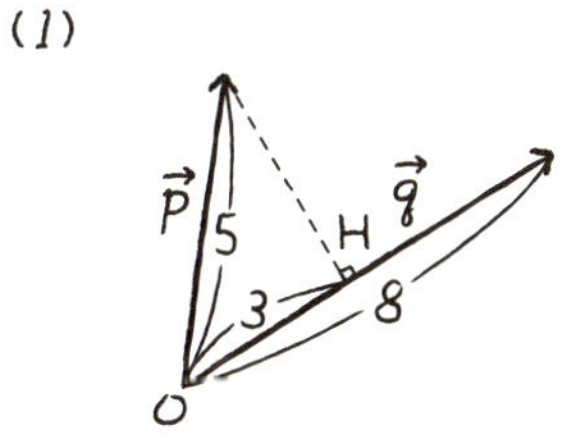

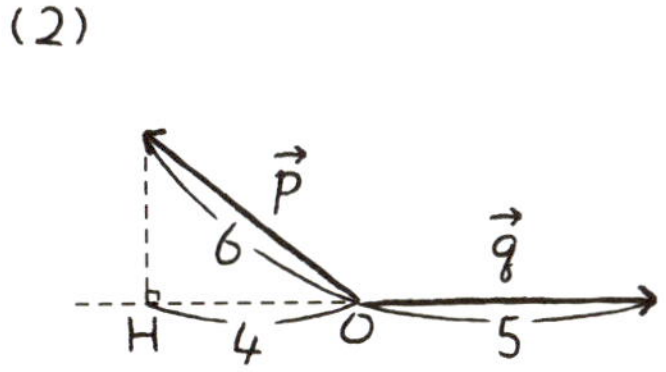

解答

(1) $\vec{p}\cdot\vec{q}=|\vec{q}|\cdot|\overrightarrow{\mathrm{OH}}|=8\cdot3=24$

(2) $\overrightarrow{\mathrm{OH}}$ と $\vec{q}$ が反対向きなので、

$\vec{p}\cdot\vec{q}=-|\vec{q}|\cdot|\overrightarrow{\mathrm{OH}}|=-5\cdot4=-20$

これをもとに、内積についてのもう少し突っ込んだ解釈をしていきましょう。

いま、$\vec{q}$ のほうを単位ベクトルとします。気分を出すために $\vec{q}$ の代わりに $\vec{e}$ を使いましょう。$|\vec{e}|=1$ です。上の式を用いて、

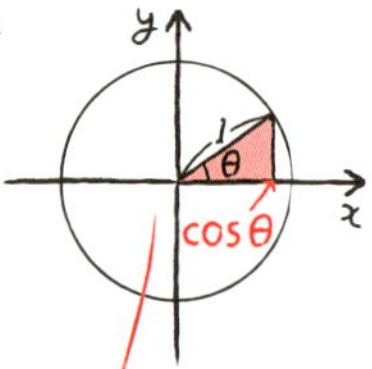

$$\vec{p}\cdot\vec{e}=|\vec{p}|\ |\vec{e}|\cos\theta=|\vec{p}|\cos\theta$$

となります。

ここで、$|\vec{p}|\cos\theta$ は、$\vec{e}$ の始点に原点をとって $\vec{e}$ に平行な数直線上に、$\vec{p}$ の終点から垂線を下ろしたところの目盛りになっています（下図の（ア）、（イ））。cos の定義によれば、cos は x 座標の値、つまり P から x 軸に垂線を下ろしたときの x 軸という数直線上の目盛りを表していましたね。

ですから、$|\vec{p}|\cos\theta$ であれば、相似形 で考えて、$\vec{p}$ の終点から $\vec{e}$ 方向の数直線に垂線を下ろし、その目盛りを読んだものになるわけです。

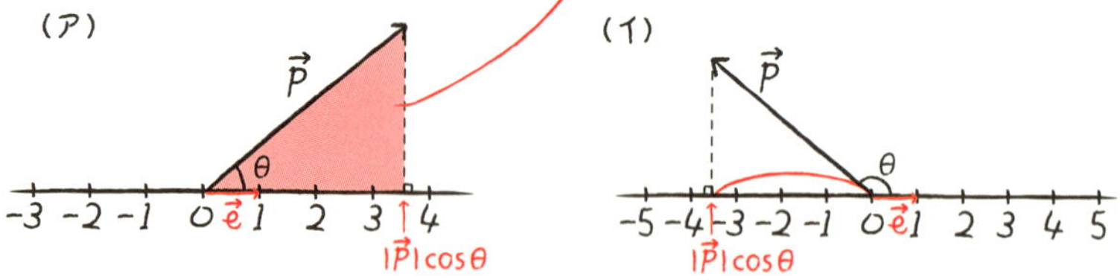

（ア）　θ が 90 度より小さい場合は $|\vec{p}|\cos\theta$ は正

（イ）　θ が 90 度より大きい場合は $|\vec{p}|\cos\theta$ は負

になります。$\vec{p}\cdot\vec{e}=|\vec{p}|\cos\theta$ ですから、

$\vec{e}$ が単位ベクトルのとき

$\vec{p} \cdot \vec{e}$ は、$\vec{e}$ の始点に原点を、終点に 1 をとった $\vec{e}$ に平行な数直線に、$\vec{p}$ の終点から下ろした垂線の足の目盛りを表す

この解釈は、内積の解釈の中でもとくに重要です。どう重要であるのかを説明しましょう。

いま、3 次元ベクトルで、**正規直交基底**、$\{\vec{e_1}, \vec{e_2}, \vec{e_3}\}$ が与えられているとします。**正規とは長さが 1** ということです。直交とは、**どの 2 つのベクトルを取っても直交している**という意味です。

つまり、$\vec{e_1}$、$\vec{e_2}$、$\vec{e_3}$ には、

$$|\vec{e_1}| = 1、\ |\vec{e_2}| = 1、\ |\vec{e_3}| = 1 \quad \longleftarrow 正規$$
$$\vec{e_1} \cdot \vec{e_2} = 0、\ \vec{e_2} \cdot \vec{e_3} = 0、\ \vec{e_3} \cdot \vec{e_1} = 0 \quad \longleftarrow 直交$$

が成り立っているものとします。

具体的には、標準基底 $\vec{e_1} = \begin{pmatrix} 1 \\ 0 \\ 0 \end{pmatrix}$、$\vec{e_2} = \begin{pmatrix} 0 \\ 1 \\ 0 \end{pmatrix}$、$\vec{e_3} = \begin{pmatrix} 0 \\ 0 \\ 1 \end{pmatrix}$

なんかがそうです。これ以外にも正規直交基底はありますが、いまは深入りしません。

このとき、ベクトル $\vec{a}$ が、正規直交基底（標準基底とは限らない）を用いて、

$$\vec{a} = a_1\vec{e}_1 + a_2\vec{e}_2 + a_3\vec{e}_3$$

と表されているものとします。

$\vec{a}$ と $\vec{e_1}$、$\vec{e_2}$、$\vec{e_3}$ との内積をとってみましょう。

$$
\begin{aligned}
\vec{a}\cdot\vec{e}_1 &= (a_1\vec{e}_1 + a_2\vec{e}_2 + a_3\vec{e}_3)\cdot\vec{e}_1 \\
&= a_1\underbrace{\vec{e}_1\cdot\vec{e}_1}_{|\vec{e}_1|^2=1} + a_2\underbrace{\vec{e}_2\cdot\vec{e}_1}_{0} + a_3\underbrace{\vec{e}_3\cdot\vec{e}_1}_{0} = a_1
\end{aligned}
$$

となります。同様に

$$\vec{a}\cdot\vec{e}_2 = (a_1\vec{e}_1 + a_2\vec{e}_2 + a_3\vec{e}_3)\cdot\vec{e}_2 = a_2$$

$$\vec{a}\cdot\vec{e}_3 = (a_1\vec{e}_1 + a_2\vec{e}_2 + a_3\vec{e}_3)\cdot\vec{e}_3 = a_3$$

となります。

a_1、a_2、a_3 を a の $\vec{e}_1$ 成分、$\vec{e}_2$ 成分、$\vec{e}_3$ 成分と呼ぶことにします。すると、**$\vec{a}$ の $\vec{e}_1$ 成分を知るには、$\vec{a}\cdot\vec{e}_1$ を計算すればよい**ということです。

これを図形的に解釈するのが、先ほどの図です。つまり、$\vec{e}_1$ の向きに $\vec{e}_1$ の始点を 0、終点を 1 と目盛った数直線を描き、$\vec{a}$ の終点から数直線上に垂線を下ろし、その数直線との交点の目盛りを読む。この作業を、計算ですると、$\vec{a}\cdot\vec{e}_1$ というように、$\vec{a}$ と $\vec{e}_1$ の内積をとることになるわけです。

$\vec{a}$ の $\vec{e}_1$ 方向の正射影ベクトルであれば、$\vec{e}_1$ に目盛りの大きさを掛けて、

内積とって実数

$$(\vec{a}\cdot\vec{e}_1)\vec{e}_1$$

(実数)×(ベクトル)の形

となります。これは、a の e_1 方向の成分と言うことができます。

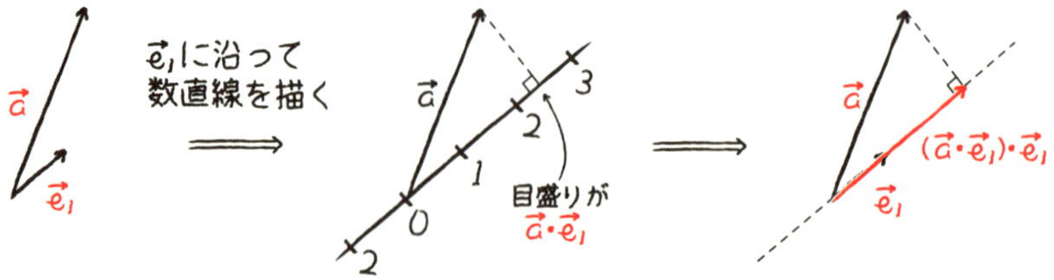

演習問題

$\vec{a}=\begin{pmatrix}5\\3\end{pmatrix}$、$\vec{b}=\begin{pmatrix}4\\-2\end{pmatrix}$のとき、$\vec{b}$ の $\vec{a}$ 方向の正射影ベクトルを求めましょう。

$\vec{a}$ を単位化すると、

$$\vec{e}=\frac{\vec{a}}{|\vec{a}|}=\frac{1}{\sqrt{5^2+3^2}}\begin{pmatrix}5\\3\end{pmatrix}=\frac{1}{\sqrt{34}}\begin{pmatrix}5\\3\end{pmatrix}$$

$\vec{a}$ に沿った数直線上に $\vec{b}$ の終点から下ろした垂線の足の目盛りは、$\vec{b}\cdot\vec{e}$ であり、これは正射影ベクトルの大きさである。

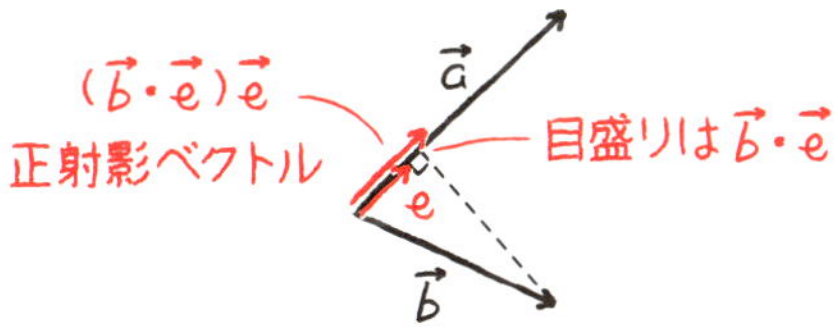

正射影ベクトルを求めるには、$\vec{a}$ 方向の単位ベクトル $\vec{e}$ に正射影ベクトルの大きさ $\vec{b}\cdot\vec{e}$ を掛けて、

$$(\vec{b}\cdot\vec{e})\vec{e}=\left\{\begin{pmatrix}4\\-2\end{pmatrix}\cdot\frac{1}{\sqrt{34}}\begin{pmatrix}5\\3\end{pmatrix}\right\}\frac{1}{\sqrt{34}}\begin{pmatrix}5\\3\end{pmatrix}$$

$$=\frac{4\cdot5+(-2)\cdot3}{\sqrt{34}}\cdot\frac{1}{\sqrt{34}}\begin{pmatrix}5\\3\end{pmatrix}=\frac{14}{34}\begin{pmatrix}5\\3\end{pmatrix}=\mathbf{\frac{1}{17}\begin{pmatrix}35\\21\end{pmatrix}}$$

3 それなら、正規直交基底を作り出そう
—— シュミットの正規直交化

正規直交化すると、どんなメリットがあるの？　直交化法の手順は？

ここでは、基底が与えられたとき、そこから正規直交基底を作る方法を紹介しましょう。

正規直交基底とは、大きさ1の基底ベクトルが、互いに直交している基底のことです。

例えば、3次元で $\vec{e}_1$、$\vec{e}_2$、$\vec{e}_3$ が正規直交基底であるとは、

$|\vec{e}_3|^2=1$　$|\vec{e}_3|=1$　$\vec{e}_3$ の大きさが1

$$\left.\begin{array}{l}\vec{e}_1\cdot\vec{e}_1=1、\vec{e}_2\cdot\vec{e}_2=1、\vec{e}_3\cdot\vec{e}_3=1\\ \vec{e}_1\cdot\vec{e}_2=0、\vec{e}_2\cdot\vec{e}_3=0、\vec{e}_3\cdot\vec{e}_1=0\end{array}\right\}\cdots\cdots\cdots①$$

を満たすことでした。

その前に、なぜ正規直交基底なんか作らにゃいかんの？　という疑問から答えることにしましょう。

いま2つのベクトル $\vec{a}$、$\vec{b}$ が正規直交基底 $\vec{e}_1$、$\vec{e}_2$、$\vec{e}_3$ を用いて、

$$\vec{a}=a_1\vec{e}_1+a_2\vec{e}_2+a_3\vec{e}_3、\vec{b}=b_1\vec{e}_1+b_2\vec{e}_2+b_3\vec{e}_3$$

と表されているものとします。これの内積をとってみましょう。

$$\begin{aligned}\vec{a}\cdot\vec{b}&=(a_1\vec{e}_1+a_2\vec{e}_2+a_3\vec{e}_3)\cdot(b_1\vec{e}_1+b_2\vec{e}_2+b_3\vec{e}_3)\\&=\quad a_1b_1\vec{e}_1\cdot\vec{e}_1+a_2b_1\vec{e}_2\cdot\vec{e}_1+a_3b_1\vec{e}_3\cdot\vec{e}_1\\&\quad+a_1b_2\vec{e}_1\cdot\vec{e}_2+a_2b_2\vec{e}_2\cdot\vec{e}_2+a_3b_2\vec{e}_3\cdot\vec{e}_2\\&\quad+a_1b_3\vec{e}_1\cdot\vec{e}_3+a_2b_3\vec{e}_2\cdot\vec{e}_3+a_3b_3\vec{e}_3\cdot\vec{e}_3\\&=\quad a_1b_1+a_2b_2+a_3b_3\end{aligned}$$

①より、同じ成分どうしの積は残りますが、異なる成分どうしの積は残りません。

結果を見てどうでしょう。標準基底のときの成分計算と同じ結果であることに気付きますね。

$\vec{a}$ の大きさを求めてみましょう。

$\vec{a}\cdot\vec{b}$ の $\vec{b}$ を $\vec{a}$ におきかえるので

$a_1b_1+a_2b_2+a_3b_3$

↓　↓　↓

$a_1a_1+a_2a_2+a_3a_3$

$$
\begin{aligned}
|\vec{a}| &= \sqrt{\vec{a}\cdot\vec{a}} \\
&= \sqrt{a_1a_1 + a_2a_2 + a_3a_3} \\
&= \sqrt{{a_1}^2 + {a_2}^2 + {a_3}^2}
\end{aligned}
$$

となります。内積の計算が標準基底のときと同じになるのですから、こちらのほうも当然同じ結果になります。

正規直交基底では、内積や大きさの計算が標準基底と同じような成分計算でできるというメリットがあるのです。

さて、具体的に、正規直交基底でない基底から正規直交基底を作り出してみましょう。まずは、2次元の場合から示してみましょう。

> $\vec{a}=\begin{pmatrix}2\\1\end{pmatrix}$、$\vec{b}=\begin{pmatrix}3\\4\end{pmatrix}$ から、正規直交基底を作り出してみます。

初めに、$\vec{a}$ の大きさを1にそろえます。つまり、$\vec{a}$ と同じ向きの単位ベクトルを求め、これを $\vec{e}_1$ とします。

どちらでもよいのですがプラスのほうを採用しました

$$\vec{e}_1 = \frac{1}{|\vec{a}|}\vec{a} = \frac{1}{\sqrt{2^2+1^2}}\begin{pmatrix}2\\1\end{pmatrix} = \frac{1}{\sqrt{5}}\begin{pmatrix}2\\1\end{pmatrix}$$

次に、$\vec{b}$ から $\vec{e}_1$ 方向の成分を取り除きます。$\vec{e}_1$ 方向の成分は、

内積とって実数

$$(\vec{b}\cdot\vec{e}_1)\vec{e}_1$$

（実数）×（ベクトル）の形

でした。これを $\vec{b}$ から引くと、

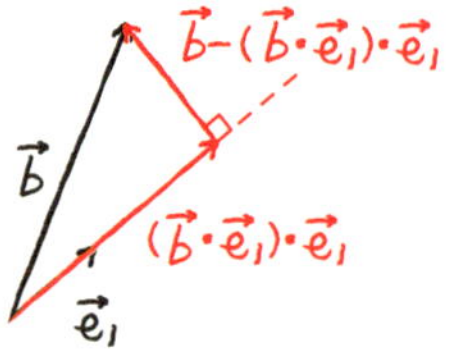

$$\vec{b}-(\vec{b}\cdot\vec{e}_1)\vec{e}_1$$

となります。実は、このベクトルは $\vec{e}_1$ と直交しています。

上図では明らかですが…

実際、$\vec{e}_1$ との内積をとってみると、

実数

$$(\vec{b}-(\vec{b}\cdot\vec{e}_1)\vec{e}_1)\cdot\vec{e}_1=\vec{b}\cdot\vec{e}_1-(\vec{b}\cdot\vec{e}_1)(\vec{e}_1\cdot\vec{e}_1)$$
$$=\vec{b}\cdot\vec{e}_1-\vec{b}\cdot\vec{e}_1=0$$

ベクトル　　$|\vec{e}_1|^2=1$

と 0 になります。確かに $\vec{e}_1$ と直交しています。

ですから、あとは大きさを合わせて単位化するだけです

具体的に計算してみると、

$$\vec{b}-(\vec{b}\cdot\vec{e}_1)\vec{e}_1=\begin{pmatrix}3\\4\end{pmatrix}-\left\{\begin{pmatrix}3\\4\end{pmatrix}\cdot\frac{1}{\sqrt{5}}\begin{pmatrix}2\\1\end{pmatrix}\right\}\frac{1}{\sqrt{5}}\begin{pmatrix}2\\1\end{pmatrix}$$
$$=\begin{pmatrix}3\\4\end{pmatrix}-\frac{3\cdot2+4\cdot1}{\sqrt{5}}\cdot\frac{1}{\sqrt{5}}\begin{pmatrix}2\\1\end{pmatrix}$$
$$=\begin{pmatrix}3\\4\end{pmatrix}-2\begin{pmatrix}2\\1\end{pmatrix}=\begin{pmatrix}-1\\2\end{pmatrix}$$

これを単位化したものを $\vec{e}_2$ とします。

$$\vec{e}_2=\frac{1}{\sqrt{(-1)^2+2^2}}\begin{pmatrix}-1\\2\end{pmatrix}=\frac{1}{\sqrt{5}}\begin{pmatrix}-1\\2\end{pmatrix}$$

こうしてできた、$\vec{e}_1$、$\vec{e}_2$ は、

$$\vec{e}_1\cdot\vec{e}_1=1、\vec{e}_2\cdot\vec{e}_2=1、\vec{e}_1\cdot\vec{e}_2=0$$

を満たします。$\{\vec{e}_1,\ \vec{e}_2\}$ は正規直交基底になっています。

これまでの手順を図で描くとこんな感じです。

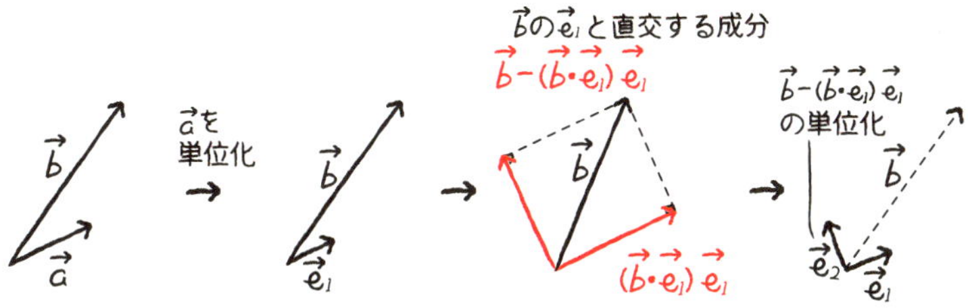

さて、3次元ベクトルの場合も試してみましょう。

$\vec{a}=\begin{pmatrix}1\\-2\\1\end{pmatrix}$、$\vec{b}=\begin{pmatrix}1\\-4\\3\end{pmatrix}$、$\vec{c}=\begin{pmatrix}2\\1\\6\end{pmatrix}$から正規直交基底を作ってみましょう。

初めの方の手順は同じです。

$\vec{a}$を単位化して、$\vec{e}_1$とします。

$$\vec{e}_1=\frac{1}{|\vec{p}|}\vec{a}=\frac{1}{\sqrt{1^2+(-2)^2+1^2}}\begin{pmatrix}1\\-2\\1\end{pmatrix}=\frac{1}{\sqrt{6}}\begin{pmatrix}1\\-2\\1\end{pmatrix}$$

次に、$\vec{b}$から$\vec{e}_1$成分を取り除きます。

$$\begin{aligned}\vec{b}-(\vec{b}\cdot\vec{e}_1)\vec{e}_1&=\begin{pmatrix}1\\-4\\3\end{pmatrix}-\left\{\begin{pmatrix}1\\-4\\3\end{pmatrix}\cdot\frac{1}{\sqrt{6}}\begin{pmatrix}1\\-2\\1\end{pmatrix}\right\}\frac{1}{\sqrt{6}}\begin{pmatrix}1\\-2\\1\end{pmatrix}\\&=\begin{pmatrix}1\\-4\\3\end{pmatrix}-\frac{1\cdot1+(-4)\cdot(-2)+3\cdot1}{\sqrt{6}}\cdot\frac{1}{\sqrt{6}}\begin{pmatrix}1\\-2\\1\end{pmatrix}\\&=\begin{pmatrix}1\\-4\\3\end{pmatrix}-2\begin{pmatrix}1\\-2\\1\end{pmatrix}=\begin{pmatrix}-1\\0\\1\end{pmatrix}\end{aligned}$$

これを単位化して $\vec{e}_2$ とします。

$$\vec{e}_2 = \frac{1}{\sqrt{(-1)^2+0^2+1^2}}\begin{pmatrix}-1\\0\\1\end{pmatrix} = \frac{1}{\sqrt{2}}\begin{pmatrix}-1\\0\\1\end{pmatrix}$$

さて、次です。2次元はここで終わりましたが、3次元の場合はこの先があります。

$\vec{c}$ から、$\vec{e}_1$ 成分、$\vec{e}_2$ 成分を取り除きます。

$$\vec{c} - (\vec{c}\cdot\vec{e}_1)\vec{e}_1 - (\vec{c}\cdot\vec{e}_2)\vec{e}_2$$

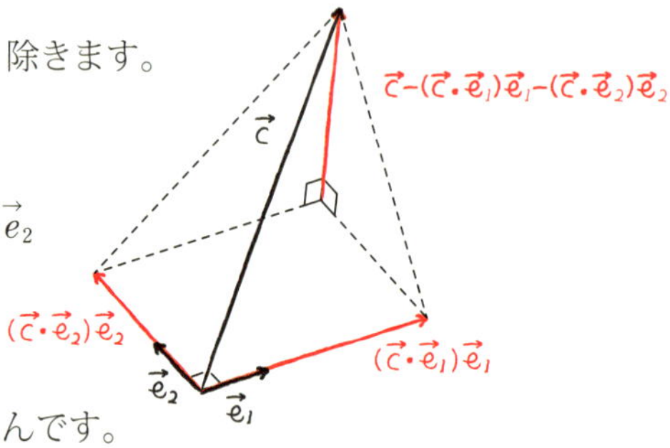

これは、$\vec{e}_1$、$\vec{e}_2$ と直交しているんです。

$\vec{c}$ と $\vec{e}_1$ の内積をとって確かめてみましょう。

$$\begin{aligned}&(\vec{c} - \overbrace{(\vec{c}\cdot\vec{e}_1)}^{\text{実数}}\vec{e}_1 - \overbrace{(\vec{c}\cdot\vec{e}_2)}^{\text{実数}}\vec{e}_2)\cdot\vec{e}_1\\ &\quad = \vec{c}\cdot\vec{e}_1 - (\vec{c}\cdot\vec{e}_1)\underbrace{(\vec{e}_1\cdot\vec{e}_1)}_{1} - (\vec{c}\cdot\vec{e}_2)\underbrace{(\vec{e}_2\cdot\vec{e}_1)}_{0}\\ &\quad = \vec{c}\cdot\vec{e}_1 - \vec{c}\cdot\vec{e}_1 = 0\end{aligned}$$

$\vec{c}$ と $\vec{e}_2$ も同様な計算で、直交していることを確かめることができます。ですから、あとは $\vec{c} - (\vec{c}\cdot\vec{e}_1)\vec{e}_1 - (\vec{c}\cdot\vec{e}_2)\vec{e}_2$ を単位化して $\vec{e}_3$ とすればよいのです。

具体的に計算してみましょう。

$$\vec{c}-(\vec{c}\cdot\vec{e}_1)\vec{e}_1-(\vec{c}\cdot\vec{e}_2)\vec{e}_2$$

$$=\begin{pmatrix}2\\1\\6\end{pmatrix}-\left\{\begin{pmatrix}2\\1\\6\end{pmatrix}\cdot\frac{1}{\sqrt{6}}\begin{pmatrix}1\\-2\\1\end{pmatrix}\right\}\frac{1}{\sqrt{6}}\begin{pmatrix}1\\-2\\1\end{pmatrix}-\left\{\begin{pmatrix}2\\1\\6\end{pmatrix}\cdot\frac{1}{\sqrt{2}}\begin{pmatrix}-1\\0\\1\end{pmatrix}\right\}\frac{1}{\sqrt{2}}\begin{pmatrix}-1\\0\\1\end{pmatrix}$$

$$=\begin{pmatrix}2\\1\\6\end{pmatrix}-\frac{2\cdot1+1\cdot(-2)+6\cdot1}{\sqrt{6}}\cdot\frac{1}{\sqrt{6}}\begin{pmatrix}1\\-2\\1\end{pmatrix}$$

$$-\frac{2\cdot(-1)+1\cdot0+6\cdot1}{\sqrt{2}}\cdot\frac{1}{\sqrt{2}}\begin{pmatrix}-1\\0\\1\end{pmatrix}$$

$$=\begin{pmatrix}2\\1\\6\end{pmatrix}-\begin{pmatrix}1\\-2\\1\end{pmatrix}-2\begin{pmatrix}-1\\0\\1\end{pmatrix}=\begin{pmatrix}3\\3\\3\end{pmatrix}$$

これを単位化して、

$$\vec{e}_3=\frac{1}{\sqrt{3^2+3^2+3^2}}\begin{pmatrix}3\\3\\3\end{pmatrix}=\frac{1}{3\sqrt{3}}\begin{pmatrix}3\\3\\3\end{pmatrix}=\frac{1}{\sqrt{3}}\begin{pmatrix}1\\1\\1\end{pmatrix}$$

となります。すると、こうして求めた$\vec{e}_1$、$\vec{e}_2$、$\vec{e}_3$は、

$$\vec{e}_1\cdot\vec{e}_1=1、\vec{e}_2\cdot\vec{e}_2=1、\vec{e}_3\cdot\vec{e}_3=1$$
$$\vec{e}_1\cdot\vec{e}_2=0、\vec{e}_2\cdot\vec{e}_3=0、\vec{e}_3\cdot\vec{e}_1=0$$

を満たしています。$\{\vec{e}_1、\vec{e}_2、\vec{e}_3\}$は正規直交基底です。

このように、3 次元の場合の例を示すと、4 次元以上の場合の正規直交基底の作り方もお分かりいただけると思います。

このように、基底を正規直交基底に作り直す方法を**シュミットの直交化法**と言います。

シュミットの直交化法

与えられたベクトルの組に対して、①、②を順に繰り返す。

① 単位化する

② 単位化した成分を取り除く

①、②をくり返して、直交する単位ベクトルを増やしていくわけです。

演習問題

(1) $\vec{a}=\begin{pmatrix}3\\1\end{pmatrix}$、$\vec{b}=\begin{pmatrix}-2\\3\end{pmatrix}$から正規直交基底を作りましょう。

(2) $\vec{a}=\begin{pmatrix}1\\2\\0\end{pmatrix}$、$\vec{b}=\begin{pmatrix}2\\1\\3\end{pmatrix}$、$\vec{c}=\begin{pmatrix}2\\0\\1\end{pmatrix}$から正規直交基底を作りましょう。

解答

(1) $\vec{a}$を単位化して、$\vec{e}_1$とします。

$$\vec{e}_1=\frac{1}{|\vec{a}|}\vec{a}=\frac{1}{\sqrt{3^2+1^2}}\begin{pmatrix}3\\1\end{pmatrix}=\frac{\mathbf{1}}{\sqrt{\mathbf{10}}}\begin{pmatrix}\mathbf{3}\\\mathbf{1}\end{pmatrix}$$

次に、$\vec{b}$から$\vec{e}_1$成分を取り除きます。

$$\vec{b}-(\vec{b}\cdot\vec{e}_1)\vec{e}_1=\begin{pmatrix}-2\\3\end{pmatrix}-\left\{\begin{pmatrix}-2\\3\end{pmatrix}\cdot\frac{1}{\sqrt{10}}\begin{pmatrix}3\\1\end{pmatrix}\right\}\frac{1}{\sqrt{10}}\begin{pmatrix}3\\1\end{pmatrix}$$

$$=\begin{pmatrix}-2\\3\end{pmatrix}-\frac{(-2)\cdot3+3\cdot1}{10}\begin{pmatrix}3\\1\end{pmatrix}$$

$$=\begin{pmatrix}-2\\3\end{pmatrix}+\frac{3}{10}\begin{pmatrix}3\\1\end{pmatrix}=\frac{1}{10}\begin{pmatrix}-11\\33\end{pmatrix}=\frac{11}{10}\begin{pmatrix}-1\\3\end{pmatrix}$$

これは$\begin{pmatrix}-1\\3\end{pmatrix}$に平行なので、$\begin{pmatrix}-1\\3\end{pmatrix}$を単位化して、

$$\vec{e}_2=\frac{1}{\sqrt{(-1)^2+3^2}}\begin{pmatrix}-1\\3\end{pmatrix}=\boldsymbol{\frac{1}{\sqrt{10}}\begin{pmatrix}-1\\3\end{pmatrix}}$$

(2) $\vec{a}$を単位化して、$\vec{e}_1$とします。

$$\vec{e}_1=\frac{1}{|\vec{a}|}\vec{a}=\frac{1}{\sqrt{1^2+2^2+0^2}}\begin{pmatrix}1\\2\\0\end{pmatrix}=\boldsymbol{\frac{1}{\sqrt{5}}\begin{pmatrix}1\\2\\0\end{pmatrix}}$$

次に、$\vec{b}$から$\vec{e}_1$成分を取り除きます。

$$\vec{b}-(\vec{b}\cdot\vec{e}_1)\vec{e}_1=\begin{pmatrix}2\\1\\3\end{pmatrix}-\left\{\begin{pmatrix}2\\1\\3\end{pmatrix}\cdot\frac{1}{\sqrt{5}}\begin{pmatrix}1\\2\\0\end{pmatrix}\right\}\frac{1}{\sqrt{5}}\begin{pmatrix}1\\2\\0\end{pmatrix}$$

$$=\begin{pmatrix}2\\1\\3\end{pmatrix}-\frac{2\cdot1+1\cdot2+3\cdot0}{\sqrt{5}}\cdot\frac{1}{\sqrt{5}}\begin{pmatrix}1\\2\\0\end{pmatrix}$$

$$=\begin{pmatrix}2\\1\\3\end{pmatrix}-\frac{4}{5}\begin{pmatrix}1\\2\\0\end{pmatrix}=\frac{1}{5}\begin{pmatrix}6\\-3\\15\end{pmatrix}=\frac{3}{5}\begin{pmatrix}2\\-1\\5\end{pmatrix}$$

これを単位化して $\vec{e}_2$ とします。方向が問題なので、$\begin{pmatrix} 2 \\ -1 \\ 5 \end{pmatrix}$ を単位ベクトル化します。

$$\vec{e}_2 = \frac{1}{\sqrt{2^2 + (-1)^2 + 5^2}} \begin{pmatrix} 2 \\ -1 \\ 5 \end{pmatrix} = \frac{\mathbf{1}}{\sqrt{\mathbf{30}}} \begin{pmatrix} \mathbf{2} \\ \mathbf{-1} \\ \mathbf{5} \end{pmatrix}$$

次に、$\vec{c}$ から、$\vec{e}_1$ 成分、$\vec{e}_2$ 成分を取り除きます。

$$\vec{c} - (\vec{c} \cdot \vec{e}_1)\vec{e}_1 - (\vec{c} \cdot \vec{e}_2)\vec{e}_2$$

$$= \begin{pmatrix} 2 \\ 0 \\ 1 \end{pmatrix} - \left\{ \begin{pmatrix} 2 \\ 0 \\ 1 \end{pmatrix} \cdot \frac{1}{\sqrt{5}} \begin{pmatrix} 1 \\ 2 \\ 0 \end{pmatrix} \right\} \frac{1}{\sqrt{5}} \begin{pmatrix} 1 \\ 2 \\ 0 \end{pmatrix} - \left\{ \begin{pmatrix} 2 \\ 0 \\ 1 \end{pmatrix} \cdot \frac{1}{\sqrt{30}} \begin{pmatrix} 2 \\ -1 \\ 5 \end{pmatrix} \right\} \frac{1}{\sqrt{30}} \begin{pmatrix} 2 \\ -1 \\ 5 \end{pmatrix}$$

$$= \begin{pmatrix} 2 \\ 0 \\ 1 \end{pmatrix} - \frac{2 \cdot 1 + 0 \cdot 2 + 1 \cdot 0}{\sqrt{5}} \cdot \frac{1}{\sqrt{5}} \begin{pmatrix} 1 \\ 2 \\ 0 \end{pmatrix}$$

$$- \frac{2 \cdot 2 + 0 \cdot (-1) + 1 \cdot 5}{\sqrt{30}} \cdot \frac{1}{\sqrt{30}} \begin{pmatrix} 2 \\ -1 \\ 5 \end{pmatrix}$$

$$= \begin{pmatrix} 2 \\ 0 \\ 1 \end{pmatrix} - \frac{2}{5} \begin{pmatrix} 1 \\ 2 \\ 0 \end{pmatrix} - \frac{3}{10} \begin{pmatrix} 2 \\ -1 \\ 5 \end{pmatrix} = \frac{1}{2} \begin{pmatrix} 2 \\ -1 \\ -1 \end{pmatrix}$$

$\begin{pmatrix} 2 \\ -1 \\ -1 \end{pmatrix}$ を単位化して、

$$\vec{e}_3 = \frac{1}{\sqrt{2^2 + (-1)^2 + (-1)^2}} \begin{pmatrix} 2 \\ -1 \\ -1 \end{pmatrix} = \frac{\mathbf{1}}{\sqrt{\mathbf{6}}} \begin{pmatrix} \mathbf{2} \\ \mathbf{-1} \\ \mathbf{-1} \end{pmatrix}$$

第 4 章

線形写像と行列

①　数の掛け算は線形写像の一番簡単な例だ
―― 比例式から始めよう

写像って何ですか？

いよいよ、この線形代数の講義も佳境に入ってまいりました。線形代数におけるスターである“線形写像”の解説をしていきましょう。はやる気持ちを抑えて、まずは中学校で習った関数のことからおさらいしていきましょう。

いま、タテが 2 (cm)、ヨコが x (cm) の長方形があるとします。このとき、長方形の面積を $y(\mathrm{cm}^2)$ とします。

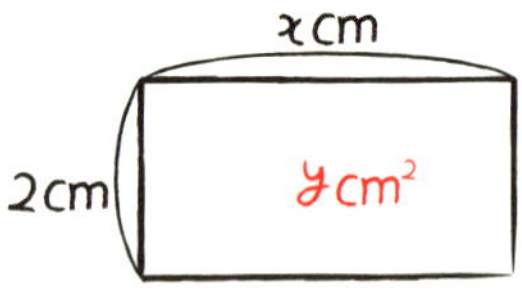

すると、長方形の面積はタテ×ヨコで求められますから、y は、

$$y = 2x$$

と表されます。これが x と y の関係式です。

例えば、タテが 2 (cm)、ヨコが 5 (cm) の長方形の面積を求めたいのであれば、そのまま 2×5 を計算してもよいのですが、x と y の関係式 $y = 2x$ の x に 5 を代入して、$y = 2 \times 5 = 10$ として面積を求めることができます。

タテが 2 (cm)、ヨコが x (cm) の長方形の x を具体的な数にすれば、面積 $y(\mathrm{cm}^2)$ の具体的な値が求まるわけです。

x の値を 1 つ決めれば、それに対応する y の値がただ 1 つに決まります。x と y がこのような関係にあるとき、y は x の関数であると言います。

とくに、x と y の関数の中でも、y が x の 1 次式 $y = ax + b$ で書き表されるものを 1 次関数と言います。$b = 0$ のとき、

$y = ax$ と比例式になります。

左頁の例では、$y = 2x$ と、y が x の 1 次式で書かれていますから、y は x の 1 次関数です。

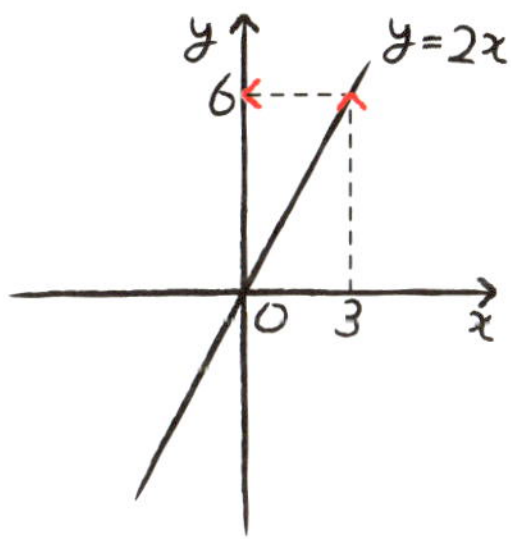

$y = 2x$ のグラフを座標平面に描いてみましょう。右のようになります。ここでは、x は長方形の辺の長さですから、正の値しかとりませんが、その条件を外して、x は負の値もとるとしてグラフを描きました。

例えば、$x = 3$ のときに対する y の値をグラフを用いて求めてみましょう。みなさんは、右上図の矢印をたどってください。はじめ、x 軸上の 3 に点をとり、そこから真上に線を引き、グラフの斜めの線とぶつかったところから、y 軸のある方向へ真横に進み、y 軸とぶつかったところの目盛りを読めば、それが対応する y の値となります。この場合は 6 となります。x 軸の 3 から y 軸の 6 への矢印が関数の作用を表しているわけです。

3 に関数を作用させると 6 になる。

と表現します。この作用という言葉はこれからも出てきますので、慣れていくようにしてください。

ここで、x に対して y が決まる様子を、座標平面を外して模式的に描いてみましょう（次頁）。$x = 2$ に対しては $y = 4$、$x = 3$ に対しては $y = 6$ と対応している様子を表しています。

輪の切れ間に “$\boldsymbol{R}$” という記号が書かれています。これは実数全体の集合という意味でしたね。

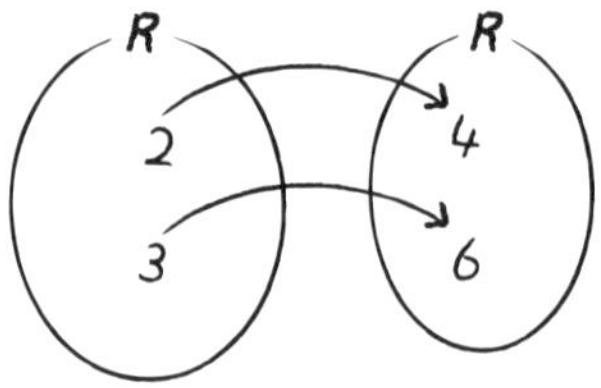

このように x に対して y の値を $2x$ に定めるような関数を f という記号で書くことにします。関数を f という記号でおくことが多いのは、関数のことを英語で **function** と呼ぶことからきています。この頭文字の f をとって関数のことを表したわけです。

上の座標平面上の矢印は、x と y が対応するイメージをよく表していましたね。そこで、関数 f によって、実数 x に対して実数 $2x$ が対応するとき、下のように書きます。

$$\begin{array}{rcl} f:\boldsymbol{R} & \to & \boldsymbol{R} \\ x & \to & 2x \end{array}$$

このような表記を見たら、

関数 f は、実数の集合 $\boldsymbol{R}$（左側）の要素 x を、**実数の集合 $\boldsymbol{R}$（右側）の要素 $2x$ に対応させる。**

と、解釈してください。

実は、この比例式は線形写像の簡単な例になっているんです。

$\boldsymbol{R}$ は、和や積の演算を考えたとき、1 次元ベクトル空間になっていましたね。**比例式は 1 次元ベクトル空間 $\boldsymbol{R}$ から 1 次元ベクトル空間 $\boldsymbol{R}$ への線形写像**になっているんです。線形写像というと難しく聞こえますが、この比例式を 2 次元以上のベクトルの場合に拡張したものなんです。

関数 f は、実数 x に対して、実数 y を対応させる関係の決まりを表していました。実数に対して実数を対応させるのが関数です。

ベクトルに対してベクトルを対応させるのが写像なんです。

n 次元ベクトル空間 $\boldsymbol{R}^n$ の要素に対して、m 次元ベクトル空間 $\boldsymbol{R}^m$ の要素を対応させる関係の決まりを写像 f とします。

$$f : \boldsymbol{R}^n \quad \rightarrow \quad \boldsymbol{R}^m$$

と表します。対応させる決まりはまだ決めていないので、下には何も書いてありません。f は写像ですが、まだ線形写像ではありません。

ただ、対応させるといっても、さまざまな対応のさせ方があります。でたらめに対応させても有用なものとはなりません。

“いい性質”がなければ役に立ちません。いい性質って何でしょうか。それは、任意のベクトル $\vec{x}$, $\vec{y}$、任意の数 k について、

$$f(\vec{x}+\vec{y}) = f(\vec{x}) + f(\vec{y})$$
$$f(k\vec{x}) = kf(\vec{x})$$

が成り立つことです。

次に、このいい性質について述べていくことにします。

線形写像って何ですか？

線形写像とは、比例式を、ベクトルに対してベクトルを対応させる式に拡張したもの。

② われわれは世界を線形性で捉えている
—— 線形性の条件式

線形性って何ですか？

前節で、線形写像の“写像”のほうはつかんでもらったと思います。ここでは線形性という言葉の意味を説明していきます。この線形性は、我々が世界を認識するときの根本原理になっていると言ってもよいと思います。まずは、関数を例にとって、説明しましょう。

先の $f: x \to 2x$ に戻りましょう。

これは、$f(x) = 2x$ とも書くことができます。

この関数 f については、x、y、k が実数のとき、

$$f(x+y) = f(x) + f(y) \quad \cdots\cdots\cdots ①$$

$$f(kx) = kf(x) \quad \cdots\cdots\cdots ②$$

という関係式が成り立っています。ボンヤリしていると当たり前のような式に見えてしまうかもしれませんから、等式の意味するところを言葉にしてみますね。

①、②も計算の順序が違うんですね。順序の違いを分かってもらうために、ここでたとえ話をしてみましょう。

数式になれている人は次頁下へ飛んでもかまいません

男性の x 君と女性の y さんが順調に交際しているとします。“＋”の計算をすることを「結婚する」、“f”を作用させることを「海外へ行く」と読むことにします。

すると、①の左辺は、x 君と y さんが「結婚してから海外へ行く」となります。きっと日本のどこかの式場で結婚式をあげて、夫婦そろって海外へ赴任するのでしょう。

①の右辺は、x 君と y さんは「それぞれ単身で海外へ渡り、そこで結婚する」と読むことができます。

いずれにしろ、この 2 人は異国の地で幸せな家庭を築いていくことでしょう。

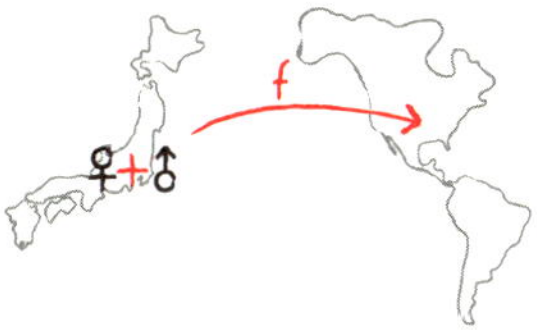

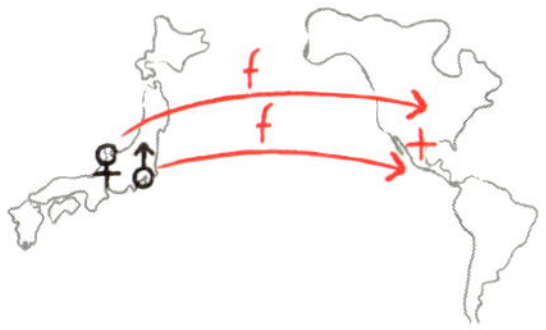

②の式については、x さんの仕事にスポットを当ててみましょう。

k 倍することを「昇進する」と読むことにします。

②の式の左辺は、x さんは「昇進してから海外へ赴任する」と読むことができます。

②の右辺は、x さんは、「海外へ赴任してから昇進する」と読むことができます。

いずれにしろ、x さんは、海外でワンランク上の役職について、バリバリと仕事をこなしていくことでしょう。

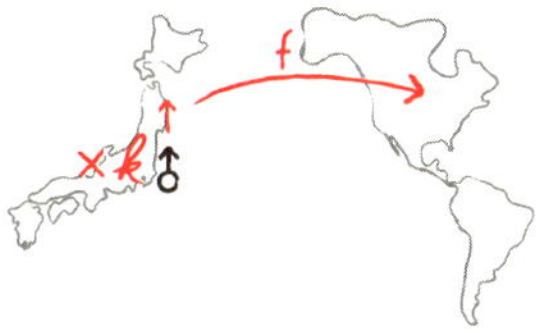

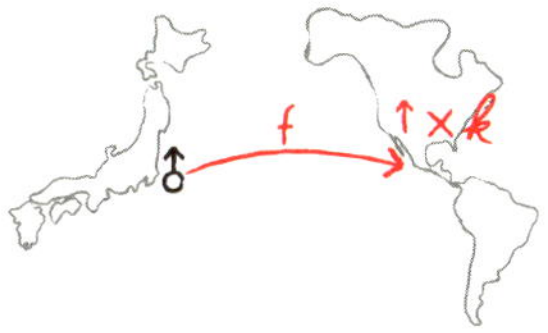

関数を作用させることと和の順序、関数を作用させることと k 倍の順序が異なっていても、結果は変わらないということのたとえ話でした。

数式の話に戻って、関数 $f(x)=2x$ に関して、①、②が成り立つことを実際に確かめてみましょう。

①の式の左辺は、$x+y$ に関数 f で対応する数を表しています。

①の式の右辺は、x に関数 f で対応する数 $f(x)$ と、y に関数 f で対応する数 $f(y)$ を足したものです。左辺では先に足し算をし、右辺ではあとから足し算をしているわけです。そこが違いです。

実際に両辺を計算してみると、

$$f(x+y)=2(x+y)=2x+2y$$
$$f(x)+f(y)=2x+2y$$

と、同じ結果になりましたね。確かに①は成り立ちます。

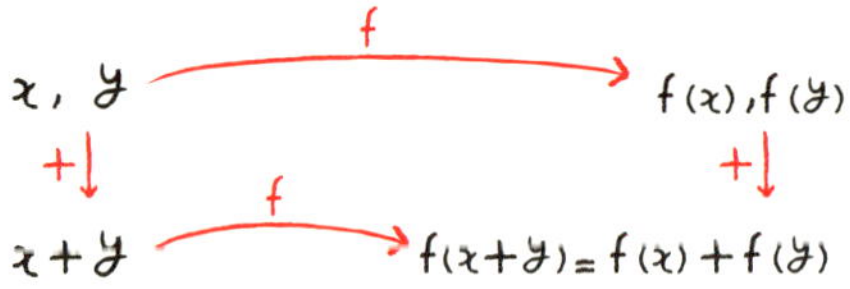

②の式の左辺は、x を k 倍した kx に関数 f で対応する数 $f(kx)$ を表しています。②の式の右辺は、x に関数 f で対応する数 $f(x)$ を k 倍します。左辺では k 倍を先に、右辺ではあとから k 倍しています。左辺と右辺とでは、k 倍と f に対応させることの順序が逆になっています。実際に両辺を計算してみると、

$$f(kx)=2\cdot kx=2kx$$
$$kf(x)=k\cdot 2x=2kx$$

と、同じ結果になり、②の成り立つことが確かめられました。

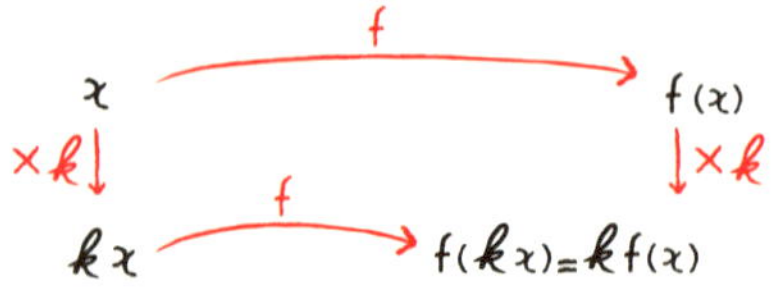

こうしてみると、どんな関数でも①、②が成り立つように思うかもしれませんが、これが成り立たない関数だってありますよ。例えば、
$f(x)=x^2$ という 2 次関数です。

$x=2$、$y=3$ としてみましょう。

$$f(x+y)=(2+3)^2=5^2=25$$
$$f(x)+f(y)=2^2+3^2=4+9=13$$

ですから、このとき、$f(x+y)\neq f(x)+f(y)$ です。

$x=2$、$k=3$ としてみましょう。

$$f(kx)=f(3\cdot 2)=f(6)=6^2=36$$
$$kf(x)=3f(2)=3\cdot 2^2=12$$

ですから、このとき、$f(kx)\neq kf(x)$ です。

①も②も成り立ちませんね。

この①、②の式が成り立つことが、いい性質を持っている関数なんです。なぜ、いい性質かって？　それは、われわれがふだん感じている、ものの大きさと量の関係が、①、②を満たす関係だからなんです。

ビーカーに水が入っているものとします。

いま、少し関数 f の概念を広げて、

「ビーカーに入っている水」に「その重さ」

を対応させることを考えてみましょう。本来ならば、関数は数と数を対応付けるものでしたが、ある状態に対して、ある数を対応させるものと考えてみましょう。

例えば、

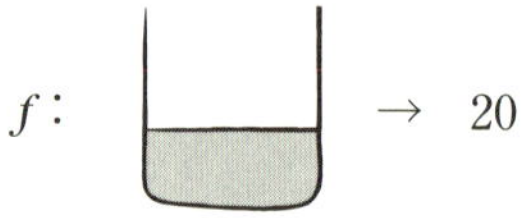

こんな感じです。この f について、p.148 の①、②の式が成り立つことを具体的に確かめてみましょう。

まずは、①から。

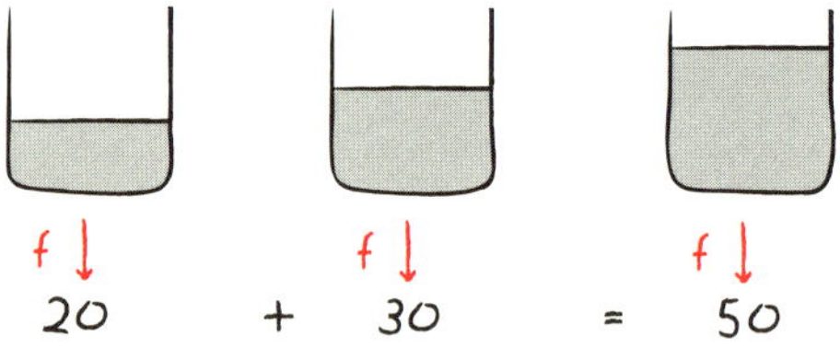

左辺の f でカッコの中は、ビーカーに入った 20g の水と 30g の水を足しています。合わせて 50g の量になります。f で、それに対応する数は 50 です。

一方、右辺では、f で 20g の水に対応する数は 20、f で 30g の水に対応する数は 30 ですから、20 ＋ 30 で 50 になります。

②も確かめてみましょう。

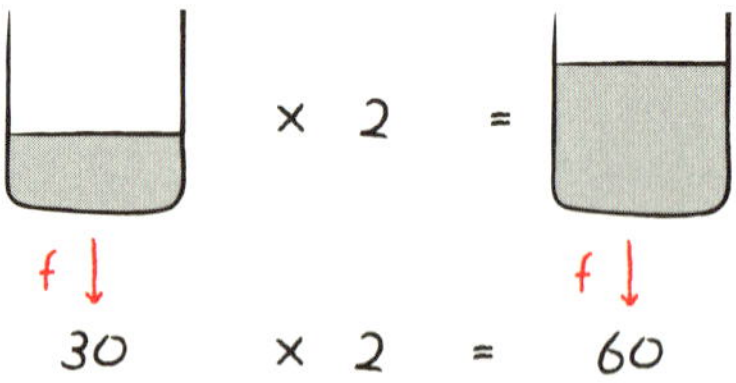

左辺の f で、カッコの中は、ビーカーに入った 30g の水が 2 個あることを表しています。30g と 30g を混ぜ合わせると 60g の水になりますから、

fでこれに対応する数は60です。

一方、右辺では、fで30gの水に対応する数は30です。それを2倍するので、計算すると$2 \times 30 = 60$になります。

どちらも当たり前じゃないか、と思うかもしれません。でも、①のような性質の式が成り立たなければ、20gと30gの水の重さを別々に量って足すと50gなのに、まぜてから重さを量ると70gになる、なんてヘンテコなことが起こるわけです。①の式のありがたさを実感しますね。

ふだんは、誰もが左辺の式と右辺の式の違いを意識しないで、「20gの水と30gの水を足すと50gになる」と思っていますよね。①は、いわば空気のように成り立って当たり前の式なんです。それだけ、本質的で自然だというわけです。ですから、これからベクトル空間$\boldsymbol{V}$の要素とベクトル空間$\boldsymbol{V}'$の要素の対応付けを考えるときも、①、②のような性質を満たすものを考えていくわけです。

fがこの①、②の式を満たすとき、「fは線形性を持つ」などと表現します。この①、②の式は線形代数の議論を進めていく上で根幹となる式です。「線形性」と言ったら、この2つの式を思い出すようにしてください。

fが線形性を持つ（Ver.1）

どんなベクトル$\vec{x}, \vec{y}$であっても

$\boldsymbol{V}$の任意の元$\vec{x}$、$\vec{y}$、任意の実数kについて

どんな実数kであっても

$$f(\vec{x}+\vec{y})=f(\vec{x})+f(\vec{y})$$

$$f(k\vec{x})=kf(\vec{x})$$

が成り立つ。

とまとまります。

「2つ思い出して」と言いましたが、2つの式を1つにまとめて、次のようにする流儀もあります。

fが線形性を持つ（Ver.2）

$\boldsymbol{V}$の任意の元$\vec{x}$、$\vec{y}$、任意の実数λ、μについて

$$f(\lambda\vec{x}+\mu\vec{y})=\lambda f(\vec{x})+\mu f(\vec{y})$$

が成り立つ。

「fが線形性を持つ」というと、この式を思い浮かべる人もいます。Ver.1が成り立つとすると、

$$f(\lambda\vec{x}+\mu\vec{y})=f(\lambda\vec{x})+f(\mu\vec{y})=\lambda f(\vec{x})+\mu f(\vec{y})$$

となり、Ver.2が成り立ちます。

また、Ver.2が成り立つとすると、

$\lambda=1$、$\mu=1$として、$f(\vec{x}+\vec{y})=f(\vec{x})+f(\vec{y})$

$\lambda=k$、$\mu=0$として、$f(k\vec{x})=kf(\vec{x})$

となり、Ver.1が成り立ちます。

結局、「fが線形性を持つ」というのは、どちらの定義を用いてもよいのです。

「fが線形性を持つ」ってどういうことですか？

fが線形性を持つとは、fの作用と和の演算の順序を入れ替えることができ、さらにfの作用と実数倍の演算の順序を入れ替えることができることです。

3 線形性を持った写像を考えよう
―― 線形写像を定義

線形写像の定義って何ですか？

線形写像という概念を定義しましょう。

写像fで、n次元ベクトル空間$\boldsymbol{R}^n$の1つの要素を決めたとき、ベクトル空間$\boldsymbol{R}^m$のただ1つの要素が決まるとします。これを

$$f : \boldsymbol{R}^n \quad \to \quad \boldsymbol{R}^m$$

と表します。

この写像fが次を満たすとき、fを**線形写像**または**1次写像**と呼びます。英語では、**linear mapping**と言います。

> $\boldsymbol{R}^n$に含まれる任意のベクトル$\vec{x}$、$\vec{y}$と任意の実数kに対して、
>
> $$f(\vec{x}+\vec{y})=f(\vec{x})+f(\vec{y})$$
> $$f(k\vec{x})=kf(\vec{x})$$

とくに、$n=m$のとき、移す前も後も同じ$\boldsymbol{R}^n$で、$\boldsymbol{R}^n$の中でのベクトルの様態が変換するわけですから、**線形変換**または**1次変換**と呼びます。英語では、linear transformationです。

さっそく、実例をあげていきましょう。まずは一番簡単な例から。

$n=m=1$とします。つまり、1次元ベクトル空間$\boldsymbol{R}$から1次元ベクトル空間$\boldsymbol{R}$への写像($m=n$なので変換)fを考えます。ここで、fを、$f(x)=ax$(aは実数)と定めます。

$$
\begin{array}{rccc}
f: & \boldsymbol{R} & \to & \boldsymbol{R} \\
 & x & \to & ax
\end{array}
$$

これは、長方形の面積の例の $f(x)=2x$ が、$f(x)=ax$ になっただけですから、やはり

$$f(x+y)=f(x)+f(y)$$
$$f(kx)=kf(x)$$

が成り立ちます。f は線形変換です。

比例関係を表す、$f(x)=ax$ という１次関数は、１次元ベクトル空間 $\boldsymbol{R}$ から１次元ベクトル空間 $\boldsymbol{R}$ への線形変換です。小学校以来の比例式も、こうして表現してみると、ずいぶん出世した気がしますね。

次に、$n=2$、$m=1$ の場合を考えてみます。

２次元ベクトル $\boldsymbol{R}^2$ から１次元ベクトル $\boldsymbol{R}$ への写像 f を次のように定めてみましょう。

例えば、２次元ベクトルとして、$\vec{a}=\begin{pmatrix}3\\4\end{pmatrix}$ をとります。２次元ベクトル空間の要素 $\vec{x}=\begin{pmatrix}x_1\\x_2\end{pmatrix}$ に対して、$\vec{a}$ と $\vec{x}$ の内積

$$\vec{a}\cdot\vec{x}=\begin{pmatrix}3\\4\end{pmatrix}\cdot\begin{pmatrix}x_1\\x_2\end{pmatrix}=3x_1+4x_2$$

をとります。内積はスカラーになりますから、１次元ベクトルと見ることができます。$\boldsymbol{R}^2$ の元 $\vec{x}$ に対して、$\boldsymbol{R}$ の元 $\vec{a}\cdot\vec{x}$ を対応させる写像 f を考えます。

$$
\begin{aligned}
f: \boldsymbol{R}^2 &\to \boldsymbol{R} \\
\vec{x} &\to \vec{a} \cdot \vec{x}
\end{aligned}
$$

これが、線形写像となっているかを確かめてみましょう。

内積の計算法則を用いると、成分計算をしなくてもできますよ。

$$
f(\vec{x}+\vec{y}) = \vec{a} \cdot (\vec{x}+\vec{y}) = \vec{a} \cdot \vec{x} + \vec{a} \cdot \vec{y}
$$

$$
f(\vec{x})+f(\vec{y}) = \vec{a} \cdot \vec{x} + \vec{a} \cdot \vec{y}
$$

よって、$f(\vec{x}+\vec{y}) = f(\vec{x})+f(\vec{y})$　が成り立ちます。

$$
f(k\vec{x}) = \vec{a} \cdot (k\vec{x}) = k(\vec{a} \cdot \vec{x}) \qquad kf(\vec{x}) = k(\vec{a} \cdot \vec{x})
$$

よって、$f(k\vec{x}) = kf(\vec{x})$　が成り立ちます。

f は確かに線形写像です。

2次元列ベクトル $\vec{x}$ に対して、2次元ベクトル $\vec{a}$ との内積 $\vec{a} \cdot \vec{x}$　を対応させることは、$\boldsymbol{R}^2$ から $\boldsymbol{R}$ への線形写像であると言えます。

一般の形で説明できましたから、$\vec{x}$ に対して、$\vec{a} \cdot \vec{x}$ を対応させることを f と定めれば、$\vec{a}$ のとり方によらず、f が線形写像になることが分かりますね。また、上では2次元の例を出しましたが、証明では2次元であることを使っているわけではありませんから、3次元以上の内積をとる場合でも、線形写像になっていそうですね。

n 次元ベクトル $\vec{x}$ に対して、n 次元ベクトル $\vec{a}$ との内積 $\vec{a} \cdot \vec{x}$ を対応させることは、$\boldsymbol{R}^n$ から $\boldsymbol{R}$ への線形写像になっています。

ここで線形写像の定義を確認しておきましょう。

線形写像の定義

$\boldsymbol{R}^n$ から $\boldsymbol{R}^m$ への写像 $f:\boldsymbol{R}^n \to \boldsymbol{R}^m$ が次を満たすとき、f を線形写像または１次写像(linear mapping)と言います。

$\boldsymbol{R}^n$ に含まれる任意のベクトル $\vec{x}$, $\vec{y}$ と任意の実数 k に対して、

$$f(\vec{x}+\vec{y})=f(\vec{x})+f(\vec{y}) \quad \leftarrow \text{足し算は } f \text{ の外に出せる}$$

$$f(k\vec{x})=kf(\vec{x}) \quad \leftarrow \text{定数は } f \text{ の外に出せる}$$

が成り立つ。

次節でいよいよ m が２以上の場合を扱います。

線形写像の定義って何ですか？

線形写像は、ベクトルに対してベクトルを対応させる写像 f のうち、線形性を満たすものです。

4 R^2 から R^2 への写像を表すには？ —— 行列登場

行列って何ですか？

次に、$n=2$、$m=2$ の場合から考えます。いよいよ本格的になってきました。この場合がわかると、n、m が 2 以上の場合でも全部分かりますから、しっかり理解してくださいね。

$n=2$、$m=2$ のとき、どのような線形写像（$n=m$ ですから線形変換）がありうるのかを考えてみましょう。

$\boldsymbol{R}^2$ の基底として、標準基底 $\vec{e}_1=\begin{pmatrix}1\\0\end{pmatrix}$、$\vec{e}_2=\begin{pmatrix}0\\1\end{pmatrix}$ をとります。

$\boldsymbol{R}^2$ のすべて元は、$\vec{e}_1$ と $\vec{e}_2$ の 1 次結合を用いて表すことができます。そこで、

$$x\vec{e}_1+y\vec{e}_2=x\begin{pmatrix}1\\0\end{pmatrix}+y\begin{pmatrix}0\\1\end{pmatrix}=\begin{pmatrix}x\\y\end{pmatrix}$$

$\begin{pmatrix}x\\y\end{pmatrix}$ は、$x\vec{e}_1+y\vec{e}_2$ と表すことができる

が線形変換でどのようなベクトルに移るかを調べてみましょう。これに、線形変換 f を施してみます。線形写像 f の線形性を用いて、

$$\begin{aligned}&f(x\vec{e}_1+y\vec{e}_2)\\&=f(x\vec{e}_1)+f(y\vec{e}_2)\\&=xf(\vec{e}_1)+yf(\vec{e}_2)\end{aligned}$$

足し算は f の外に出せる

定数は f の外に出せる

となります。これだけでは分かりませんから少し具体的にしてみます。例えば、$\vec{e}_1$ と $\vec{e}_2$ の移る先が

$$f(\vec{e}_1)=\begin{pmatrix}3\\1\end{pmatrix},\ f(\vec{e}_2)=\begin{pmatrix}-1\\2\end{pmatrix} \quad \cdots\cdots\cdots ①$$

になるとします。すると、

$$f\left(\begin{pmatrix}x\\y\end{pmatrix}\right)=f(x\vec{e}_1+y\vec{e}_2)$$

$$=xf(\vec{e}_1)+yf(\vec{e}_2)=x\begin{pmatrix}3\\1\end{pmatrix}+y\begin{pmatrix}-1\\2\end{pmatrix}=\begin{pmatrix}3x-y\\x+2y\end{pmatrix}$$

と $\boldsymbol{R}^2$ の元が定まりました。

つまり、線形変換 f が $\vec{e}_1$ と $\vec{e}_2$ を①のように移すとき、線形変換 f は $\boldsymbol{R}^2$ の元 $\begin{pmatrix}x\\y\end{pmatrix}$ を $\boldsymbol{R}^2$ の元 $\begin{pmatrix}3x-y\\x+2y\end{pmatrix}$ に対応させる線形変換になります。

$$f:\boldsymbol{R}^2 \ \to \ \boldsymbol{R}^2$$

$$\begin{pmatrix}x\\y\end{pmatrix} \ \to \ \begin{pmatrix}3x-y\\x+2y\end{pmatrix}$$

この f が実際に線形性を満たしていることを確かめてみましょう。線形性を確かめさせる問題もよくありますから、問題の形で解いてみます。

例題　$\boldsymbol{R}^2$ から $\boldsymbol{R}^2$ への変換 f が

$$f:\begin{pmatrix}x\\y\end{pmatrix} \ \to \ \begin{pmatrix}3x-y\\x+2y\end{pmatrix}$$

という規則で表されるとき、f が線形変換であることを示しましょう。

---

f が線形変換であることを確かめるには、$\boldsymbol{R}^2$ の任意の元 $\vec{x}$、$\vec{y}$、任意の実数 k について、

$$f(\vec{x}+\vec{y})=f(\vec{x})+f(\vec{y})$$
$$f(k\vec{x})=kf(\vec{x})$$

を確かめればよかったのです。確かめてみましょう。

同じ文字 x を使っていますが → の下の x と第1成分の x とは別の文字だと考えてください

$\vec{x}=\begin{pmatrix}x\\y\end{pmatrix}$、$\vec{y}=\begin{pmatrix}x'\\y'\end{pmatrix}$ とすると、

$$f(\vec{x}+\vec{y})=f\left(\begin{pmatrix}x\\y\end{pmatrix}+\begin{pmatrix}x'\\y'\end{pmatrix}\right)=f\left(\begin{pmatrix}x+x'\\y+y'\end{pmatrix}\right)=\begin{pmatrix}3x+3x'-y-y'\\x+x'+2y+2y'\end{pmatrix}$$

一方、

$$f(\vec{x})+f(\vec{y})=\begin{pmatrix}3x-y\\x+2y\end{pmatrix}+\begin{pmatrix}3x'-y'\\x'+2y'\end{pmatrix}=\begin{pmatrix}3x+3x'-y-y'\\x+x'+2y+2y'\end{pmatrix}$$

よって、$f(\vec{x}+\vec{y})=f(\vec{x})+f(\vec{y})$

また、

$$f(k\vec{x})=f\left(k\begin{pmatrix}x\\y\end{pmatrix}\right)=f\left(\begin{pmatrix}kx\\ky\end{pmatrix}\right)=\begin{pmatrix}3kx-ky\\kx+2ky\end{pmatrix}$$

$$kf(\vec{x})=k\begin{pmatrix}3x-y\\x+2y\end{pmatrix}=\begin{pmatrix}3kx-ky\\kx+2ky\end{pmatrix}$$

よって、$f(k\vec{x})=kf(\vec{x})$

したがって、変換 f が線形変換であることが確認できました。

ここで線形代数の計算を進めていく上で便利な“行列”という基本的な道具を定義しましょう。

$\begin{pmatrix} 3x-y \\ x+2y \end{pmatrix} = \begin{pmatrix} 3x+(-1)y \\ 1 \cdot x+2y \end{pmatrix}$ の 4 つの係数 3、−1、1、2 を取り出して、そのままの位置で並べます。すると、

$$\begin{pmatrix} 3 & -1 \\ 1 & 2 \end{pmatrix} \quad \cdots\cdots\cdots ②$$

となります。**このように数字を長方形の形に並べたもののことを行列(matrix)と言います**。これは線形変換fを表している行列と見なせるので、とくに**fの表現行列**と言います。

$\begin{pmatrix} 3 & -1 \\ 1 & 2 \end{pmatrix}$は、$f$が$f(\vec{e_1}) = \begin{pmatrix} 3 \\ 1 \end{pmatrix}$、$f(\vec{e_2}) = \begin{pmatrix} -1 \\ 2 \end{pmatrix}$を満たすときの$f$の表現行列です。

上の例では、$\boldsymbol{R}^2$ から $\boldsymbol{R}^2$ への線形変換でしたが、次数を上げて、$\boldsymbol{R}^3$ から $\boldsymbol{R}^3$ への線形変換、例えば、

$$f : \begin{pmatrix} x \\ y \\ z \end{pmatrix} \to \begin{pmatrix} 2x+y \\ y+z \\ -x+3y-z \end{pmatrix}$$

であれば(これも線形変換になります)、対応する表現行列は、

$$\begin{pmatrix} 2x+y \\ y+z \\ -x+3y-z \end{pmatrix} = \begin{pmatrix} 2x+1 \cdot y+0 \cdot z \\ 0 \cdot x+1 \cdot y+1 \cdot z \\ (-1) \cdot x+3y+(-1) \cdot z \end{pmatrix}$$

より、

$$\begin{pmatrix} 2 & 1 & 0 \\ 0 & 1 & 1 \\ -1 & 3 & -1 \end{pmatrix} \quad \cdots\cdots ③$$

です。$\begin{pmatrix} 2x+y \\ y+z \\ -x+3y-z \end{pmatrix}$ の第1成分では z がないので、係数は0と解釈するわけです。

上2つの場合は、2×2、3×3と正方形の形に並びましたが、長方形の形になる場合だってあります。例えば、$\boldsymbol{R}^3$ から $\boldsymbol{R}^2$ への写像、

$$f:\begin{pmatrix} x \\ y \\ z \end{pmatrix} \to \begin{pmatrix} 3x-y+z \\ x+2y-z \end{pmatrix}$$

であれば(これも線形写像になります)、対応する表現行列は、

$$\begin{pmatrix} 3 & -1 & 1 \\ 1 & 2 & -1 \end{pmatrix} \quad \cdots\cdots④$$

となります。

要は、移った先の成分が、移る前の成分の1次式で表されているとき、線形写像になります。その係数を順に取り出して並べればそれが表現行列になります。

このように、線形写像は行列を用いて特徴付けることができます。

ここで、行列の名前の由来、各部の名称を紹介しておきましょう。

横に並んだ数の並びを行、タテに並んだ数の並びを列、

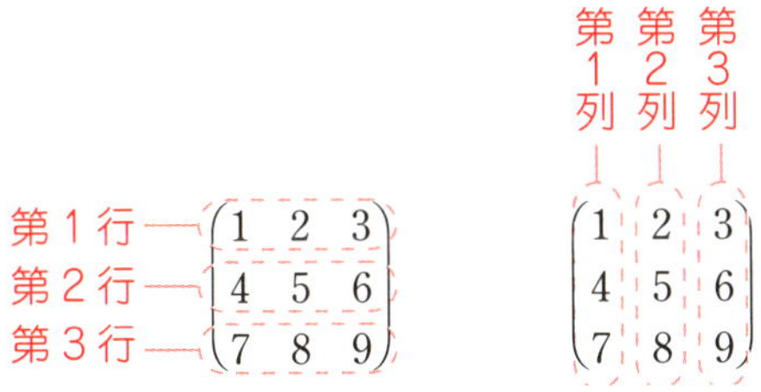

と言います。6 は、第 2 行、第 3 列にあります。このとき、「この行列の $(2, 3)$ 成分は 6 である」、と言います。

　行列とは、**行と列からなるので、行列と言うんです。**

　日常語としては、行列という言葉から、ガンコ親父のいるラーメン屋に人が並んでいるところを思い浮かべる人も多いかと思いますが、数学ではこういうイメージを持ってはいけないんですね。

　行の個数、列の個数に着目して、行列のサイズを表します。②は、2×2 行列、③は 3×3 行列、④は 2×3 行列です。

　表現行列 $\begin{pmatrix} 3 & -1 \\ 1 & 2 \end{pmatrix}$ を持つ線形変換 f で、$\begin{pmatrix} x \\ y \end{pmatrix}$ を移したベクトルは $\begin{pmatrix} 3x - y \\ x + 2y \end{pmatrix}$ でした。これを、

$$\begin{pmatrix} 3 & -1 \\ 1 & 2 \end{pmatrix} \begin{pmatrix} x \\ y \end{pmatrix} = \begin{pmatrix} 3x - y \\ x + 2y \end{pmatrix}$$

と書くことにします。

　左辺を、2×2 行列と 2 次元列ベクトルの積と見ます。その積を計算したら、右辺の 2 次元列ベクトルになった、と等式を読むわけです。

　「行列とベクトルの積」の計算のポイントは、行列の行と、列ベクトルの成分どうしを掛けて足すところです。

$$3 \cdot x + (-1) \cdot y \qquad 1 \cdot x + 2 \cdot y$$

$$\begin{pmatrix} 3 & -1 \\ 1 & 2 \end{pmatrix} \begin{pmatrix} x \\ y \end{pmatrix} = \begin{pmatrix} 3x - y \\ x + 2y \end{pmatrix} \qquad \begin{pmatrix} 3 & -1 \\ 1 & 2 \end{pmatrix} \begin{pmatrix} x \\ y \end{pmatrix} = \begin{pmatrix} 3x - y \\ x + 2y \end{pmatrix}$$

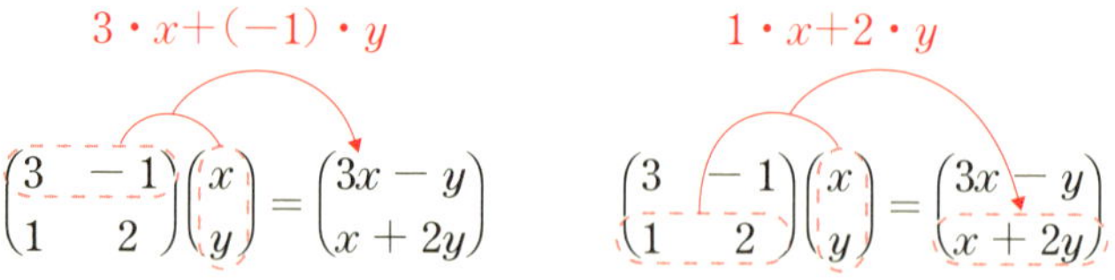

　移った先の第 1 成分、$3x - y$ は、$\begin{pmatrix} 3 \\ -1 \end{pmatrix}$ と $\begin{pmatrix} x \\ y \end{pmatrix}$ の内積

$$\begin{pmatrix} 3 \\ -1 \end{pmatrix} \cdot \begin{pmatrix} x \\ y \end{pmatrix} = 3x - y$$

のようにも思えますね。実のところ、同じ計算をしています。

ヨコに寝ている$(3 \quad -1)$と$\begin{pmatrix} x \\ y \end{pmatrix}$の「内積」をとる感覚ですね。

この「行列とベクトルの積」の計算は線形代数の本を読むときの基本になりますから、習熟しておいてください。

行列は数字を長方形に並べたものですが、例えば、

$$\boldsymbol{A} = \begin{pmatrix} 3 & -1 \\ 1 & 2 \end{pmatrix}、\boldsymbol{B} = \begin{pmatrix} 2 & 1 & 0 \\ 0 & 1 & 1 \\ -1 & 3 & -1 \end{pmatrix}、\boldsymbol{C} = \begin{pmatrix} 3 & -1 & 1 \\ 1 & 2 & -1 \end{pmatrix}$$

と、行列をまとめて文字でおいたりすることもできます。

$\vec{x}$のxと第1成分のxは異なる文字と思ってください。yも同じく。

$\vec{x} = \begin{pmatrix} x \\ y \end{pmatrix}$、$\vec{y} = \begin{pmatrix} 3x - y \\ x + 2y \end{pmatrix}$とおけば、$\begin{pmatrix} 3 & -1 \\ 1 & 2 \end{pmatrix}\begin{pmatrix} x \\ y \end{pmatrix} = \begin{pmatrix} 3x - y \\ x + 2y \end{pmatrix}$は、

$$\boldsymbol{A}\vec{x} = \vec{y}$$

と表されます。

左辺は、行列と列ベクトルの積を表しています。これを用いると、$\boldsymbol{A}$を表現行列として持つ線形変換fの対応関係は、

$$\begin{array}{rccc} f: & \boldsymbol{R}^2 & \to & \boldsymbol{R}^2 \\ & \vec{x} & \to & \boldsymbol{A}\vec{x} \end{array}$$

となります。

この行列と列ベクトルの積については、fの線形性から次の計算法則が成り立っています。

$$f(\vec{x} + \vec{y}) = f(\vec{x}) + f(\vec{y}) \qquad f(k\vec{x}) = kf(\vec{x})$$
$$\boldsymbol{A}(\vec{x} + \vec{y}) = \boldsymbol{A}\vec{x} + \boldsymbol{A}\vec{y} \qquad \boldsymbol{A}(k\vec{x}) = k(\boldsymbol{A}\vec{x})$$

実際、行列と列ベクトルの積は、左のように分配法則が成り立つのです。

また、右のように実数倍との交換法則が成り立ちます。

$f: \boldsymbol{R}^2 \to \boldsymbol{R}^2$ の線形変換についてまとめるとこうなります。

$f: \boldsymbol{R}^2 \to \boldsymbol{R}^2$ の線形変換

- 線形変換 f は、標準基底 $\vec{e}_1$、$\vec{e}_2$ の行き先 $f(\vec{e}_1)$、$f(\vec{e}_2)$ によって決定される。
- $f(\vec{e}_1)=\begin{pmatrix} a \\ b \end{pmatrix}$、$f(\vec{e}_2)=\begin{pmatrix} c \\ d \end{pmatrix}$ であれば、その表現行列 $\boldsymbol{A}$ は、

$$\boldsymbol{A}=\begin{pmatrix} a & c \\ b & d \end{pmatrix}$$

- $\vec{x}$ が表現行列 $\boldsymbol{A}$ を持つ f によって移る先を、$\vec{y}$ とすると、

$$\begin{aligned} f: \boldsymbol{R}^2 &\to \boldsymbol{R}^2 \\ \vec{x} &\mapsto \vec{y}=\boldsymbol{A}\vec{x} \end{aligned}$$

$\boldsymbol{A}=\begin{pmatrix} a & c \\ b & d \end{pmatrix}$ のとき、$\vec{a}=\begin{pmatrix} a \\ b \end{pmatrix}$、$\vec{b}=\begin{pmatrix} c \\ d \end{pmatrix}$ とおき、$\boldsymbol{A}$ を

$$\boldsymbol{A}=(\vec{a}\quad\vec{b})$$

と表すことがあります。行列 $\boldsymbol{A}$ は、ベクトル $\vec{a}$, $\vec{b}$ を並べて作った行列であるというわけです。

行列って何ですか？

　数字を長方形に並べたものです。

表現行列って何ですか？

　$f: \boldsymbol{R}^2 \to \boldsymbol{R}^2$ の表現行列は、$\vec{e}_1$ と $\vec{e}_2$ の移る先のベクトルを並べて作った行列です。

演習問題を通して、線形変換の表現に慣れてもらいましょう。

演習問題

(1) $\boldsymbol{R}^2$ から $\boldsymbol{R}^2$ への線形変換 f の表現行列 $\boldsymbol{A}$ が、

$$\boldsymbol{A}=\begin{pmatrix}-1 & 2\\ 3 & 1\end{pmatrix}$$

と表されるとき、f によって $\begin{pmatrix}3\\2\end{pmatrix}$ が移る先はどこでしょうか。

(2) 線形変換 f の対応関係が、

$$f: \boldsymbol{R}^2 \rightarrow \boldsymbol{R}^2$$

$$\begin{pmatrix}x\\y\end{pmatrix} \rightarrow \begin{pmatrix}5x+y\\-2x+3y\end{pmatrix}$$

と定められるとき、この線形変換の表現行列を求めてください。

(3) $\boldsymbol{R}^3$ から $\boldsymbol{R}^3$ への線形変換 f の表現行列 $\boldsymbol{A}$ が、

$$\boldsymbol{A}=\begin{pmatrix}1 & 2 & 0\\ 0 & -2 & -1\\ 1 & 1 & 1\end{pmatrix}$$

と表されるとき、f によって $\begin{pmatrix}x\\y\\z\end{pmatrix}$ が移る先はどこでしょうか。

(4) 線形変換 f の対応関係が、

$$f: \boldsymbol{R}^3 \rightarrow \boldsymbol{R}^3$$

$$\begin{pmatrix}x\\y\\z\end{pmatrix} \rightarrow \begin{pmatrix}2x+y-z\\-2x+3y+z\\-x+2y-2z\end{pmatrix}$$

と定められるとき、この線形変換の表現行列を求めてください。

解答

(1) $\begin{pmatrix} -1 & 2 \\ 3 & 1 \end{pmatrix}\begin{pmatrix} 3 \\ 2 \end{pmatrix} = \begin{pmatrix} (-1)\cdot 3 + 2\cdot 2 \\ 3\cdot 3 + 1\cdot 2 \end{pmatrix} = \begin{pmatrix} \mathbf{1} \\ \mathbf{11} \end{pmatrix}$

(2) 係数を取り出して、$\begin{pmatrix} \mathbf{5} & \mathbf{1} \\ \mathbf{-2} & \mathbf{3} \end{pmatrix}$

(3) $\begin{pmatrix} 1 & 2 & 0 \\ 0 & -2 & -1 \\ 1 & 1 & 1 \end{pmatrix}\begin{pmatrix} x \\ y \\ z \end{pmatrix} = \begin{pmatrix} \boldsymbol{x+2y} \\ \boldsymbol{-2y-z} \\ \boldsymbol{x+y+z} \end{pmatrix}$

(4) 係数を取り出して、$\begin{pmatrix} \mathbf{2} & \mathbf{1} & \mathbf{-1} \\ \mathbf{-2} & \mathbf{3} & \mathbf{1} \\ \mathbf{-1} & \mathbf{2} & \mathbf{-2} \end{pmatrix}$

5 $f: R^2 \to R^2$ の線形変換をイメージしよう
―― 線形変換の図像的イメージ

R^2 から R^2 への線形変換 f は、どのようなイメージ？

$\boldsymbol{R}^2$ の元の始点を xy 平面の原点にとり、終点と xy 平面上の点を対応させ、ベクトルと xy 平面上の点を同一視するとき、$\boldsymbol{R}^2$ から $\boldsymbol{R}^2$ への線形変換 f はどのように表されるのでしょうか。その図像的イメージを持っていることは、線形変換の本質を理解する上で重要です。説明してみましょう。

$\overrightarrow{\mathrm{OP}} = \begin{pmatrix} x \\ y \end{pmatrix}$ としましょう。P の座標は (x, y) です。

この線形変換 f で、P が移る先を Q とします。Q はどのように特徴付けられるでしょうか。

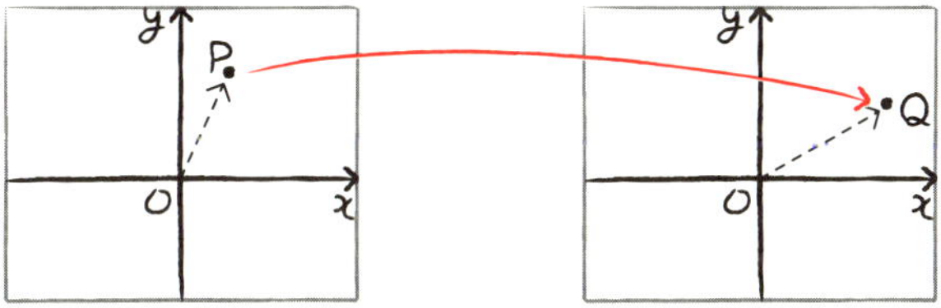

p.160 の 1 行目を満たす f で、$\boldsymbol{R}^2$ の元 $\mathrm{P}(x, y)$ に対応する $\boldsymbol{R}^2$ の元 Q は、

$$\overrightarrow{\mathrm{OQ}} = f(x\vec{e}_1 + y\vec{e}_2) = xf(\vec{e}_1) + yf(\vec{e}_2) = x\begin{pmatrix} 3 \\ 1 \end{pmatrix} + y\begin{pmatrix} -1 \\ 2 \end{pmatrix}$$

でした。ここで、$\vec{a} = \begin{pmatrix} 3 \\ 1 \end{pmatrix}$、$\vec{b} = \begin{pmatrix} -1 \\ 2 \end{pmatrix}$ とすると、

$$\overrightarrow{\mathrm{OQ}} = x\vec{a} + y\vec{b}$$

$\vec{a}$ と $\vec{b}$ の 1 次結合の形になっています。ということは、

Q は、$\vec{a}$、$\vec{b}$ が張る斜交座標上の$(x,\ y)$が表す点になります。

つまり、この線形変換fは、

「標準基底で $\overrightarrow{\mathrm{OP}} = x\vec{e}_1 + y\vec{e}_2$ と表される点 P を
基底 $\vec{a}$、$\vec{b}$ で、$\overrightarrow{\mathrm{OQ}} = x\vec{a} + y\vec{b}$ と表される点 Q に移す変換」

あるいは、

「標準基底による直交座標で$(x,\ y)$と表される点 P を
$\vec{a}$、$\vec{b}$ が張る斜交座標で$(x,\ y)$と表される点 Q に移す変換」

であるということができます。

図に表すとこんなイメージです。

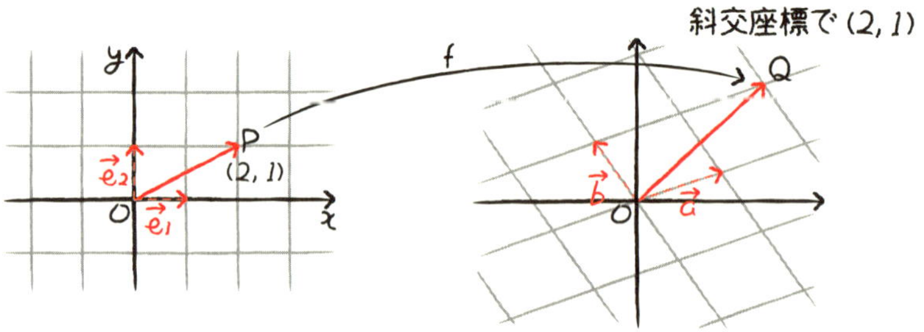

P も Q もどちらも座標としては$(x,\ y)$ です。その基底が異なっているわけです。

上では、$\boldsymbol{R}^2$ から $\boldsymbol{R}^2$ への線形写像を例にとって説明しましたが、次元がこれ以上になっても同様です。

> 線形変換fのイメージって何ですか？
> 標準基底で$(x,\ y)$と表される点 P を $\vec{a}$、$\vec{b}$ が張る斜交座標で$(x,\ y)$と表される点 Q に移すことです。

コラム 誤り符合訂正理論

電子情報の伝達の場面では、欠かすことができない誤り符号訂正理論について紹介しましょう。この理論は、具体的には、CD データ、バーコード、QR コード（2 次元バーコード）の読み取りなど、我々の生活の身近なところで使われています。

コンピュータの中では、情報を 0 と 1 からなる数列に置き換えて扱っているということを聞いたことがある人も多いでしょう。通電している状態を 0、していない状態を 1 として電気の状態を数値に置き換えるのです。

そこで、0 と 1 の演算について述べておきましょう。

0 と 1 に関しての和と積を次のように定めます。

$$0+0=0 \quad 0+1=1 \quad 1+0=1 \quad 1+1=0$$
$$0\times0=0 \quad 0\times1=0 \quad 1\times0=0 \quad 1\times1=1$$

いきなり見ると何のことやら分かりませんが、奇数と偶数の計算をしているのだと捉えると、すんなり理解できます。すなわち、0 を偶数、1 を奇数と思えばよいのです。上を書き直すと、

偶＋偶＝偶　偶＋奇＝奇　奇＋偶＝奇　奇＋奇＝偶
偶×偶＝偶　偶×奇＝偶　奇×偶＝偶　奇×奇＝奇

となります。これなら、演算則を覚えなくとも、すぐに復元することができますね。

この 0 と 1 の演算（和と積）では、交換法則、結合法則、分配法則が成り立っています。というのも、0、1 は、偶数、奇数に置き換えることができ、整数の和、積に関しては、交換法則、結合法則、分配法則が成り立つこと

が保証されているからです。

分配法則の例を示すと、

$$1\times(1+0)=1\times1+1\times0$$

奇×(奇＋偶)＝奇×奇＋奇×偶

$$3\times(5+6)=3\times5+3\times6$$

と遡っていけば、0と1の演算で分配法則が成り立つことが、整数について分配法則が成り立つことに帰着できます。

このように0と1に関して、和、積の演算を考えたものを2元体$\boldsymbol{F}_2$と言います。上で見たように、この$\boldsymbol{F}_2$は、実数$\boldsymbol{R}$と同じ計算法則を持っています。この本の本編では、実数$\boldsymbol{R}$に関しての線形空間を考えましたが、このコラムでは$\boldsymbol{F}_2$に関しての線形空間を考えます。

いま、成分が$\boldsymbol{F}_2$の元、つまり0と1からなる4次元行ベクトルを考えます。第1成分に関しては0と1の2通り、第2成分に関しても0と1の2通り、……ですから、成分が$\boldsymbol{F}_2$の4次元行ベクトルは、全部で$2^4=16$(通り)あります。

$\vec{e}_0=(0,0,0,0)$

$\vec{e}_1=(1,0,0,0)$	$\vec{e}_5=(1,1,0,0)$	$\vec{e}_9=(0,1,0,1)$	$\vec{e}_{13}=(1,0,1,1)$
$\vec{e}_2=(0,1,0,0)$	$\vec{e}_6=(1,0,1,0)$	$\vec{e}_{10}=(0,0,1,1)$	$\vec{e}_{14}=(0,1,1,1)$
$\vec{e}_3=(0,0,1,0)$	$\vec{e}_7=(1,0,0,1)$	$\vec{e}_{11}=(1,1,1,0)$	$\vec{e}_{15}=(1,1,1,1)$
$\vec{e}_4=(0,0,0,1)$	$\vec{e}_8=(0,1,1,0)$	$\vec{e}_{12}=(1,1,0,1)$	

これは、p.94で与えたような線形空間の性質を満たしています。もともと実数$\boldsymbol{R}$の計算法則が元になって、ベクトルの計算法則が導かれているのですから、$\boldsymbol{F}_2$が$\boldsymbol{R}$と同じ計算法則を持つのであれば、$\boldsymbol{F}_2$を成分としたベクトル全体も線形空間になることは容易に想像できますね。この線形空

間では、スカラー倍は、0倍と1倍の2つしかないことに注意してください。成分が$\boldsymbol{F}_2$の4次元行ベクトル全体からなる線形空間を$\boldsymbol{F}_2^4$と表します。

それにしても、線形空間は、直線や平面や空間のような広がりのあるものとイメージしてきた人にとっては、線形空間の元が有限個である$\boldsymbol{F}_2^4$は意表を付かれますね。これでも線形空間の定義を満たしているので、立派な線形空間なんです。

具体的な例から本質を捉えてモデル化し、その特徴を定義し、そこでの定理を極めておくと、他のモデルにも応用が効いていく。というのは数学という学問の強みであり、面白さであると思います。

さて、この$\boldsymbol{F}_2^4$のベクトルをAからBへ信号として送ることを考えます。ここで、例えば、Aが発した$\vec{e_6}=(1,\ 0,\ 1,\ 0)$が何らかの機械的な事情で第3成分が誤って伝えられて、Bが$\vec{e_1}=(1,\ 0,\ 0,\ 0)$と受信してしまったとしましょう。信号は誤ったまま伝えられ、もう復元することができません。実際の電気信号のやりとりでは、このように一部が誤って伝えられてしまうことが往々にしてあります。信号を正確に伝えるためにはどうしたらよいでしょうか。

ここで、$\boldsymbol{F}_2^4$から$\boldsymbol{F}_2^7$（成分が$\boldsymbol{F}_2$の7次元行ベクトル全体）への線形変換fで、次のような表現行列$\boldsymbol{G}$を持つものを考えます。この表現行列を$\boldsymbol{F}_2^4$の行ベクトルに右から掛けて$\boldsymbol{F}_2^7$の元を対応させます。

$$f: F_2^4 \longrightarrow F_2^7,\quad \vec{e} \longrightarrow \vec{e}G \qquad G=\begin{pmatrix} 1&0&0&0&1&1&0\\ 0&1&0&0&0&1&1\\ 0&0&1&0&1&0&1\\ 0&0&0&1&1&1&1 \end{pmatrix}$$

これで、$\boldsymbol{F}_2^4$の元のすべてを$\boldsymbol{F}_2^7$に移してみましょう。$\vec{e_i}$が移った先の元を$\vec{g_i}$と定めます。すると、下の表のようになります。

$$\vec{g}_{12} = f(\vec{e}_{12}) = (1, 1, 0, 1)\begin{pmatrix} 1&0&0&0&1&1&0 \\ 0&1&0&0&0&1&1 \\ 0&0&1&0&1&0&1 \\ 0&0&0&1&1&1&1 \end{pmatrix}$$

$$= (1\cdot 1+1\cdot 0+0\cdot 0+1\cdot 0,\ 1\cdot 0+1\cdot 1+0\cdot 0+1\cdot 0,\ 1\cdot 0+1\cdot 0+0\cdot 1+1\cdot 0,$$
$$1\cdot 0+1\cdot 0+0\cdot 0+1\cdot 1,\ 1\cdot 1+1\cdot 0+0\cdot 1+1\cdot 1,\ 1\cdot 1+1\cdot 1+0\cdot 0+1\cdot 1,$$
$$1\cdot 0+1\cdot 1+0\cdot 1+1\cdot 1)$$

$$= (1, 1, 0, 1, 0, 1, 0)$$

$\vec{e}_0 = (0, 0, 0, 0)$　$f(\vec{e}_0) = \vec{g}_0 = (0, 0, 0, 0, 0, 0, 0)$
$\vec{e}_1 = (1, 0, 0, 0)$　$f(\vec{e}_1) = \vec{g}_1 = (1, 0, 0, 0, 1, 1, 0)$
$\vec{e}_2 = (0, 1, 0, 0)$　$f(\vec{e}_2) = \vec{g}_2 = (0, 1, 0, 0, 0, 1, 1)$
$\vec{e}_3 = (0, 0, 1, 0)$　$f(\vec{e}_3) = \vec{g}_3 = (0, 0, 1, 0, 1, 0, 1)$
$\vec{e}_4 = (0, 0, 0, 1)$　$f(\vec{e}_4) = \vec{g}_4 = (0, 0, 0, 1, 1, 1, 1)$
$\vec{e}_5 = (1, 1, 0, 0)$　$f(\vec{e}_5) = \vec{g}_5 = (1, 1, 0, 0, 1, 0, 1)$
$\vec{e}_6 = (1, 0, 1, 0)$　$f(\vec{e}_6) = \vec{g}_6 = (1, 0, 1, 0, 0, 1, 1)$
$\vec{e}_7 = (1, 0, 0, 1)$　$f(\vec{e}_7) = \vec{g}_7 = (1, 0, 0, 1, 0, 0, 1)$
$\vec{e}_8 = (0, 1, 1, 0)$　$f(\vec{e}_8) = \vec{g}_8 = (0, 1, 1, 0, 1, 1, 0)$
$\vec{e}_9 = (0, 1, 0, 1)$　$f(\vec{e}_9) = \vec{g}_9 = (0, 1, 0, 1, 1, 0, 0)$
$\vec{e}_{10} = (0, 0, 1, 1)$　$f(\vec{e}_{10}) = \vec{g}_{10} = (0, 0, 1, 1, 0, 1, 0)$
$\vec{e}_{11} = (1, 1, 1, 0)$　$f(\vec{e}_{11}) = \vec{g}_{11} = (1, 1, 1, 0, 0, 0, 0)$
$\vec{e}_{12} = (1, 1, 0, 1)$　$f(\vec{e}_{12}) = \vec{g}_{12} = (1, 1, 0, 1, 0, 1, 0)$
$\vec{e}_{13} = (1, 0, 1, 1)$　$f(\vec{e}_{13}) = \vec{g}_{13} = (1, 0, 1, 1, 1, 0, 0)$
$\vec{e}_{14} = (0, 1, 1, 1)$　$f(\vec{e}_{14}) = \vec{g}_{14} = (0, 1, 1, 1, 0, 0, 1)$
$\vec{e}_{15} = (1, 1, 1, 1)$　$f(\vec{e}_{15}) = \vec{g}_{15} = (1, 1, 1, 1, 1, 1, 1)$

これら全体は、p.105、p.215 での主張により $\boldsymbol{F}_2^7$ の線形部分空間となります。これを $\boldsymbol{W}$ とします。この線形部分空間 $\boldsymbol{W}$ の元どうしには、面白い性質があります。

どの2つのベクトルを取ってきても、成分が異なる箇所が3以上あるのです。例えば、$\vec{g}_{11}$ と $\vec{g}_{12}$ では、3箇所の成分が食い違っています。

$$\vec{g}_{11}=(1,1,1,0,0,0,0)$$
$$\vec{g}_{12}=(1,1,0,1,0,1,0)$$
$$\Rightarrow\quad d(\vec{g}_{11},\vec{g}_{12})=3$$

Wの2つのベクトル$\vec{a}$、$\vec{b}$に対し、成分が異なる箇所の個数を$d(\vec{a},\ \vec{b})$で表し、これを**ハミング距離**と言います。つまり、どの2つのベクトルのハミング距離も3以上であるというのです。

これを確かめるには、16個の中から2個取ってくる組合せの数

${}_{16}C_2=120$通りすべてを確かめなければならないと思うかもしれません。が、線形空間の性質を使うと労力が著しく軽減されます。

下で見るように、$\vec{a}$、$\vec{b}$の距離は、$\vec{a}-\vec{b}$の成分に現れる1の個数です。なお2元体F_2の引き算は次のとおりです。F_2では、足し算と引き算の答えが同じになってしまいます。

$$0-0=0 \qquad 0-1=1 \qquad 1-0=1 \qquad 1-1=0$$

$$\begin{aligned}\vec{g}_{11}-\vec{g}_{12} &= (1,1,1,0,0,0,0)\\ &\ -(1,1,0,1,0,1,0)\\ &= (0,0,1,1,0,1,0)\end{aligned}$$

$\vec{a}-\vec{b}$は線形部分空間の性質により、Wの元となります。つまり、$\vec{a}$　$\vec{b}$は前頁の表に現れているWの元のどれかです。Wの元のうち1の個数が最小の個数となるもの(0は除く)は、$\vec{g}_1$、$\vec{g}_2$、$\vec{g}_3$、$\vec{g}_7$、$\vec{g}_9$、$\vec{g}_{10}$、$\vec{g}_{11}$で、1の最小個数は3個です。ですから、Wのどの2つの元をとってきてもハミング距離が3以上になるのです。

F_2^4の元を信号として用いる代わりに、Wの元を信号として用いてみましょう。こうすることで、ちょっとした誤りであれば、もとの正しい信号

を復元することができるのです。

具体的に言うと、$\boldsymbol{W}$ の元の 7 個の成分のうち、1 個が誤って伝えられても、もとの $\vec{g}_i$ を割り出すことができます。例えば、$\vec{g}_9=(0、1、0、1、1、0、0)$の第 4 成分が誤って伝えられ、$(0、1、0、0、1、0、0)$（これを $\vec{r}$ とおく）となったとしましょう。$\vec{r}$ は、線形空間 $\boldsymbol{F}_2^7$ の部分空間 $\boldsymbol{W}$ の元ではありませんが、$\boldsymbol{F}_2^7$ の元にはなっています。$\vec{g}_9$ と $\vec{r}$ のハミング距離は 1 です。

$\boldsymbol{W}$ に含まれている元は、どの 2 つを取ってきてもハミング距離で 3 以上離れていますから、$\vec{r}$ は $\vec{g}_9$ 以外のベクトルからは 2 以上離れています。というのも、このハミング距離は、我々がふだん用いる距離と同じように、三角不等式**（三角形の 2 辺の長さの差は他の 1 辺の長さより短い）**が成り立っているからです。

$$d(\vec{r},\ \vec{g}_{15}) \geqq d(\vec{g}_{15},\ \vec{g}_9) - d(\vec{r},\ \vec{g}_9)$$

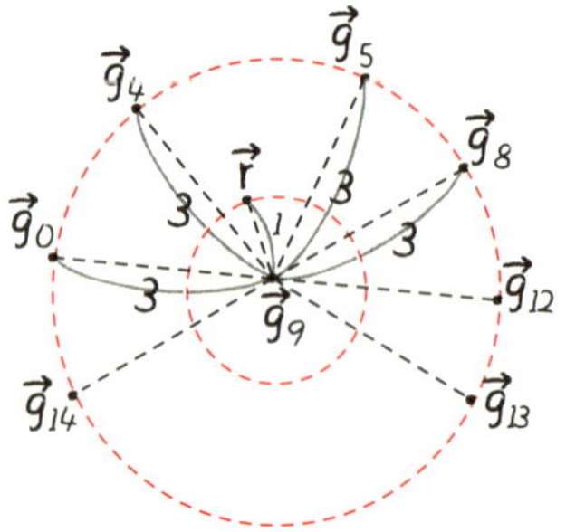

ということは、線形空間 $\boldsymbol{F}_2^7$ において、$\vec{r}$ からハミング距離で一番近い $\boldsymbol{W}$ の元 $\vec{g}_9$ が正しい信号で、これをもとに $\vec{e}_9$ が $\boldsymbol{G}$ で変換する前の信号であることがわかります。このように $\vec{g}_9$ 以外のベクトルからは 2 以上離れていることが、誤って受け取った信号 $\vec{r}$ から、正しい信号を割り出すことを原理的に保証してくれます。このように 1 箇所の間違いであれば、信号を正しく復元できるのです。

ここでは一番簡単な例をあげて、誤り符号訂正理論を紹介してみました。実際には $\boldsymbol{F}_2^4$、$\boldsymbol{F}_2^7$ の次元を上げることで、さらに効率のよい誤り符号の訂正の仕組みを作っています。

6 回転と折り返しは線形変換だ！
―― 回転と折り返しの表現行列

回転の表現行列、折り返しの表現行列って何ですか？

特別な例として、平面上での原点に関する回転と、原点を通る直線に関する対称移動に関する線形変換の表現行列を求めてみましょう。

なぜこんな例をあげるかというと、多変量解析で因子分析という手法があるんですが、この因子分析のところで、因子を回転して、適切な座標軸をとり直すという作業が出てくるんですね。そのとき、いきなり回転といわれて、なぜ回転なのかが理解できないと困りますから、ここで紹介しておこうと思うのです。

◆ 原点に関する回転

まずは、「原点に関する回転」を表す変換が $\boldsymbol{R}^2$ の線形変換であることを確かめてみましょう。

図解すると一目瞭然です。

この変換を f とします。$\vec{x}$ を θ 回転(反時計回り)したベクトルを $f(\vec{x})$ と表します。

初めに、$f(\vec{x})+f(\vec{y})=f(\vec{x}+\vec{y})$ を示します。

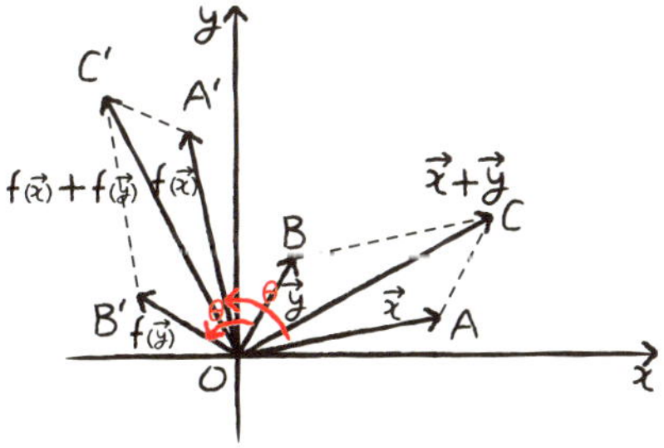

$\overrightarrow{\mathrm{OA}}=\vec{x}$、$\overrightarrow{\mathrm{OB}}=\vec{y}$ とします。$\overrightarrow{\mathrm{OC}}=\vec{x}+\vec{y}$ を満たす点をCとします。

このとき、四角形OACBは平行四辺形となりました。

A、B、CをOを中心に θ 度回転した点をA′、B′、C′とします。

$$\overrightarrow{\mathrm{OA'}}=f(\vec{x})、\overrightarrow{\mathrm{OB'}}=f(\vec{y})、\overrightarrow{\mathrm{OC'}}=f(\vec{x}+\vec{y})$$

$$\overrightarrow{\mathrm{OA'}}=f(\overrightarrow{\mathrm{OA}}),\ \overrightarrow{\mathrm{OB'}}=f(\overrightarrow{\mathrm{OB}}),\ \overrightarrow{\mathrm{OC'}}=f(\overrightarrow{\mathrm{OC}})$$

回転移動しただけですから、四角形OA′C′B′は四角形OACBと合同です。つまり、

$$\overrightarrow{\mathrm{OA'}}+\overrightarrow{\mathrm{OB'}}=\overrightarrow{\mathrm{OC'}}$$

$$f(\vec{x})+f(\vec{y})=f(\vec{x}+\vec{y})$$

が成り立っています。

次に $kf(\vec{x})=f(k\vec{x})$ を示します。

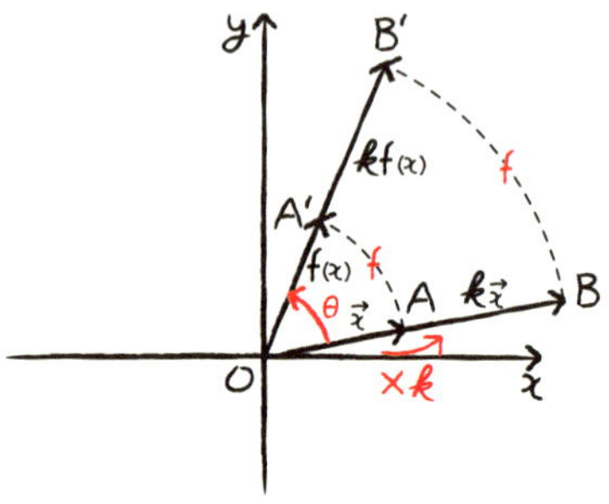

$\overrightarrow{\mathrm{OA}}=\vec{x}$、$\overrightarrow{\mathrm{OB}}=k\vec{x}$ とします。A、Bを原点に関して θ 度回転した点をA′、B′とします。

$$\overrightarrow{\mathrm{OA'}}=f(\vec{x})、\overrightarrow{\mathrm{OB'}}=f(k\vec{x})$$

$$\overrightarrow{\mathrm{OA'}}=f(\overrightarrow{\mathrm{OA}}),\ \overrightarrow{\mathrm{OB'}}=f(\overrightarrow{\mathrm{OB}})$$

となります。回転移動ですから、O、A、Bが一直線上にあるので、O、A′、B′も一直線上になり、線分比は保存され、

$$\mathrm{OA} : \mathrm{OB} = \mathrm{OA'} : \mathrm{OB'} = 1 : k$$

となります。

$$\overrightarrow{\mathrm{OB'}} = k\overrightarrow{\mathrm{OA'}}$$
$$f(k\vec{x}) = kf(\vec{x})$$

が成り立ちます。

したがって、変換fは、線形変換です。大丈夫ですね。

それでは、この線形変換の表現行列を求めてみましょう。

そのためには、標準基底$\vec{e}_1 = \begin{pmatrix} 1 \\ 0 \end{pmatrix}$、$\vec{e}_2 = \begin{pmatrix} 0 \\ 1 \end{pmatrix}$の移る先を求めればよいのでした。

θが0度と90度の間にある図で回転後の位置を求めてみましょう。2つの網目の三角形が合同な直角三角形であり、斜辺の長さが1であることに注目すると、

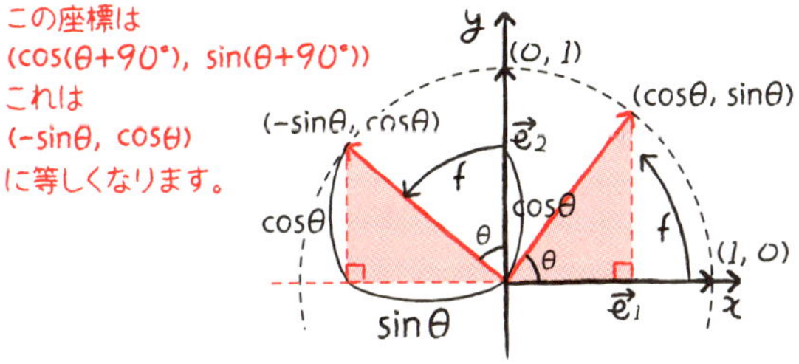

$$\begin{pmatrix} 1 \\ 0 \end{pmatrix}\text{は}f\text{によって}\begin{pmatrix} \cos\theta \\ \sin\theta \end{pmatrix}\text{、}\begin{pmatrix} 0 \\ 1 \end{pmatrix}\text{は}f\text{によって}\begin{pmatrix} -\sin\theta \\ \cos\theta \end{pmatrix}$$

に移動することが分かります。

ですから、原点を中心とするθ回転を表す線形変換の表現行列は

この移った先の2つの列ベクトルを並べて

$$\begin{pmatrix} \cos\theta & -\sin\theta \\ \sin\theta & \cos\theta \end{pmatrix}$$

となります。

なお、原点でない点に関する回転移動は線形変換になりません。回転移動の中心が原点のときのみ、線形変換になります。

◆ 直線に関する対称移動

原点を通り、x 軸との成す角が θ 度の直線を l とします。

l に関する対称移動を表す線形変換の表現行列を求めてみましょう。l に関する対称移動が線形変換になることから示さなければならないところですが、そこは省略することにします。上述の回転移動のときに倣うとすぐにできますから、みなさんも紙に書いて確かめるといいと思いますよ。

l に関する対称移動の変換を f とします。$\vec{x}$ を対称移動させたベクトルを $f(\vec{x})$ と表します。

標準基底 $\vec{e}_1 = \begin{pmatrix} 1 \\ 0 \end{pmatrix}$、$\vec{e}_2 = \begin{pmatrix} 0 \\ 1 \end{pmatrix}$ の移る先を求めましょう。

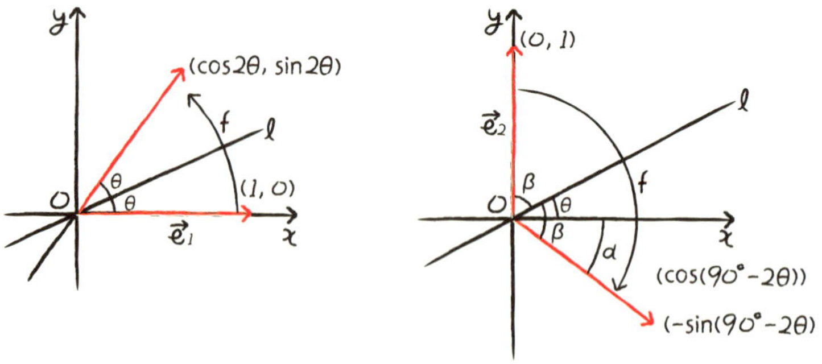

左図より、$f(\vec{e}_1) = \begin{pmatrix} \cos 2\theta \\ \sin 2\theta \end{pmatrix}$

右図より、$\alpha = 2\beta - 90^\circ = 2(90^\circ - \theta) - 90^\circ = 90^\circ - 2\theta$ ですから、

$$f(\vec{e}_2) = \begin{pmatrix} \cos(90^\circ - 2\theta) \\ -\sin(90^\circ - 2\theta) \end{pmatrix} = \begin{pmatrix} \sin 2\theta \\ -\cos 2\theta \end{pmatrix}$$

となります。ですから、l（原点を通り、x 軸とのなす角が θ の直線）に関する対称移動を表す変換の表現行列は、

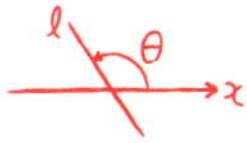

軸を反時計回りに回転して l と重なるまでの角度

$$\begin{pmatrix} \cos 2\theta & \sin 2\theta \\ \sin 2\theta & -\cos 2\theta \end{pmatrix}$$

となります。

回転と折り返しの表現行列

回転の行列（原点を中心に θ 度の回転移動を表す行列）、

$$\begin{pmatrix} \cos\theta & -\sin\theta \\ \sin\theta & \cos\theta \end{pmatrix}$$

折り返しの行列（直線 $y = (\tan\theta)x$ に関して対称移動を表す行列）

x 軸となす角が θ の直線の傾きは $\tan\theta$

$$\begin{pmatrix} \cos 2\theta & \sin 2\theta \\ \sin 2\theta & -\cos 2\theta \end{pmatrix}$$

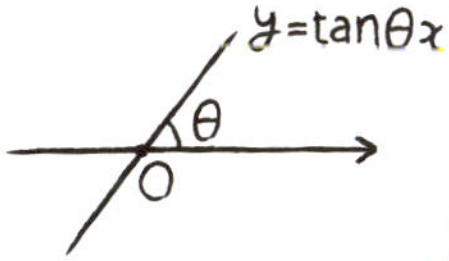

演習問題

座標平面上に P(6, 4)がある。

(1)　O を中心とする 60 度回転（反時計回り）によって P が移る先を Q とする。Q の座標を求めましょう。

(2)　O を通り、x 軸となす角が 30 度の直線 $l : y = \frac{1}{\sqrt{3}}x$ に関する対

称移動で P が移る先を R とする。R の座標を求めましょう。

解答

(1)　原点を中心とした $60°$ 回転を表す線形変換の表現行列は、公式で、$\theta = 60°$ として、

$$\begin{pmatrix} \cos\theta & -\sin\theta \\ \sin\theta & \cos\theta \end{pmatrix} = \begin{pmatrix} \cos 60° & -\sin 60° \\ \sin 60° & \cos 60° \end{pmatrix} = \begin{pmatrix} \frac{1}{2} & -\frac{\sqrt{3}}{2} \\ \frac{\sqrt{3}}{2} & \frac{1}{2} \end{pmatrix} = \frac{1}{2}\begin{pmatrix} 1 & -\sqrt{3} \\ \sqrt{3} & 1 \end{pmatrix}$$

これを、$\begin{pmatrix} 6 \\ 4 \end{pmatrix}$ に作用させて、

$$\frac{1}{2}\begin{pmatrix} 1 & -\sqrt{3} \\ \sqrt{3} & 1 \end{pmatrix}\begin{pmatrix} 6 \\ 4 \end{pmatrix} = \frac{1}{2}\begin{pmatrix} 6-4\sqrt{3} \\ 6\sqrt{3}+4 \end{pmatrix} = \begin{pmatrix} 3-2\sqrt{3} \\ 3\sqrt{3}+2 \end{pmatrix}$$

よって、$\mathbf{Q(3-2\sqrt{3},\ 3\sqrt{3}+2)}$ となる。

(2)　x 軸となす角が 30 度の直線 l に関する対称移動を表す表現行列は、公式で、$\theta = 30°$ として

$$\begin{pmatrix} \cos 2\theta & \sin 2\theta \\ \sin 2\theta & -\cos 2\theta \end{pmatrix} = \begin{pmatrix} \cos 60° & \sin 60° \\ \sin 60° & -\cos 60° \end{pmatrix} = \begin{pmatrix} \frac{1}{2} & \frac{\sqrt{3}}{2} \\ \frac{\sqrt{3}}{2} & -\frac{1}{2} \end{pmatrix} = \frac{1}{2}\begin{pmatrix} 1 & \sqrt{3} \\ \sqrt{3} & -1 \end{pmatrix}$$

これを、$\begin{pmatrix} 6 \\ 4 \end{pmatrix}$ に作用させて、

$$\frac{1}{2}\begin{pmatrix} 1 & \sqrt{3} \\ \sqrt{3} & -1 \end{pmatrix}\begin{pmatrix} 6 \\ 4 \end{pmatrix} = \frac{1}{2}\begin{pmatrix} 6+4\sqrt{3} \\ 6\sqrt{3}-4 \end{pmatrix} = \begin{pmatrix} 3+2\sqrt{3} \\ 3\sqrt{3}-2 \end{pmatrix}$$

よって、$\boldsymbol{R(3+2\sqrt{3},\ 3\sqrt{3}-2)}$ となる。

7 線形写像をつなげよう
―― 写像の合成

写像の合成って何ですか？

次に、「写像の合成」という概念について、説明しましょう。このことが分かると、行列の掛け算の意味が分かるようになります。行列の積の計算方法は知っている人でも、その意味について分からない人はご一読ください。

写像の合成とは、2つ連続して写像を施したものを1つの写像と見ることです。

$\boldsymbol{R}^2$ から $\boldsymbol{R}^2$ への線形写像を例にとって説明してみましょう。

$\boldsymbol{A}=\begin{pmatrix} a & c \\ b & d \end{pmatrix}$ という表現行列で表される f、

$$\begin{aligned} f:\boldsymbol{R}^2 &\to \boldsymbol{R}^2 \\ \vec{x} &\to \boldsymbol{A}\vec{x} \end{aligned}$$

と $\boldsymbol{B}=\begin{pmatrix} x & z \\ y & w \end{pmatrix}$ という表現行列で表される g

$$\begin{aligned} g:\boldsymbol{R}^2 &\to \boldsymbol{R}^2 \\ \vec{x} &\to \boldsymbol{B}\vec{x} \end{aligned}$$

を合成してみましょう。

線形変換 f によって、$\boldsymbol{R}^2$ の元 $\vec{x}$ に対して $\boldsymbol{R}^2$ の元 $f(\vec{x})$ を対応させた後、

今度は、この $\boldsymbol{R}^2$ の元 $f(\vec{x})$ に対して、線形変換 g で $\boldsymbol{R}^2$ の元 $g(f(\vec{x}))$ を対応させます。つまり、

$$\begin{array}{ccccc} \boldsymbol{R}^2 & \xrightarrow{\ f\ } & \boldsymbol{R}^2 & \xrightarrow{\ g\ } & \boldsymbol{R}^2 \\ \vec{x} & \longrightarrow & f(\vec{x}) & \longrightarrow & g(f(\vec{x})) \end{array}$$

このように、$\vec{x}$ に対して $g(f(\vec{x}))$ を対応させる写像(いまのところ線形性が保たれるか分からないので、線形写像とは言い切れない。ただの写像です)を、**f と g の合成写像**と言い、$g \circ f$ で表すことにします。

この写像 $g \circ f$ について調べてみましょう。

$f \circ g$ でないことに注意
f を先に g を後に作用させたものは、$g(f(\vec{x}))$ と書くので $g \circ f$ と書く

$\boldsymbol{A}$、$\boldsymbol{B}$ を用いて書くと、

$$\begin{array}{ccccc} \boldsymbol{R}^2 & \xrightarrow{\ f\ } & \boldsymbol{R}^2 & \xrightarrow{\ g\ } & \boldsymbol{R}^2 \\ \vec{x} & \longrightarrow & \boldsymbol{A}\vec{x} & \longrightarrow & \boldsymbol{B}(\boldsymbol{A}\vec{x}) \end{array}$$

$\boldsymbol{A}\vec{x}$ はいかめしく見えますが、計算した結果は 2 次元列ベクトルですから、これに対応する $g(\boldsymbol{A}\vec{x})$ を求めるのであれば、左から $\boldsymbol{B}$ を掛ければよいのです。

$\boldsymbol{B}(\boldsymbol{A}\vec{x})$ について、成分計算をしてみましょう。みなさんも一回は手を動かして確かめてほしい計算です。$\vec{x} = \begin{pmatrix} \lambda \\ \mu \end{pmatrix}$ とします。

$$\boldsymbol{B}(\boldsymbol{A}\vec{x}) = \begin{pmatrix} x & z \\ y & w \end{pmatrix} \left\{ \begin{pmatrix} a & c \\ b & d \end{pmatrix} \begin{pmatrix} \lambda \\ \mu \end{pmatrix} \right\} = \begin{pmatrix} x & z \\ y & w \end{pmatrix} \begin{pmatrix} a\lambda + c\mu \\ b\lambda + d\mu \end{pmatrix}$$

$$= \begin{pmatrix} x(a\lambda + c\mu) + z(b\lambda + d\mu) \\ y(a\lambda + c\mu) + w(b\lambda + d\mu) \end{pmatrix} = \begin{pmatrix} (xa + zb)\lambda + (xc + zd)\mu \\ (ya + wb)\lambda + (yc + wd)\mu \end{pmatrix}$$

[カッコを外して成分が等しいことを確認しましょう]

これは、2 × 2 行列と 2 次元列ベクトルの積として、

$$\begin{pmatrix} (xa + zb)\lambda + (xc + zd)\mu \\ (ya + wb)\lambda + (yc + wd)\mu \end{pmatrix} = \begin{pmatrix} xa + zb & xc + zd \\ ya + wb & yc + wd \end{pmatrix} \begin{pmatrix} \lambda \\ \mu \end{pmatrix}$$

と書くことができます。

この式から、$g \circ f$ の表現行列は、

$$\begin{pmatrix} xa + zb & xc + zd \\ ya + wb & yc + wd \end{pmatrix} \quad \cdots\cdots\cdots ①$$

であるということが分かります。$g \circ f$ は、表現行列を持つのですから、同時に線形変換であることも分かります。

もしも、f、g が 1 次元ベクトルの線形変換であれば、実数 a、b を用いて、

$$f : x \ \rightarrow \ ax \qquad g : x \ \rightarrow \ bx$$

a倍　　　b倍

と書くことができます。合成写像 $g \circ f$ は、

$$x \xrightarrow{\ f\ } ax \xrightarrow{\ g\ } b(ax) = (ba)x$$

a倍　　　b倍

となり、

$$g \circ f(x) = (ba)x$$

と表されます。$g \circ f$ の表現(行列)は、ba と、a と b の積になります。

2 次元の場合もこれを拡張したものと考えると、$g \circ f$ の表現行列である①を、f、g の表現行列である $\boldsymbol{A}$ と $\boldsymbol{B}$ の“積”であると定めることは自然な拡張であると言えます。

線形代数では、

行列 $\boldsymbol{A} = \begin{pmatrix} a & c \\ b & d \end{pmatrix}$、$\boldsymbol{B} = \begin{pmatrix} x & z \\ y & w \end{pmatrix}$ に対して、$\boldsymbol{BA}$ を

$$\boldsymbol{BA} = \begin{pmatrix} xa + zb & xc + zd \\ ya + wb & yc + wd \end{pmatrix}$$

と定めます。これが**行列の積**です。

「行列の積」の計算のポイントは、“左側の行列の行の成分”と、“右側の行列の列の成分”どうしを掛けて足すところです。

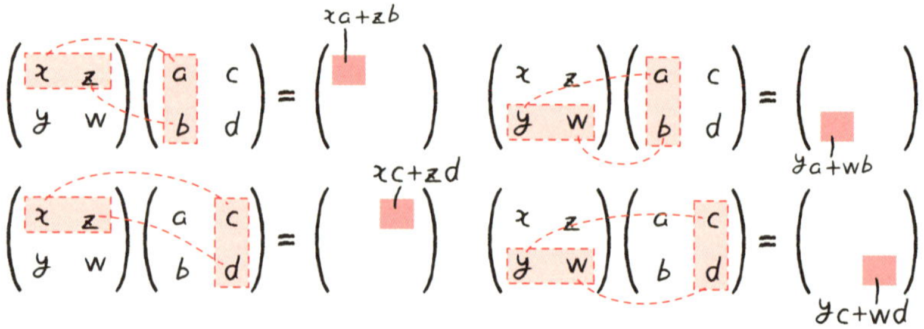

「行列とベクトルの積」で十分に肩ならしをしてきた人にとっては、同じ要領ですから、やさしく感じるのではないでしょうか。

上では、$\boldsymbol{R}^2 \to \boldsymbol{R}^2 \to \boldsymbol{R}^2$ という流れで合成を考えましたが、すべて、2次元である必要も、すべてが同じ次元である必要もありません。

例えば、線形写像 f、g が

3になっている

$$f : \boldsymbol{R}^2 \to \boldsymbol{R}^3、\ g : \boldsymbol{R}^3 \to \boldsymbol{R}^2$$

となるような場合でも同様です。

f の表現行列を、$\boldsymbol{A} = \begin{pmatrix} a & d \\ b & e \\ c & f \end{pmatrix}$、$g$ の表現行列を $\boldsymbol{B} = \begin{pmatrix} x & z & p \\ y & w & q \end{pmatrix}$

とします。

$$\boldsymbol{R}^2 \xrightarrow{\ f\ } \boldsymbol{R}^3 \xrightarrow{\ g\ } \boldsymbol{R}^2$$

という流れで写像を合成した、合成写像 $g \circ f$ の表現行列は、

1行　2列　(1, 2)成分

$$BA = \begin{pmatrix} x & z & p \\ y & w & q \end{pmatrix} \begin{pmatrix} a & d \\ b & e \\ c & f \end{pmatrix} = \begin{pmatrix} xa+zb+pc & xd+ze+pf \\ ya+wb+qc & yd+we+qf \end{pmatrix}$$

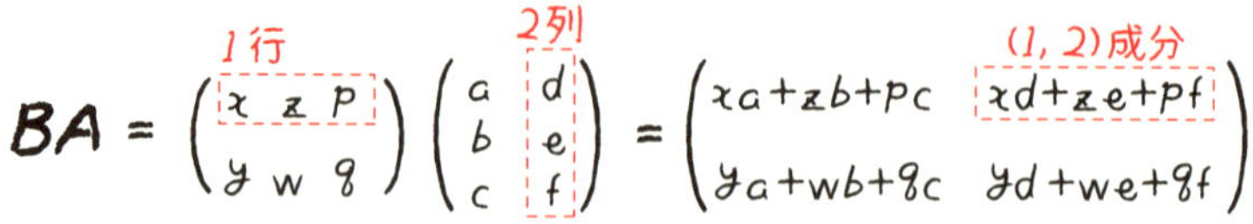

となります。これは、例えば(1, 2) 成分であれば、“左側の行列の第１行の成分”と、“右側の行列の第２列の成分”どうしを掛けて足します。

2×2行列どうしの積を計算するときと同じ要領です。

同じf、gから作る合成写像であっても、作用させる順序を入れ換えて、

$$\boldsymbol{R}^3 \xrightarrow{\ g\ } \boldsymbol{R}^2 \xrightarrow{\ f\ } \boldsymbol{R}^3$$

という流れの合成写像$f \circ g$の表現行列は、

$$AB = \begin{pmatrix} a & d \\ b & e \\ c & f \end{pmatrix} \begin{pmatrix} x & z & p \\ y & w & q \end{pmatrix} = \begin{pmatrix} ax+dy & az+dw & ap+dq \\ bx+ey & bz+ew & bp+eq \\ cx+fy & cz+fw & cp+fq \end{pmatrix}$$

2行　3列　(2, 3)成分

では、一般の場合、$\boldsymbol{R}^l \to \boldsymbol{R}^m \to \boldsymbol{R}^n$という流れで合成写像を考えてみましょう。

線形変換f、gが、

$$f : \boldsymbol{R}^l \to \boldsymbol{R}^m、g : \boldsymbol{R}^m \to \boldsymbol{R}^n$$

であるとします。fの表現行列を、$\boldsymbol{A}$（$m \times l$行列）、gの表現行列を$\boldsymbol{B}$（$n \times m$行列）とすると、合成写像$g \circ f$の表現行列は、$\boldsymbol{BA}$と表されます。

$\boldsymbol{BA}$の各成分の求め方は、上の例から分かっていただけると思います。

ここで、注意しなければならないのは、勝手な2つの行列が与えられても積が計算できるとは限らないということです。

もともと行列の積というのは、$\boldsymbol{R}^l \to \boldsymbol{R}^m \to \boldsymbol{R}^n$という流れでの線形写像の合成を考えていたわけですから、$\boldsymbol{BA}$が計算できるためには、$\boldsymbol{B}$（$n \times \boldsymbol{m}$行列）、$\boldsymbol{A}$（$\boldsymbol{m} \times l$行列）のように、左側の行列の列の数と右側の行列の行の数が一致していなければなりません。つまり、行列の積が計算できるためには、

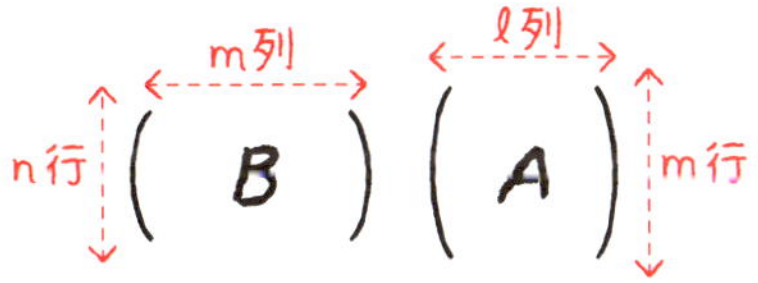

となっていなければならないのです。

　ここで、２つほどコメントがあります。

　１つ目。数の場合の積は、$3 \times 5 = 5 \times 3$ というように交換可能ですが、一般には、**行列の積は交換可能ではありません。*AB* と *BA* が等しいとは限りません**。これは p.186 の例でお気づきいただけるものと思います。この例では、そもそも積の行列のサイズが異なります。演習問題でも確認してください。

　２つ目。列ベクトルは、列が１つしかない行列であると捉えることができるということです。m 次元ベクトル $\vec{x}$ に１次変換 f を作用させた $f(\vec{x})$ を求める計算 $\boldsymbol{A}\vec{x}$ は、表現行列 $\boldsymbol{A}$ と $m \times 1$ 行列 $\vec{x}$ との積と捉えることができます。

　以下の演習問題で、この「行列の積」の計算には習熟しておいてくださいね。

合成写像って何ですか？

　合成写像とは、２つ連続して写像を施したものを１つの写像と見ることです。f、g の表現行列が $\boldsymbol{A}$、$\boldsymbol{B}$ のとき、$g \circ f$ の表現行列は $\boldsymbol{BA}$ になります。

演習問題１

(1) $\boldsymbol{A} = \begin{pmatrix} 1 & 3 \\ 4 & 6 \end{pmatrix}$、$\boldsymbol{B} = \begin{pmatrix} -1 & 3 \\ 2 & -1 \end{pmatrix}$ のとき、$\boldsymbol{AB}$、$\boldsymbol{BA}$ を求めましょう。

(2) $\boldsymbol{A} = \begin{pmatrix} -1 & 3 & 2 \\ 3 & -4 & -5 \end{pmatrix}$、$\boldsymbol{B} = \begin{pmatrix} 1 & 3 \\ -2 & -2 \\ 3 & -1 \end{pmatrix}$ のとき、$\boldsymbol{AB}$、$\boldsymbol{BA}$ を求めてみましょう。

(3) $\boldsymbol{A} = \begin{pmatrix} 3 & 1 & 1 \\ -1 & 2 & -1 \\ -2 & 1 & 4 \end{pmatrix}$、$\boldsymbol{B} = \begin{pmatrix} 2 & 1 & 2 \\ 5 & -4 & -1 \\ 3 & 0 & 1 \end{pmatrix}$ のとき、$\boldsymbol{AB}$、$\boldsymbol{BA}$ を求めてください。

(1)

$$AB=\begin{pmatrix}1&3\\4&6\end{pmatrix}\begin{pmatrix}-1&3\\2&-1\end{pmatrix}=\begin{pmatrix}1\cdot(-1)+3\cdot2&1\cdot3+3\cdot(-1)\\4\cdot(-1)+6\cdot2&4\cdot3+6\cdot(-1)\end{pmatrix}$$

$$=\begin{pmatrix}5&0\\8&6\end{pmatrix}$$

$$BA=\begin{pmatrix}-1&3\\2&-1\end{pmatrix}\begin{pmatrix}1&3\\4&6\end{pmatrix}=\begin{pmatrix}(-1)\cdot1+3\cdot4&(-1)\cdot3+3\cdot6\\2\cdot1+(-1)\cdot4&2\cdot3+(-1)\cdot6\end{pmatrix}$$

$$=\begin{pmatrix}11&15\\-2&0\end{pmatrix}$$

(2)

$$AB=\begin{pmatrix}-1&3&2\\3&-4&-5\end{pmatrix}\begin{pmatrix}1&3\\-2&-2\\3&-1\end{pmatrix}$$

$$=\begin{pmatrix}(-1)\cdot1+3\cdot(-2)+2\cdot3&(-1)\cdot3+3\cdot(-2)+2\cdot(-1)\\3\cdot1+(-4)\cdot(-2)+(-5)\cdot3&3\cdot3+(-4)\cdot(-2)+(-5)\cdot(-1)\end{pmatrix}$$

$$=\begin{pmatrix}-1&-11\\-4&22\end{pmatrix}$$

$$BA=\begin{pmatrix}1&3\\-2&-2\\3&-1\end{pmatrix}\begin{pmatrix}-1&3&2\\3&-4&-5\end{pmatrix}$$

$$=\begin{pmatrix}1\cdot(-1)+3\cdot3&1\cdot3+3\cdot(-4)&1\cdot2+3\cdot(-5)\\(-2)\cdot(-1)+(-2)\cdot3&(-2)\cdot3+(-2)\cdot(-4)&(-2)\cdot2+(-2)\cdot(-5)\\3\cdot(-1)+(-1)\cdot3&3\cdot3+(-1)\cdot(-4)&3\cdot2+(-1)\cdot(-5)\end{pmatrix}$$

$$=\begin{pmatrix}8&-9&-13\\-4&2&6\\-6&13&11\end{pmatrix}$$

(3)

$$AB = \begin{pmatrix} 3 & 1 & 1 \\ -1 & 2 & -1 \\ -2 & 1 & 4 \end{pmatrix}\begin{pmatrix} 2 & 1 & 2 \\ 5 & -4 & -1 \\ 3 & 0 & 1 \end{pmatrix}$$

$$= \begin{pmatrix} 3\cdot2+1\cdot5+1\cdot3 & 3\cdot1+1\cdot(-4)+1\cdot0 & 3\cdot2+1\cdot(-1)+1\cdot1 \\ (-1)\cdot2+2\cdot5+(-1)\cdot3 & (-1)\cdot1+2\cdot(-4)+(-1)\cdot0 & (-1)\cdot2+2\cdot(-1)+(-1)\cdot1 \\ (-2)\cdot2+1\cdot5+4\cdot3 & (-2)\cdot1+1\cdot(-4)+4\cdot0 & (-2)\cdot2+1\cdot(-1)+4\cdot1 \end{pmatrix}$$

$$= \begin{pmatrix} 14 & -1 & 6 \\ 5 & -9 & -5 \\ 13 & -6 & -1 \end{pmatrix}$$

$$BA = \begin{pmatrix} 2 & 1 & 2 \\ 5 & -4 & -1 \\ 3 & 0 & 1 \end{pmatrix}\begin{pmatrix} 3 & 1 & 1 \\ -1 & 2 & -1 \\ -2 & 1 & 4 \end{pmatrix}$$

$$= \begin{pmatrix} 2\cdot3+1\cdot(-1)+2\cdot(-2) & 2\cdot1+1\cdot2+2\cdot1 & 2\cdot1+1\cdot(-1)+2\cdot4 \\ 5\cdot3+(-4)\cdot(-1)+(-1)\cdot(-2) & 5\cdot1+(-4)\cdot2+(-1)\cdot1 & 5\cdot1+(-4)\cdot(-1)+(-1)\cdot4 \\ 3\cdot3+0\cdot(-1)+1\cdot(-2) & 3\cdot1+0\cdot2+1\cdot1 & 3\cdot1+0\cdot(-1)+1\cdot4 \end{pmatrix}$$

$$= \begin{pmatrix} 1 & 6 & 9 \\ 21 & -4 & 5 \\ 7 & 4 & 7 \end{pmatrix}$$

演習問題２

x 軸と 30° の角をなす直線 $y = \dfrac{1}{\sqrt{3}}x$ に関する対称移動を f、

x 軸と 60° の角をなす直線 $y = \sqrt{3}\,x$ に関する対称移動を g とする。

合成変換 $g \circ f$ の表現行列を求めましょう。また、この表現行列から考えて、$g \circ f$ はどのような変換であるかを答えてください。

解答

x 軸と 30° の角をなす直線 $y=\dfrac{1}{\sqrt{3}}x$ に関する対称移動 f を表す表現行列 $\boldsymbol{A}$ は、公式で、$\theta=30^\circ$ として

$\tan 30^\circ = \dfrac{1}{\sqrt{3}}$ ←

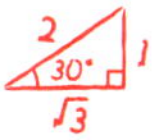

$$\boldsymbol{A}=\begin{pmatrix}\cos 2\theta & \sin 2\theta\\ \sin 2\theta & -\cos 2\theta\end{pmatrix}=\begin{pmatrix}\cos 60^\circ & \sin 60^\circ\\ \sin 60^\circ & -\cos 60^\circ\end{pmatrix}=\begin{pmatrix}\dfrac{1}{2} & \dfrac{\sqrt{3}}{2}\\ \dfrac{\sqrt{3}}{2} & -\dfrac{1}{2}\end{pmatrix}=\frac{1}{2}\begin{pmatrix}1 & \sqrt{3}\\ \sqrt{3} & -1\end{pmatrix}$$

x 軸と 60° の角をなす直線 $y=\sqrt{3}\,x$ に関する対称移動 g を表す表現行列 $\boldsymbol{B}$ は、公式で、$\theta=60^\circ$ として、

$\tan 60^\circ = \sqrt{3}$ ←

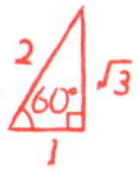

$$\boldsymbol{B}=\begin{pmatrix}\cos 2\theta & \sin 2\theta\\ \sin 2\theta & -\cos 2\theta\end{pmatrix}=\begin{pmatrix}\cos 120^\circ & \sin 120^\circ\\ \sin 120^\circ & -\cos 120^\circ\end{pmatrix}=\begin{pmatrix}-\dfrac{1}{2} & \dfrac{\sqrt{3}}{2}\\ \dfrac{\sqrt{3}}{2} & \dfrac{1}{2}\end{pmatrix}=\frac{1}{2}\begin{pmatrix}-1 & \sqrt{3}\\ \sqrt{3} & 1\end{pmatrix}$$

$g\circ f$ を表す表現行列は、

$$\begin{aligned}\boldsymbol{BA}&=\frac{1}{2}\begin{pmatrix}-1 & \sqrt{3}\\ \sqrt{3} & 1\end{pmatrix}\cdot\frac{1}{2}\begin{pmatrix}1 & \sqrt{3}\\ \sqrt{3} & -1\end{pmatrix}\\ &=\frac{1}{2\cdot 2}\begin{pmatrix}(-1)\cdot 1+\sqrt{3}\cdot\sqrt{3} & (-1)\cdot\sqrt{3}+\sqrt{3}\cdot(-1)\\ \sqrt{3}\cdot 1+1\cdot\sqrt{3} & \sqrt{3}\cdot\sqrt{3}+1\cdot(-1)\end{pmatrix}\\ &=\frac{1}{4}\begin{pmatrix}2 & -2\sqrt{3}\\ 2\sqrt{3} & 2\end{pmatrix}=\boldsymbol{\frac{1}{2}\begin{pmatrix}1 & -\sqrt{3}\\ \sqrt{3} & 1\end{pmatrix}}\end{aligned}$$

これは $\begin{pmatrix}\cos 60^\circ & -\sin 60^\circ\\ \sin 60^\circ & \cos 60^\circ\end{pmatrix}$ に等しい

となる。これは、回転を表す行列の公式で。$\theta=60^\circ$ としたものなので、**$g\circ f$ は原点を中心とした 60° 回転**に等しい。

この事実を図解して説明してみましょう。すると、次のようになります。

l を、x 軸と 30° の角をなす直線、m を、x 軸と 60° の角をなす直線とする。

P を f で移した点を Q、Q を g で移した点を R とします。

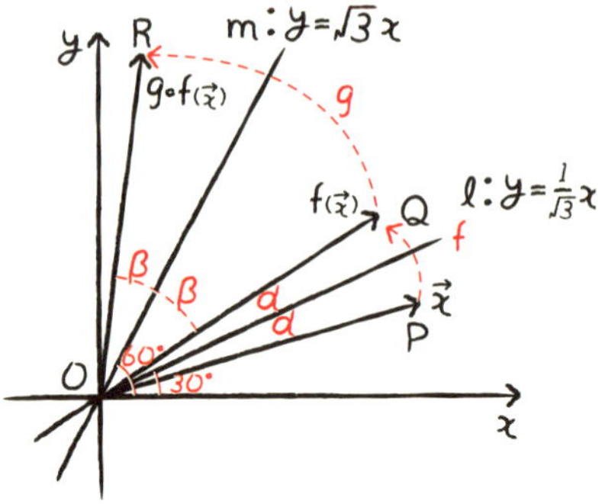

図で、OQ と l のなす角を α、OQ と m のなす角を β とします。
すると、$\alpha + \beta = 30°$ となります。

$\angle \mathrm{POR} = 2\alpha + 2\beta = 2(\alpha + \beta) = 2 \times 30° = 60°$

ですから、R は、α、β のとり方によらず、P を原点に関して 60° 回転した点です。

8 行列を足し算してみよう
―― 行列の計算法則

行列の和、行列のスカラー倍って何ですか？

前の章で、行列の積を定めました。ここでは、行列の和、スカラー倍を定義しましょう。

今度は、多少天下りですが定義から述べてみます。

行列の和

$$\boldsymbol{A}=\begin{pmatrix} a & c \\ b & d \end{pmatrix}、\boldsymbol{B}=\begin{pmatrix} x & z \\ y & w \end{pmatrix}$$

のとき、行列 $\boldsymbol{A}$ と $\boldsymbol{B}$ の和 $\boldsymbol{A}+\boldsymbol{B}$ は、

$$\underbrace{\begin{pmatrix} a & c \\ b & d \end{pmatrix}}_{\boldsymbol{A}}+\underbrace{\begin{pmatrix} x & z \\ y & w \end{pmatrix}}_{\boldsymbol{B}}=\underbrace{\begin{pmatrix} a+x & c+z \\ b+y & d+w \end{pmatrix}}_{\boldsymbol{A}+\boldsymbol{B}}$$

と定めます。これは例えば、$\boldsymbol{A}+\boldsymbol{B}$ の(1, 2) 成分 $c+z$ は、$\boldsymbol{A}$ の(1, 2)成分 c と $\boldsymbol{B}$ の(1, 2)成分 z の和をとっています。他の成分も同様です。

この計算から分かるように、行列の和は、同じ形の行列でなければ定義することができません。**2 × 3 行列と 3 × 2 行列といったタイプの違う行列では、和をとることができません。**

行列の積よりもずいぶん素直で楽だったのではないでしょうか。

これを線形変換の言葉に直すと、どのような意味があるかを述べてみましょう。

いま、線形変換f、gをもとにして、fとgの和の変換$f+g$を

$$(f+g)(\vec{x})=f(\vec{x})+g(\vec{x})$$

と定義します。つまり、$\vec{x}$を変換$f+g$で移した先の元を、$f(\vec{x})+g(\vec{x})$と定めるのです。すると、この変換は線形変換になります。

なぜなら、

$$\begin{aligned}(f+g)(\vec{x}+\vec{y})&=f(\vec{x}+\vec{y})+g(\vec{x}+\vec{y}) && \text{（“}f+g\text{”の定義）}\\ &=f(\vec{x})+f(\vec{y})+g(\vec{x})+g(\vec{y}) && \text{（}f,\ g\text{の線形性）}\\ &=f(\vec{x})+g(\vec{x})+f(\vec{y})+g(\vec{y}) && \text{（ベクトルの交換法則）}\\ &=(f+g)(\vec{x})+(f+g)(\vec{y}) && \text{（結合法則と“}f+g\text{”の定義）}\end{aligned}$$

より、$(f+g)(\vec{x}+\vec{y})=\underline{(f+g)(\vec{x})+(f+g)(\vec{y})}$　………①

また、

$$\begin{aligned}(f+g)(k\vec{x})&=f(k\vec{x})+g(k\vec{x}) && \text{（“}f+g\text{”の定義）}\\ &=kf(\vec{x})+kg(\vec{x}) && \text{（}f,\ g\text{の線形性）}\\ &=k(f(\vec{x})+g(\vec{x})) && \text{（ベクトルの分配法則）}\\ &=k(f+g)(\vec{x}) && \text{（“}f+g\text{”の定義）}\end{aligned}$$

より、$\underline{(f+g)(k\vec{x})=k(f+g)(\vec{x})}$　………②

①、②より線形性が成り立ちます。“$f+g$”は線形変換です。

線形変換f、gが表現行列$\boldsymbol{A}$、$\boldsymbol{B}$であるとすると、この線形変換“$f+g$”の表現行列が、上であげた行列の和$\boldsymbol{A}+\boldsymbol{B}$になっているのです。

実際に確かめてみましょう。$\vec{x}=\begin{pmatrix}\lambda\\ \mu\end{pmatrix}$とします。

“$f+g$”の表現行列が$\boldsymbol{A}+\boldsymbol{B}$になっているとして計算すると、

$$(f+g)(\vec{x})=\left\{\begin{pmatrix}a & c\\ b & d\end{pmatrix}+\begin{pmatrix}x & z\\ y & w\end{pmatrix}\right\}\begin{pmatrix}\lambda\\ \mu\end{pmatrix}$$

$$=\begin{pmatrix}a+x & c+z\\ b+y & d+w\end{pmatrix}\begin{pmatrix}\lambda\\ \mu\end{pmatrix}=\begin{pmatrix}(a+x)\lambda+(c+z)\mu\\ (b+y)\lambda+(d+w)\mu\end{pmatrix}$$

$$=\begin{pmatrix}a\lambda+x\lambda+c\mu+z\mu\\ b\lambda+y\lambda+d\mu+w\mu\end{pmatrix}$$

一方、右辺は、

$$f(\vec{x})+g(\vec{x})=\begin{pmatrix}a & c\\ b & d\end{pmatrix}\begin{pmatrix}\lambda\\ \mu\end{pmatrix}+\begin{pmatrix}x & z\\ y & w\end{pmatrix}\begin{pmatrix}\lambda\\ \mu\end{pmatrix}$$

$$=\begin{pmatrix}a\lambda+c\mu\\ b\lambda+d\mu\end{pmatrix}+\begin{pmatrix}x\lambda+z\mu\\ y\lambda+w\mu\end{pmatrix}=\begin{pmatrix}a\lambda+x\lambda+c\mu+z\mu\\ b\lambda+y\lambda+d\mu+w\mu\end{pmatrix}$$

確かに、“$f+g$”の定義式$(f+g)(\vec{x})=f(\vec{x})+g(\vec{x})$が成り立っています。

さらに、行列$\boldsymbol{A}$に実数kを掛ける演算は、次の通りです。

行列のスカラー倍

$A=\begin{pmatrix}a & c\\ b & d\end{pmatrix}$のとき、

$$k\boldsymbol{A}=k\begin{pmatrix}a & c\\ b & d\end{pmatrix}=\begin{pmatrix}ka & kc\\ kb & kd\end{pmatrix}\qquad\cdots\cdots\cdots④$$

と定義します。これは、fをk倍した線形変換kfを、

$$(kf)(\vec{x})=kf(\vec{x})$$

と定義したときの線形変換kfの表現行列になっています。

和のときと同様に、④によって定めた$k\boldsymbol{A}$の演算の定義によって$(kf)(\vec{x})$を計算したとき、それが$kf(\vec{x})$と一致することを確かめることができます。

さあ、いままで出てきた演算を整理しておきましょう。

いろいろと出てきたようですが、結局のところ、

行列の和、積、スカラー倍

の3つとなります。

これらには、以下の計算法則が成り立ちます。

行列の計算法則

大文字は行列、小文字は実数を表します。

$(\boldsymbol{A}+\boldsymbol{B})+\boldsymbol{C}=\boldsymbol{A}+(\boldsymbol{B}+\boldsymbol{C})$	(和の結合法則)
$\boldsymbol{A}+\boldsymbol{B}=\boldsymbol{B}+\boldsymbol{A}$	(和の交換法則)
$c(\boldsymbol{A}+\boldsymbol{B})=c\boldsymbol{A}+c\boldsymbol{B}$	(スカラー倍の分配法則)
$(c+d)\boldsymbol{A}=c\boldsymbol{A}+d\boldsymbol{A}$	(スカラー倍の分配法則)
$(cd)\boldsymbol{A}=c(d\boldsymbol{A})$	(スカラー倍の結合法則)
$(\boldsymbol{AB})\boldsymbol{C}=\boldsymbol{A}(\boldsymbol{BC})$	(積の結合法則)
$\boldsymbol{A}(\boldsymbol{B}+\boldsymbol{C})=\boldsymbol{AB}+\boldsymbol{AC}$ $(\boldsymbol{A}+\boldsymbol{B})\boldsymbol{C}=\boldsymbol{AC}+\boldsymbol{BC}$	(積の分配法則)

これだけ文字が並ぶとごちそうさまって感じですよね。

ただ、どうでしょう。$\boldsymbol{A}$、$\boldsymbol{B}$、$\boldsymbol{C}$ は行列を表していましたが、ただの数であると思ったら何てことないですね。小学生でも実感して納得している計算法則にすぎません。ですから、文字で表されている行列どうしの計算を進めていくときは、ほぼ普通の数のように計算していっていいんです。

「ほぼ」と言いました。はい。行列の積の計算法則では、数の計算法則と違うところがあるんです。それは、前の節でも述べたように、**行列の積について交換法則が成り立たないことです。**

上の計算法則を見て、差がないじゃないか、と思うかもしれません。差は、和と実数倍を組み合わせて、

$$\boldsymbol{A}-\boldsymbol{B}=\boldsymbol{A}+(-1)\boldsymbol{B}$$

と考えます。あとは計算法則を用いて計算していけばよいのです。

と、かしこまった書き方をしましたが、要は、和が成分どうしの足し算であったように、差であれば成分どうしの差をとればよいのです。

行列の差

$$\boldsymbol{A}=\begin{pmatrix}a & c\\ b & d\end{pmatrix}、\boldsymbol{B}=\begin{pmatrix}x & z\\ y & w\end{pmatrix}$$

のとき、行列 $\boldsymbol{A}$ と $\boldsymbol{B}$ の差は、

$$\boldsymbol{A}-\boldsymbol{B}=\underbrace{\begin{pmatrix}a & c\\ b & d\end{pmatrix}}_{\boldsymbol{A}}-\underbrace{\begin{pmatrix}x & z\\ y & w\end{pmatrix}}_{\boldsymbol{B}}=\underbrace{\begin{pmatrix}a-x & c-z\\ b-y & d-w\end{pmatrix}}_{\boldsymbol{A}-\boldsymbol{B}}$$

と定めます。

行列の和、実数倍って何ですか？

行列の和は、成分どうしの和をとります。行列の実数倍は成分の実数倍をとります。

演習問題

$$\boldsymbol{A}=\begin{pmatrix}2 & 3\\ 1 & 1\end{pmatrix}、\boldsymbol{B}=\begin{pmatrix}-1 & 1\\ 1 & 2\end{pmatrix}、\boldsymbol{C}=\begin{pmatrix}-2 & 1\\ 3 & -2\end{pmatrix}、\quad c=-3、d=2$$

以下が成り立つことを確認してみましょう。

(1) $(\boldsymbol{A}+\boldsymbol{B})+\boldsymbol{C}=\boldsymbol{A}+(\boldsymbol{B}+\boldsymbol{C})$　(2) $\boldsymbol{A}+\boldsymbol{B}=\boldsymbol{B}+\boldsymbol{A}$

(3) $c(\boldsymbol{A}+\boldsymbol{B})=c\boldsymbol{A}+c\boldsymbol{B}$　(4) $(c+d)\boldsymbol{A}=c\boldsymbol{A}+d\boldsymbol{A}$

(5) $(cd)\boldsymbol{A}=c(d\boldsymbol{A})$　(6) $(\boldsymbol{AB})\boldsymbol{C}=\boldsymbol{A}(\boldsymbol{BC})$

(7) $\boldsymbol{A}(\boldsymbol{B}+\boldsymbol{C})=\boldsymbol{AB}+\boldsymbol{AC}$　(8) $(\boldsymbol{A}+\boldsymbol{B})\boldsymbol{C}=\boldsymbol{AC}+\boldsymbol{BC}$

解答

(1) $(A+B)+C=\left\{\begin{pmatrix}2&3\\1&1\end{pmatrix}+\begin{pmatrix}-1&1\\1&2\end{pmatrix}\right\}+\begin{pmatrix}-2&1\\3&-2\end{pmatrix}$

$=\begin{pmatrix}1&4\\2&3\end{pmatrix}+\begin{pmatrix}-2&1\\3&-2\end{pmatrix}=\begin{pmatrix}-1&5\\5&1\end{pmatrix}$

$A+(B+C)=\begin{pmatrix}2&3\\1&1\end{pmatrix}+\left\{\begin{pmatrix}-1&1\\1&2\end{pmatrix}+\begin{pmatrix}-2&1\\3&-2\end{pmatrix}\right\}$

$=\begin{pmatrix}2&3\\1&1\end{pmatrix}+\begin{pmatrix}-3&2\\4&0\end{pmatrix}=\begin{pmatrix}-1&5\\5&1\end{pmatrix}$

よって $(A+B)+C=A+(B+C)$ が成り立っている

(2) $A+B=\begin{pmatrix}2&3\\1&1\end{pmatrix}+\begin{pmatrix}-1&1\\1&2\end{pmatrix}=\begin{pmatrix}1&4\\2&3\end{pmatrix}$

$B+A=\begin{pmatrix}-1&1\\1&2\end{pmatrix}+\begin{pmatrix}2&3\\1&1\end{pmatrix}=\begin{pmatrix}1&4\\2&3\end{pmatrix}$

よって $A+B=B+A$ が成り立っている

(3) $c(A+B)=(-3)\left\{\begin{pmatrix}2&3\\1&1\end{pmatrix}+\begin{pmatrix}-1&1\\1&2\end{pmatrix}\right\}=(-3)\begin{pmatrix}1&4\\2&3\end{pmatrix}=\begin{pmatrix}-3&-12\\-6&-9\end{pmatrix}$

$cA+cB=(-3)\begin{pmatrix}2&3\\1&1\end{pmatrix}+(-3)\begin{pmatrix}-1&1\\1&2\end{pmatrix}=\begin{pmatrix}-6&-9\\-3&-3\end{pmatrix}+\begin{pmatrix}3&-3\\-3&-6\end{pmatrix}=\begin{pmatrix}-3&-12\\-6&-9\end{pmatrix}$

よって $c(A+B)=cA+cB$ が成り立っている

(4) $(c+d)A=(-3+2)\begin{pmatrix}2&3\\1&1\end{pmatrix}=(-1)\begin{pmatrix}2&3\\1&1\end{pmatrix}=\begin{pmatrix}-2&-3\\-1&-1\end{pmatrix}$

$cA+dA=(-3)\begin{pmatrix}2&3\\1&1\end{pmatrix}+2\begin{pmatrix}2&3\\1&1\end{pmatrix}=\begin{pmatrix}-6&-9\\-3&-3\end{pmatrix}+\begin{pmatrix}4&6\\2&2\end{pmatrix}=\begin{pmatrix}-2&-3\\-1&-1\end{pmatrix}$

よって $(c+d)A=cA+dA$ が成り立っている

(5) $(cd)A=(-3\cdot 2)\begin{pmatrix}2&3\\1&1\end{pmatrix}=(-6)\begin{pmatrix}2&3\\1&1\end{pmatrix}=\begin{pmatrix}-12&-18\\-6&-6\end{pmatrix}$

$c(dA)=(-3)\left\{2\begin{pmatrix}2&3\\1&1\end{pmatrix}\right\}=(-3)\begin{pmatrix}4&6\\2&2\end{pmatrix}=\begin{pmatrix}-12&-18\\-6&-6\end{pmatrix}$

よって $(cd)A=c(dA)$ が成り立っている

(6)　$(AB)C=\left\{\begin{pmatrix}2&3\\1&1\end{pmatrix}\begin{pmatrix}-1&1\\1&2\end{pmatrix}\right\}\begin{pmatrix}-2&1\\3&-2\end{pmatrix}=\begin{pmatrix}1&8\\0&3\end{pmatrix}\begin{pmatrix}-2&1\\3&-2\end{pmatrix}$

$=\begin{pmatrix}22&-15\\9&-6\end{pmatrix}$

$A(BC)=\begin{pmatrix}2&3\\1&1\end{pmatrix}\left\{\begin{pmatrix}-1&1\\1&2\end{pmatrix}\begin{pmatrix}-2&1\\3&-2\end{pmatrix}\right\}=\begin{pmatrix}2&3\\1&1\end{pmatrix}\begin{pmatrix}5&-3\\4&-3\end{pmatrix}$

$=\begin{pmatrix}22&-15\\9&-6\end{pmatrix}$

よって $(AB)C=A(BC)$ が成り立っている

(7)　$A(B+C)=\begin{pmatrix}2&3\\1&1\end{pmatrix}\left\{\begin{pmatrix}-1&1\\1&2\end{pmatrix}+\begin{pmatrix}-2&1\\3&-2\end{pmatrix}\right\}=\begin{pmatrix}2&3\\1&1\end{pmatrix}\begin{pmatrix}-3&2\\4&0\end{pmatrix}$

$=\begin{pmatrix}6&4\\1&2\end{pmatrix}$

$AB+AC=\begin{pmatrix}2&3\\1&1\end{pmatrix}\begin{pmatrix}-1&1\\1&2\end{pmatrix}+\begin{pmatrix}2&3\\1&1\end{pmatrix}\begin{pmatrix}-2&1\\3&-2\end{pmatrix}$

$=\begin{pmatrix}1&8\\0&3\end{pmatrix}+\begin{pmatrix}5&-4\\1&-1\end{pmatrix}=\begin{pmatrix}6&4\\1&2\end{pmatrix}$

よって $A(B+C)=AB+AC$ が成り立っている

(8)　$(A+B)C=\left\{\begin{pmatrix}2&3\\1&1\end{pmatrix}+\begin{pmatrix}-1&1\\1&2\end{pmatrix}\right\}\begin{pmatrix}-2&1\\3&-2\end{pmatrix}=\begin{pmatrix}1&4\\2&3\end{pmatrix}\begin{pmatrix}-2&1\\3&-2\end{pmatrix}=\begin{pmatrix}10&-7\\5&-4\end{pmatrix}$

$AC+BC=\begin{pmatrix}2&3\\1&1\end{pmatrix}\begin{pmatrix}-2&1\\3&-2\end{pmatrix}+\begin{pmatrix}-1&1\\1&2\end{pmatrix}\begin{pmatrix}-2&1\\3&-2\end{pmatrix}=\begin{pmatrix}5&-4\\1&-1\end{pmatrix}+\begin{pmatrix}5&-3\\4&-3\end{pmatrix}=\begin{pmatrix}10&-7\\5&-4\end{pmatrix}$

よって $(A+B)C=AC+BC$ が成り立っている

9 行列に割り算があってもいいじゃないか！
―― 逆行列

行列の商ってないの？

前の節までで、行列どうしの和、差、積を定義しました。

四則演算のうちの残り、行列どうしの商はどのように定義されるのでしょうか。

それを紹介する前に、実数の割り算とは何かから特徴付けてみましょう。

割り算とは、逆数を掛けることです。

例えば、$a \div b$ は、

$$a \div b = a \times \frac{1}{b}$$

$3 \div 5 = 3 \times \frac{1}{5}$

ということですね。

それでは、逆数とはどういうことでしょうか。

逆数とは、掛けて 1 になる数でした。

0 でない a に対して、a の逆数は、$\frac{1}{a}$ です。

$$a \times \frac{1}{a} = \frac{1}{a} \times a = 1$$

3の逆数は$\frac{1}{3}$

$\frac{1}{a}$はaの−1乗です。

$\frac{1}{a} = a^{-1}$

$a^{-1} = \frac{1}{a}$　$a^0 = 1$　a^1　a^2　a^3

$\times\frac{1}{a}$　$\times\frac{1}{a}$　$\times\frac{1}{a}$　$\times\frac{1}{a}$

1 って何でしょうか。**1 とは、どんな数に掛けてもその値を変えない数です。**実際、

$$a \times 1 = 1 \times a = a$$

ということで、これの逆を行列でたどってみましょう。まず、数の 1 にあ

たるもの、つまりどんな行列に掛けてもその行列を変えない行列を探すことから始めていきます。

例によって、2 × 2 行列で試してみます。

> 2 × 2 行列 $\boldsymbol{A} = \begin{pmatrix} a & c \\ b & d \end{pmatrix}$ とするとき、
>
> $$\boldsymbol{AE} = \boldsymbol{A}$$
>
> となる $\boldsymbol{E}$ を探してみましょう。$\boldsymbol{E} = \begin{pmatrix} x & z \\ y & w \end{pmatrix}$ とおきます。

$$\underbrace{\begin{pmatrix} a & c \\ b & d \end{pmatrix}\begin{pmatrix} x & z \\ y & w \end{pmatrix}}_{\boldsymbol{AE}} = \underbrace{\begin{pmatrix} a & c \\ b & d \end{pmatrix}}_{\boldsymbol{A}}$$

左辺を計算すると、

$$\begin{pmatrix} ax + cy & az + cw \\ bx + dy & bz + dw \end{pmatrix} = \begin{pmatrix} a & c \\ b & d \end{pmatrix}$$

左右の行列で、a、b、c、d の値にかかわらず、成分どうしが等しくなる条件は、$x = 1$、$y = 0$、$z = 0$、$w = 1$ です。

つまり、どんな 2 × 2 行列に掛けてもその行列を変えない行列は、

$$\boldsymbol{E} = \begin{pmatrix} 1 & 0 \\ 0 & 1 \end{pmatrix}$$

となります。いま、$\boldsymbol{E}$ を右から掛けましたが、左から掛けると、

$$\boldsymbol{EA} = \begin{pmatrix} 1 & 0 \\ 0 & 1 \end{pmatrix}\begin{pmatrix} a & c \\ b & d \end{pmatrix} = \begin{pmatrix} a & c \\ b & d \end{pmatrix}$$

となります。

どんな 2 × 2 行列 $\boldsymbol{A}$ に対しても、

$$\boldsymbol{EA} = \boldsymbol{AE} = \boldsymbol{A}$$

が成り立つような E は、$\begin{pmatrix} 1 & 0 \\ 0 & 1 \end{pmatrix}$ となります。

　掛け算に関して見たとき、実数の 1 に相当する役割を担う行列が E です。E のことを**単位行列**と言います。E は "単位" を表すドイツ語「Einheit」の頭文字から取りました。他に単位行列を表す文字としては、単位行列を表す英語 Identity matrix の頭文字からとって、I を用いることがあります。

　上では、2 × 2 行列の単位行列を求めましたが、3 × 3 行列の単位行列 E であれば、同様に考えて、

$$E = \begin{pmatrix} 1 & 0 & 0 \\ 0 & 1 & 0 \\ 0 & 0 & 1 \end{pmatrix}$$

となります。$n \times n$ 行列の単位行列 E であれば、

$$E = \begin{pmatrix} 1 & 0 & \cdots & 0 \\ 0 & 1 & & 0 \\ & & \ddots & \\ 0 & \cdots & 0 & 1 \end{pmatrix}$$

（n 個）

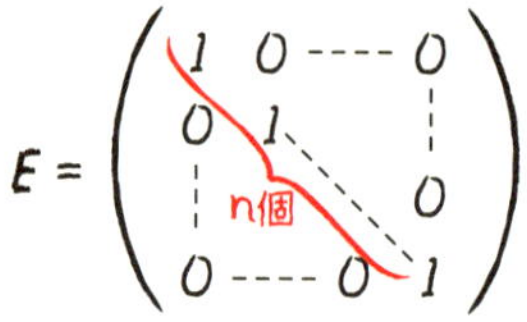

と対角線に n 個の 1 が並びます。

　ところで、単位行列 E が表す変換はどんな行列でしょうか。

　例えば、$E = \begin{pmatrix} 1 & 0 \\ 0 & 1 \end{pmatrix}$ と $\begin{pmatrix} 3 \\ -1 \end{pmatrix}$ の積をとってみましょう。

$$\begin{pmatrix} 1 & 0 \\ 0 & 1 \end{pmatrix} \begin{pmatrix} 3 \\ -1 \end{pmatrix} = \begin{pmatrix} 3 \\ -1 \end{pmatrix}$$

と $\begin{pmatrix} 3 \\ -1 \end{pmatrix}$ になりました。$\begin{pmatrix} 3 \\ -1 \end{pmatrix}$ が E で表される変換によって $\begin{pmatrix} 3 \\ -1 \end{pmatrix}$ に移されたわけです。すぐ分かるように、どんなベクトルに E を掛けてもベクトルは変わりません。E が 3 次以上の場合も、$\vec{x}$ に対して E を掛けても、

$\vec{x}$ を変えません。

$$\boldsymbol{E}\vec{x} = \vec{x}$$

このように、どんなベクトルも変えない変換を**恒等変換**(identity transformation) と言います。単位行列は恒等変換の表現行列になっています。

さて、次に行列での逆数にあたるもの、逆行列を求めましょう。

> $\boldsymbol{A} = \begin{pmatrix} a & c \\ b & d \end{pmatrix}$ の逆行列を求めてみましょう。

逆行列を $\boldsymbol{A}^{-1} = \begin{pmatrix} x & z \\ y & w \end{pmatrix}$ とおき、$\boldsymbol{A} \cdot \boldsymbol{A}^{-1} = \boldsymbol{E}$ となる $\boldsymbol{A}^{-1}$ を探してみましょう。

$\boldsymbol{A}$ の－1乗という表記をしました。実数 a に対して、a の－1乗とは、$a^{-1} = \dfrac{1}{a}$ と逆数を表していますから、それに倣ったわけです。逆数とは、掛けて1になる数でした。**逆行列とは、もとの行列との積をとって、単位行列となる行列です**。逆行列は、英語で Inverse matrix です。$\boldsymbol{A}^{-1}$ と書いて、「$\boldsymbol{A}$ インバース」と読みます。

$$\underbrace{\begin{pmatrix} a & c \\ b & d \end{pmatrix}\begin{pmatrix} x & z \\ y & w \end{pmatrix}}_{\boldsymbol{A} \cdot \boldsymbol{A}^{-1}} = \underbrace{\begin{pmatrix} 1 & 0 \\ 0 & 1 \end{pmatrix}}_{\boldsymbol{E}}$$

左辺を計算して、

$$\begin{pmatrix} ax + cy & az + cw \\ bx + dy & bz + dw \end{pmatrix} = \begin{pmatrix} 1 & 0 \\ 0 & 1 \end{pmatrix}$$

左右の辺の行列の成分を比べて、

$$ax + cy = 1 \quad \cdots\cdots\cdots ① \qquad az + cw = 0 \quad \cdots\cdots\cdots ②$$

$$bx + dy - 0 \quad \cdots\cdots\cdots ③ \qquad bz + dw = 1 \quad \cdots\cdots\cdots ④$$

と一度に書き出すと、どうしてよいか分からない気がします。目標は $\boldsymbol{A}^{-1}$ を定めることですから、x、y、z、w を求めることです。①、③に関しては、x、y の 2 元連立 1 次方程式、②、④に関しては、z、w の 2 元連立 1 次方程式になっています。別々に解きましょう。

y を消去しましょう。①× d －③× c を計算して、

$$(ax+cy)\times d-(bx+dy)\times c=1\times d-0\times c$$
$$(ad-bc)x=d$$

$ad-bc\neq 0$ のとき、

$$x=\frac{d}{ad-bc}$$

となります。他の y、z、w に関しても同様に、$ad-bc\neq 0$ のとき、

$$y=\frac{-b}{ad-bc}\text{、}\ z=\frac{-c}{ad-bc}\text{、}\ w=\frac{a}{ad-bc}$$

行列の形に書くと、

$$\begin{pmatrix} x & z \\ y & w \end{pmatrix}=\begin{pmatrix} \dfrac{d}{ad-bc} & \dfrac{-c}{ad-bc} \\ \dfrac{-b}{ad-bc} & \dfrac{a}{ad-bc} \end{pmatrix}$$

となります。つまり、

$\boldsymbol{A}=\begin{pmatrix} a & c \\ b & d \end{pmatrix}$ の逆行列 $\boldsymbol{A}^{-1}$ は、

$ad-bc\neq 0$ のとき、$\boldsymbol{A}^{-1}=\dfrac{1}{ad-bc}\begin{pmatrix} d & -c \\ -b & a \end{pmatrix}$

$ad-bc=0$ のとき、$\boldsymbol{A}^{-1}$ はなし。

となります。

$\boldsymbol{A}$ が逆行列を持つとき、$\boldsymbol{A}$ は正則(regular)である

逆行列を持たないとき、$\boldsymbol{A}$ は正則でない

と言います。これらを合わせると、

$\boldsymbol{A}=\begin{pmatrix} a & c \\ b & d \end{pmatrix}$ で、$ad-bc \neq 0$ のとき、$\boldsymbol{A}$ は正則である。

$ad-bc=0$ のとき、$\boldsymbol{A}$ は正則ではない。

ここで、$\boldsymbol{A}^{-1}\cdot\boldsymbol{A}$ を計算してみると、

$$\boldsymbol{A}^{-1}\cdot\boldsymbol{A}=\frac{1}{ad-bc}\begin{pmatrix} d & -c \\ -b & a \end{pmatrix}\begin{pmatrix} a & c \\ b & d \end{pmatrix}$$

$$=\frac{1}{ad-bc}\begin{pmatrix} ad-bc & 0 \\ 0 & ad-bc \end{pmatrix}=\begin{pmatrix} 1 & 0 \\ 0 & 1 \end{pmatrix}=\boldsymbol{E}$$

となります。$\boldsymbol{A}\cdot\boldsymbol{A}^{-1}=\boldsymbol{A}^{-1}\cdot\boldsymbol{A}=\boldsymbol{E}$ なので、$\boldsymbol{A}$ と $\boldsymbol{A}^{-1}$ は積に関して交換可能なんです。

注意しなければならないことは、逆行列はいつでもあるわけではないことです。成分が、$ad-bc \neq 0$ を満たすときにしか逆行列はありません。

$ad-bc$

のことを行列式(determinant)と言い、

$\det\boldsymbol{A}$　または　$|\boldsymbol{A}|$

と表します。

行列の商の演算を考えるために、逆行列を要請しました。でも、逆行列の効能はそれだけではないんです。**逆行列を求めておくと、連立 1 次方程式を解くことができるのです。**

例えば、

$$\begin{cases} 3x + 2y = 12 & \cdots\cdots\cdots① \\ 4x + 3y = 17 & \cdots\cdots\cdots② \end{cases}$$

という方程式を解いてみましょう。

行列とベクトルの積を用いると、方程式は、

$$\begin{pmatrix} 3 & 2 \\ 4 & 3 \end{pmatrix}\begin{pmatrix} x \\ y \end{pmatrix} = \begin{pmatrix} 12 \\ 17 \end{pmatrix}$$

と書くことができます。

ここで、$\boldsymbol{A} = \begin{pmatrix} 3 & 2 \\ 4 & 3 \end{pmatrix}$、$\vec{x} = \begin{pmatrix} x \\ y \end{pmatrix}$、$\vec{b} = \begin{pmatrix} 12 \\ 17 \end{pmatrix}$とします。すると、

$$\boldsymbol{A}\vec{x} = \vec{b}$$

となります。

これに左から逆行列$\boldsymbol{A}^{-1}$を掛けると、

$$\boldsymbol{A}^{-1}(\boldsymbol{A}\vec{x}) = \boldsymbol{A}^{-1}\vec{b}$$

ここで、左辺は、

$$\boldsymbol{A}^{-1}(\boldsymbol{A}\vec{x}) = (\boldsymbol{A}^{-1}\boldsymbol{A})\vec{x} = \boldsymbol{E}\vec{x} = \begin{pmatrix} 1 & 0 \\ 0 & 1 \end{pmatrix}\begin{pmatrix} x \\ y \end{pmatrix} = \begin{pmatrix} x \\ y \end{pmatrix} = \vec{x}$$

↑結合法則

となりますから、

$$\vec{x} = \boldsymbol{A}^{-1}\vec{b}$$

となります。ここで、

$$\boldsymbol{A}^{-1} = \frac{1}{3\cdot3 - 4\cdot2}\begin{pmatrix} 3 & -2 \\ -4 & 3 \end{pmatrix} = \begin{pmatrix} 3 & -2 \\ -4 & 3 \end{pmatrix}$$

なので、

$$\vec{x} = \boldsymbol{A}^{-1}\vec{b} = \begin{pmatrix} 3 & -2 \\ -4 & 3 \end{pmatrix}\begin{pmatrix} 12 \\ 17 \end{pmatrix} = \begin{pmatrix} 3 \cdot 12 - 2 \cdot 17 \\ -4 \cdot 12 + 3 \cdot 17 \end{pmatrix} = \begin{pmatrix} 2 \\ 3 \end{pmatrix}$$

となります。$x = 2$、$y = 3$ と求まりました。

> 単位行列とは何ですか？
>
> 　どんな行列に掛けても行列を変えない行列のことです。
>
> 逆行列とは何ですか？
>
> 　掛けて単位行列になる行列のことです。

演習問題

（1）次の行列の逆行列を求めてみましょう。

(i)　$\boldsymbol{A} = \begin{pmatrix} 4 & 5 \\ 7 & 9 \end{pmatrix}$　　　(ii)　$\boldsymbol{B} = \begin{pmatrix} 3 & -2 \\ -12 & 8 \end{pmatrix}$

（2）次の連立1次方程式を、逆行列を用いて解いてください。

$$\begin{cases} 3x - y = -4 \\ 2x - y = -3 \end{cases}$$

解答

(1) (i)　$\boldsymbol{A} = \begin{pmatrix} 4 & 5 \\ 7 & 9 \end{pmatrix}$ に対して、公式を適用して、

$$\boldsymbol{A}^{-1} = \frac{1}{4 \cdot 9 - 7 \cdot 5}\begin{pmatrix} 9 & -5 \\ -7 & 4 \end{pmatrix} = \begin{pmatrix} \mathbf{9} & \mathbf{-5} \\ \mathbf{-7} & \mathbf{4} \end{pmatrix}$$

(ii)　$\det \boldsymbol{B} = \det\begin{pmatrix} 3 & -2 \\ -12 & 8 \end{pmatrix} = 3 \cdot 8 - (-12) \cdot (-2) = 0$

なので、$\boldsymbol{B}$ **の逆行列はない。**

(2) 行列とベクトルの積を用いると、方程式は、

$$\begin{pmatrix} 3 & -1 \\ 2 & -1 \end{pmatrix}\begin{pmatrix} x \\ y \end{pmatrix} = \begin{pmatrix} -4 \\ -3 \end{pmatrix}$$

と書くことができます。

ここで、$\boldsymbol{A} = \begin{pmatrix} 3 & -1 \\ 2 & -1 \end{pmatrix}$、$\vec{x} = \begin{pmatrix} x \\ y \end{pmatrix}$、$\vec{b} = \begin{pmatrix} -4 \\ -3 \end{pmatrix}$とします。すると、

$$\boldsymbol{A}\vec{x} = \vec{b} \qquad \cdots\cdots\cdots ①$$

$\boldsymbol{A}$ の逆行列は、

$$\boldsymbol{A}^{-1} = \frac{1}{3\cdot(-1)-2\cdot(-1)}\begin{pmatrix} -1 & 1 \\ -2 & 3 \end{pmatrix} = \begin{pmatrix} 1 & -1 \\ 2 & -3 \end{pmatrix}$$

①に左から逆行列を掛けて、

$$\vec{x} = \boldsymbol{A}^{-1}\vec{b} = \begin{pmatrix} 1 & -1 \\ 2 & -3 \end{pmatrix}\begin{pmatrix} -4 \\ -3 \end{pmatrix} = \begin{pmatrix} \mathbf{-1} \\ \mathbf{1} \end{pmatrix}$$

10 3 次元でも逆行列があるよ
—— 3 次の逆行列

さて、続いて 3 × 3 行列の逆行列を求めたいところなんですが、2 × 2 行列のように「$\boldsymbol{A}=\begin{pmatrix} a & c \\ b & d \end{pmatrix}$ の逆行列は $\boldsymbol{A}^{-1}=\dfrac{1}{ad-bc}\begin{pmatrix} d & -c \\ -b & a \end{pmatrix}$」なんて、成分で書くことは、今は遠慮しておきます。書けないことはないのですが、煩雑なんです。

それよりも、成分が具体的な数値で与えられた 3 × 3 行列について、その逆行列の求め方を示しましょう。逆行列を求めるには掃き出し法を用います。

> 掃き出し法で、$\boldsymbol{A}=\begin{pmatrix} 2 & 1 & -1 \\ 1 & -1 & 0 \\ 0 & 2 & -1 \end{pmatrix}$ の逆行列 $\boldsymbol{A}^{-1}$ を求めてみましょう。

$\boldsymbol{A}$ の右横に 3 次の単位行列 $\boldsymbol{E}=\begin{pmatrix} 1 & 0 & 0 \\ 0 & 1 & 0 \\ 0 & 0 & 1 \end{pmatrix}$ を書き並べたところから始めます。**目標は、行基本変形を用いて、左側の 3 × 3 のところが単位行列になるようにすることです。** すると、そのとき □ のところに逆行列が表れるんです。

$$(A\ \ E) \xrightarrow{\text{行基本変形}} (E\ \ \square)$$

掃き出し法を実行すると次のようになります。

1行目を㋐で，2行目を㋑で，3行目を㋒で表します

$$\left(\begin{array}{ccc|ccc} 2 & 1 & -1 & 1 & 0 & 0 \\ 1 & -1 & 0 & 0 & 1 & 0 \\ 0 & 2 & -1 & 0 & 0 & 1 \end{array}\right) \xrightarrow{\text{㋐}\leftrightarrow\text{㋑}} \left(\begin{array}{ccc|ccc} 1 & -1 & 0 & 0 & 1 & 0 \\ 2 & 1 & -1 & 1 & 0 & 0 \\ 0 & 2 & -1 & 0 & 0 & 1 \end{array}\right)$$

掃き出し

$$\xrightarrow[\rightarrow\text{㋑}+\text{㋐}\times(-2)]{\text{㋑}} \left(\begin{array}{ccc|ccc} 1 & -1 & 0 & 0 & 1 & 0 \\ 0 & 3 & -1 & 1 & -2 & 0 \\ 0 & 2 & -1 & 0 & 0 & 1 \end{array}\right) \xrightarrow[\rightarrow\text{㋑}+\text{㋒}\times(-1)]{\text{㋑}} \left(\begin{array}{ccc|ccc} 1 & -1 & 0 & 0 & 1 & 0 \\ 0 & 1 & 0 & 1 & -2 & -1 \\ 0 & 2 & -1 & 0 & 0 & 1 \end{array}\right)$$

掃き出し

$$\xrightarrow[\text{㋒}\rightarrow\text{㋒}+\text{㋑}\times(-2)]{\text{㋐}\rightarrow\text{㋐}+\text{㋑}} \left(\begin{array}{ccc|ccc} 1 & 0 & 0 & 1 & -1 & -1 \\ 0 & 1 & 0 & 1 & -2 & -1 \\ 0 & 0 & -1 & -2 & 4 & 3 \end{array}\right) \xrightarrow{\text{㋒}\rightarrow\text{㋒}\times(-1)} \left(\begin{array}{ccc|ccc} 1 & 0 & 0 & 1 & -1 & -1 \\ 0 & 1 & 0 & 1 & -2 & -1 \\ 0 & 0 & 1 & 2 & -4 & -3 \end{array}\right)$$

-1倍する

ここで、右の 3×3 のところには、$\begin{pmatrix} 1 & -1 & -1 \\ 1 & -2 & -1 \\ 2 & -4 & -3 \end{pmatrix}$ と並んでいますね。

これが求める逆行列になっているんです。掃き出し法を用いて、

$$\boldsymbol{A}^{-1} = \begin{pmatrix} 1 & -1 & -1 \\ 1 & -2 & -1 \\ 2 & -4 & -3 \end{pmatrix}$$

と求まったわけです。

確かめてみましょう。

$$\boldsymbol{A} \cdot \boldsymbol{A}^{-1} = \begin{pmatrix} 2 & 1 & -1 \\ 1 & -1 & 0 \\ 0 & 2 & -1 \end{pmatrix} \begin{pmatrix} 1 & -1 & -1 \\ 1 & -2 & -1 \\ 2 & -4 & -3 \end{pmatrix} = \begin{pmatrix} 1 & 0 & 0 \\ 0 & 1 & 0 \\ 0 & 0 & 1 \end{pmatrix}$$

確かに、もとの行列と掛けると単位行列になります。逆に掛けた $\boldsymbol{A}^{-1}\boldsymbol{A}$ が単位行列になることはみなさんが確かめてください。

なぜ掃き出し法で逆行列が求められるのかを、3 次の場合で説明しておきましょう。

$$\left(\begin{array}{c|ccc} & 1 & 0 & 0 \\ A & 0 & 1 & 0 \\ & 0 & 0 & 1 \end{array}\right) \qquad \cdots\cdots\cdots ①$$

に掃き出し法を施すことは、

$$\left(\begin{array}{c|c} & 1 \\ A & 0 \\ & 0 \end{array}\right),\ \left(\begin{array}{c|c} & 0 \\ A & 1 \\ & 0 \end{array}\right),\ \left(\begin{array}{c|c} & 0 \\ A & 0 \\ & 1 \end{array}\right) \qquad \cdots\cdots\cdots ②$$

に掃き出し法を施しているのと同じことです。①は、これらにまとめて掃き出し法を施していると考えられます。掃き出し法の手順は左側の 3 × 3 のところだけに依存しますから、どれも同じ手順を踏むことになるのです。
①に掃き出し法を実行して、

$$\left(\begin{array}{ccc|ccc} 1 & 0 & 0 & x_1 & x_2 & x_3 \\ 0 & 1 & 0 & y_1 & y_2 & y_3 \\ 0 & 0 & 1 & z_1 & z_2 & z_3 \end{array}\right)$$

になったということは、②のそれぞれに掃き出し法を施した結果が

$$\left(\begin{array}{ccc|c} 1 & 0 & 0 & x_1 \\ 0 & 1 & 0 & y_1 \\ 0 & 0 & 1 & z_1 \end{array}\right),\ \left(\begin{array}{ccc|c} 1 & 0 & 0 & x_2 \\ 0 & 1 & 0 & y_2 \\ 0 & 0 & 1 & z_2 \end{array}\right),\ \left(\begin{array}{ccc|c} 1 & 0 & 0 & x_3 \\ 0 & 1 & 0 & y_3 \\ 0 & 0 & 1 & z_3 \end{array}\right)$$

となるということです。これは、

$$\boldsymbol{A}\begin{pmatrix} x \\ y \\ z \end{pmatrix} = \begin{pmatrix} 1 \\ 0 \\ 0 \end{pmatrix}、\boldsymbol{A}\begin{pmatrix} x \\ y \\ z \end{pmatrix} = \begin{pmatrix} 0 \\ 1 \\ 0 \end{pmatrix}、\boldsymbol{A}\begin{pmatrix} x \\ y \\ z \end{pmatrix} = \begin{pmatrix} 0 \\ 0 \\ 1 \end{pmatrix}$$

という方程式をいっぺんに解いたことになります。この方程式の解が、それぞれ$\begin{pmatrix} x_1 \\ y_1 \\ z_1 \end{pmatrix}$、$\begin{pmatrix} x_2 \\ y_2 \\ z_2 \end{pmatrix}$、$\begin{pmatrix} x_3 \\ y_3 \\ z_3 \end{pmatrix}$であるということは、

$$\underbrace{\begin{pmatrix}2&1&-1\\1&-1&0\\0&2&-1\end{pmatrix}}_{\boldsymbol{A}}\begin{pmatrix}x_1\\y_1\\z_1\end{pmatrix}=\begin{pmatrix}1\\0\\0\end{pmatrix}、\underbrace{\begin{pmatrix}2&1&-1\\1&-1&0\\0&2&-1\end{pmatrix}}_{\boldsymbol{A}}\begin{pmatrix}x_2\\y_2\\z_2\end{pmatrix}=\begin{pmatrix}0\\1\\0\end{pmatrix}、\underbrace{\begin{pmatrix}2&1&-1\\1&-1&0\\0&2&-1\end{pmatrix}}_{\boldsymbol{A}}\begin{pmatrix}x_3\\y_3\\z_3\end{pmatrix}=\begin{pmatrix}0\\0\\1\end{pmatrix}$$

であるということです。これらを用いて次を計算してみましょう。

$$\begin{pmatrix}2&1&-1\\1&-1&0\\0&2&-1\end{pmatrix}\begin{pmatrix}x_1&x_2&x_3\\y_1&y_2&y_3\\z_1&z_2&z_3\end{pmatrix}$$

すると、次のようになります。どうして合わせることができるかは、行列の積の計算手順を追いかけると分かりますよ。

$$\begin{pmatrix}2&1&-1\\1&-1&0\\0&2&-1\end{pmatrix}\begin{pmatrix}x_1&x_2&x_3\\y_1&y_2&y_3\\z_1&z_2&z_3\end{pmatrix}=\begin{pmatrix}1&0&0\\0&1&0\\0&0&1\end{pmatrix}\quad\cdots\cdots\cdots③$$

例えば、右辺の行列の 2 列目は、左辺の $\begin{pmatrix}2&1&-1\\1&-1&0\\0&2&-1\end{pmatrix}$ と左辺の行列の 2 列目 $\begin{pmatrix}x_2\\y_2\\z_2\end{pmatrix}$ を掛けたものですから、$\begin{pmatrix}0\\1\\0\end{pmatrix}$ になるわけです。

結局、③が成り立つので、$\begin{pmatrix}x_1&x_2&x_3\\y_1&y_2&y_3\\z_1&z_2&z_3\end{pmatrix}$ は $\boldsymbol{A}$ の逆行列なのです。

4 次以上の行列に関しても、このような掃き出し法を用いて、逆行列を求めることができます。

掃き出し法による逆行列の求め方

掃き出し法で $n \times n$ 行列 $\boldsymbol{A}$ の逆行列を求めるには

$(\boldsymbol{AE})$ に掃き出し法を施し、$(\boldsymbol{E}\quad)$ の形にして、右の部分の $n \times n$ の部分を読む。

演習問題

$$\boldsymbol{A} = \begin{pmatrix} 1 & -1 & 2 \\ -2 & 3 & -5 \\ 1 & -1 & 1 \end{pmatrix}$$ の逆行列を求めてください。

解答

$(\boldsymbol{AE})$ に掃き出し法を用います。

$$\begin{pmatrix} 1 & -1 & 2 & 1 & 0 & 0 \\ -2 & 3 & -5 & 0 & 1 & 0 \\ 1 & -1 & 1 & 0 & 0 & 1 \end{pmatrix} \xrightarrow[\text{㋒} \quad \text{㋒}+\text{㋐}\times(-1)]{\text{㋑} \quad \text{㋑}+\text{㋐}\times 2} \begin{pmatrix} 1 & -1 & 2 & 1 & 0 & 0 \\ 0 & 1 & -1 & 2 & 1 & 0 \\ 0 & 0 & -1 & -1 & 0 & 1 \end{pmatrix} \xrightarrow{\text{㋐} \quad \text{㋐}+\text{㋑}}$$

$$\begin{pmatrix} 1 & 0 & 1 & 3 & 1 & 0 \\ 0 & 1 & -1 & 2 & 1 & 0 \\ 0 & 0 & -1 & -1 & 0 & 1 \end{pmatrix} \xrightarrow{\text{㋒} \quad \text{㋒}\times(-1)} \begin{pmatrix} 1 & 0 & 1 & 3 & 1 & 0 \\ 0 & 1 & -1 & 2 & 1 & 0 \\ 0 & 0 & 1 & 1 & 0 & -1 \end{pmatrix} \xrightarrow[\text{㋑}\to \quad \text{㋑}+\text{㋒}]{\text{㋐}\to \quad \text{㋐}+\text{㋒}\times(-1)}$$

1にする

$$\begin{pmatrix} 1 & 0 & 0 & 2 & 1 & 1 \\ 0 & 1 & 0 & 3 & 1 & -1 \\ 0 & 0 & 1 & 1 & 0 & -1 \end{pmatrix}$$

よって、$\boldsymbol{A}^{-1} = \begin{pmatrix} 2 & 1 & 1 \\ 3 & 1 & -1 \\ 1 & 0 & -1 \end{pmatrix}$

11 f の使用前、使用後はどれだけ違うの？ —— Ker f と Im f

線形変換 f が移して作る空間の次元を知るにはどうしたらいいの？

p.169 の $f:\boldsymbol{R}^2\to\boldsymbol{R}^2$ の線形変換のイメージで述べたように、

$\vec{a}=\begin{pmatrix}a\\b\end{pmatrix}$、$\vec{b}=\begin{pmatrix}c\\d\end{pmatrix}$ から作った、表現行列 $\boldsymbol{A}=\begin{pmatrix}a&c\\b&d\end{pmatrix}$ を持つ、線形変換 f は、

「xy 座標で（x，y）と表される点 P を
$\vec{a}$、$\vec{b}$ が張る斜交座標で（x，y）と表される点 Q に移す変換」

であると特徴付けられました。

$f(\vec{e_1})=\vec{a}$、$f(\vec{e_2})=\vec{b}$ のとき、$\overrightarrow{\mathrm{OP}}=x\vec{e_1}+y\vec{e_2}$ を f で移した先は、

$$\overrightarrow{\mathrm{OQ}}=f(x\vec{e_1}+y\vec{e_2})=x\vec{a}+y\vec{b}$$

となります。

$\boldsymbol{R}^3\to\boldsymbol{R}^3$ の線形変換でも同様です。

$\vec{a}=\begin{pmatrix}A\\B\\C\end{pmatrix}$、$\vec{b}=\begin{pmatrix}a\\b\\c\end{pmatrix}$、$\vec{c}=\begin{pmatrix}X\\Y\\Z\end{pmatrix}$ から作った表現行列 $\boldsymbol{A}=\begin{pmatrix}A&a&X\\B&b&Y\\C&c&Z\end{pmatrix}$ を持つ線形変換 f は、

「xyz 座標で、（x，y，z）と表される点 P を
$\vec{a}$、$\vec{b}$、$\vec{c}$ が張る斜交座標で（x，y，z）と表される点 Q に移す変換」

と特徴付けられます。

$f(\vec{e_1})=\vec{a}$、$f(\vec{e_2})=\vec{b}$、$f(\vec{e_3})=\vec{c}$ のとき、$\overrightarrow{\mathrm{OP}}=x\vec{e_1}+y\vec{e_2}+z\vec{e_3}$ を f で移すと、

$$\overrightarrow{\mathrm{OQ}} = f(x\vec{e_1} + y\vec{e_2} + z\vec{e_3}) = x\vec{a} + y\vec{b} + z\vec{c}$$

となります。

ここで、p.105 で述べた内容を思い出してください。

線形空間 $\boldsymbol{V}$ の元の組 $\{\vec{a_1},\ \vec{a_2},\ \cdots,\ \vec{a_n}\}$ に対して、

$$\boldsymbol{W} = \{c_1\vec{a_1} + c_2\vec{a_2} + \cdots + c_n\vec{a_n} \mid c_1、c_2、\cdots、c_n \text{ は実数}\}$$

と定める。$\boldsymbol{W}$ は $\boldsymbol{V}$ の部分空間である。$\boldsymbol{W}$ を $\{\vec{a_1},\ \vec{a_2},\ \cdots,\ \vec{a_n}\}$ が張る部分空間と言う。

という定理がありました。

$\overrightarrow{\mathrm{OQ}}$ は、$\boldsymbol{R}^2$ の場合でも、$\boldsymbol{R}^3$ の場合でも、1 次結合の形で書かれていますよね。

ですから、線形変換 f で移した先は、それぞれ $\boldsymbol{R}^2$、$\boldsymbol{R}^3$ の部分空間になっているわけです。この移った先の部分空間のことを $\mathrm{Im}\,f$ と書いて、イメージ f と読みます。Im は、Image が由来です。

抽象的な言い方で定義すると、次のようになります。

Im f の定義

線形変換 $f : \boldsymbol{V} \to \boldsymbol{V}'$ で、

$$\mathrm{Im}\,f = \{f(\vec{x}) \mid \vec{x} \in \boldsymbol{V}\}$$

を "像" と言い、イメージ f と読みます。

$\vec{x}$ が V の中を動くとき、
$\vec{x}$ に f を作用させた
$f(\vec{x})$ が動くところ

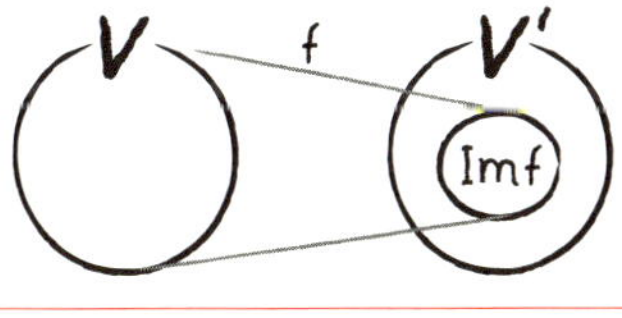

$\boldsymbol{R}^2$、$\boldsymbol{R}^3$ の具体例で見たように、$\{\vec{a_1},\ \vec{a_2}\}$、$\{\vec{a_1},\ \vec{a_2},\ \vec{a_3}\}$ のとり方により、1 次結合が表す部分空間の次元はそれぞれでしたね。

$\mathrm{Im}\,f$ の次元も、f によってはいろいろな値をとります。

1 次結合が表す部分空間と $\mathrm{Im}\,f$ を対応付けることで、この様子を述べてみましょう。

$f:\boldsymbol{R}^2 \to \boldsymbol{R}^2$ の場合で述べてみましょう。

例えば、p.72、p.79 で述べた例を用いると、

（ア） $\boldsymbol{R}^2$ で $\vec{a}=\begin{pmatrix}3\\1\end{pmatrix}$、$\vec{b}=\begin{pmatrix}-1\\2\end{pmatrix}$ として、$k\vec{a}+l\vec{b}$ の張る空間は $\boldsymbol{R}^2$ 全体。

→ f の表現行列が、$\begin{pmatrix}3 & -1\\1 & 2\end{pmatrix}$ のとき、$\mathrm{Im}\,f$ の次元は 2 次

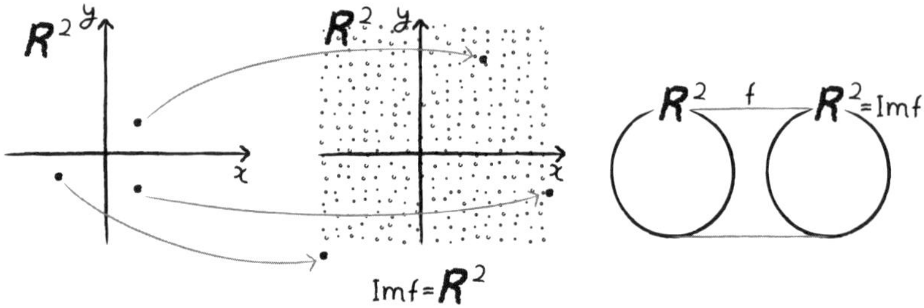

（イ） $\boldsymbol{R}^2$ で $\vec{a}=\begin{pmatrix}1\\2\end{pmatrix}$、$\vec{b}=\begin{pmatrix}2\\4\end{pmatrix}$ として、$k\vec{a}+l\vec{b}$ の張る空間は原点を通る直線。

→ f の表現行列が、$\begin{pmatrix}1 & 2\\2 & 4\end{pmatrix}$ のとき、$\mathrm{Im}\,f$ の次元は 1 次

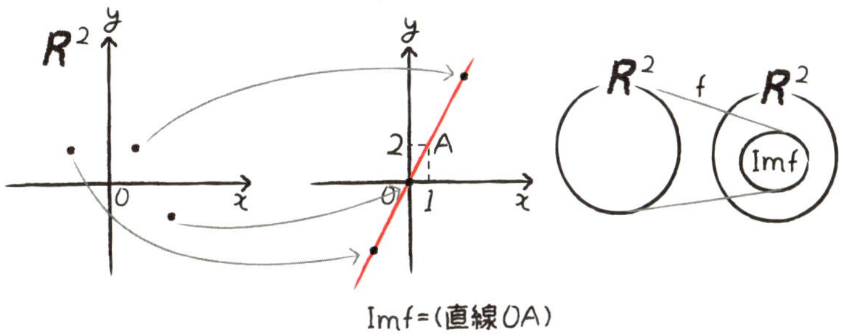

でした。

$f: \boldsymbol{R}^3 \to \boldsymbol{R}^3$ の場合も述べてみましょう。p.85 の問題の結果をまとめます。

(ウ)　$\boldsymbol{R}^3$ で、$\vec{a} = \begin{pmatrix} 1 \\ 2 \\ 1 \end{pmatrix}$、$\vec{b} = \begin{pmatrix} 2 \\ 3 \\ 1 \end{pmatrix}$、$\vec{c} = \begin{pmatrix} 3 \\ 5 \\ 3 \end{pmatrix}$ のとき、$k\vec{a} + l\vec{b} + m\vec{c}$ で

張られる空間は $\boldsymbol{R}^3$ 全体

→　f の表現行列が、$\begin{pmatrix} 1 & 2 & 3 \\ 2 & 3 & 5 \\ 1 & 1 & 3 \end{pmatrix}$ のとき、Im f の次元は 3 次

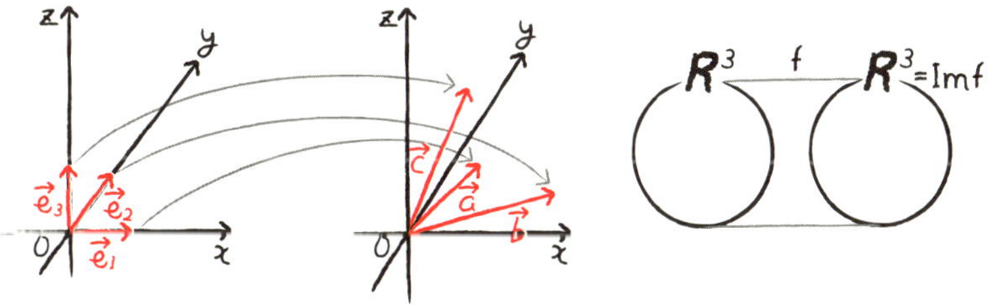

(エ)　$\boldsymbol{R}^3$ で、$\vec{a} = \begin{pmatrix} 1 \\ 2 \\ 1 \end{pmatrix}$、$\vec{b} = \begin{pmatrix} 2 \\ 3 \\ 1 \end{pmatrix}$、$\vec{c} = \begin{pmatrix} 3 \\ 5 \\ 2 \end{pmatrix}$ のとき、$k\vec{a} + l\vec{b} + m\vec{c}$ で

張られる空間は原点を通る平面

→ f の表現行列が、$\begin{pmatrix} 1 & 2 & 3 \\ 2 & 3 & 5 \\ 1 & 1 & 2 \end{pmatrix}$ のとき、$\mathrm{Im}\,f$ の次元は2次

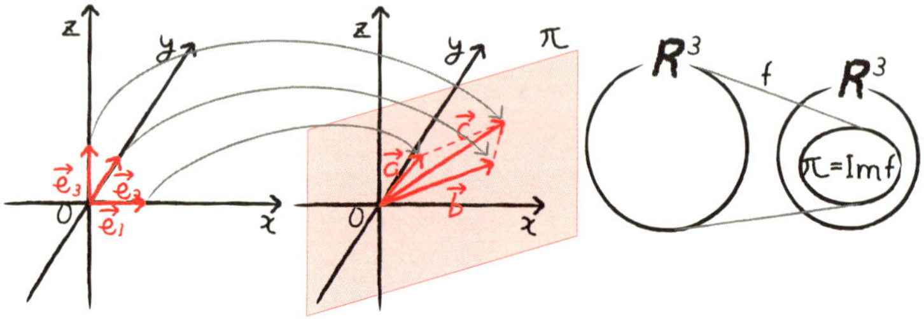

(オ) $\boldsymbol{R}^3$ で、$\vec{a}=\begin{pmatrix} 1 \\ 2 \\ 3 \end{pmatrix}$、$\vec{b}=\begin{pmatrix} 2 \\ 4 \\ 6 \end{pmatrix}$、$\vec{c}=\begin{pmatrix} 3 \\ 6 \\ 9 \end{pmatrix}$ のとき、$k\vec{a}+l\vec{b}+m\vec{c}$ で

張られる空間は原点を通る直線

→ f の表現行列が、$\begin{pmatrix} 1 & 2 & 3 \\ 2 & 4 & 6 \\ 3 & 6 & 9 \end{pmatrix}$ のとき、$\mathrm{Im}\,f$ の次元は1次

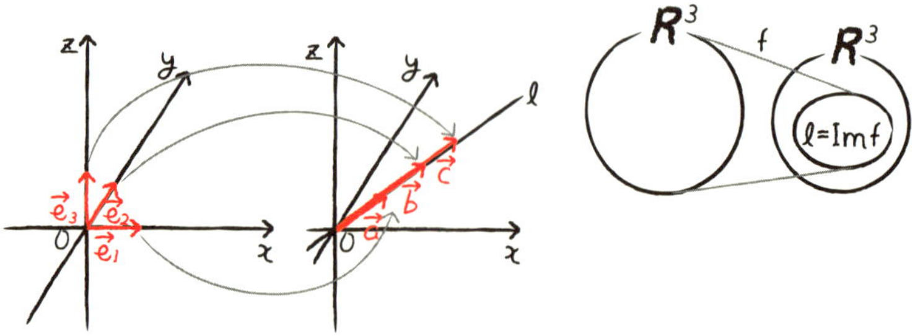

$f:\boldsymbol{R}^2 \to \boldsymbol{R}^2$ の（イ）の場合、$\mathrm{Im}\,f$ は、$\boldsymbol{R}^2$ の全体を行き渡ることはなく、

次元は1になりました。2次元の$\boldsymbol{R}^2$をfで移したら1次元にしぼんでしまったわけです。いわば、k、lと2つあった動きが1つ減って1方向になってしまったわけです。

$f:\boldsymbol{R}^3 \to \boldsymbol{R}^3$の(エ)、(オ)の場合、Im fは、$\boldsymbol{R}^3$の全体を行き渡ることはなく、次元はそれぞれ、2、1になりました。3次元の$\boldsymbol{R}^3$をfで移したらそれぞれ、2次元、1次元にしぼんでしまったわけです。k、l、mと3つあった動きがそれぞれ、1つ、2つと減ってそれぞれ、2方向、1方向になってしまったわけです。

消えた次元はどこに行ってしまったのでしょうか。

実は、それはfで移す前の$\boldsymbol{R}^2$、$\boldsymbol{R}^3$に残っているんです。

fで移して$\vec{0}$になるような元を考えます。すると、このような元全体は$\boldsymbol{V}$の部分空間を形成するんです。

(エ)の場合で具体的に述べてみましょう。

> 表現行列が$\begin{pmatrix} 1 & 2 & 3 \\ 2 & 3 & 5 \\ 1 & 1 & 2 \end{pmatrix}$となるような線形変換$f$について、移して$\vec{0}$になるような$\boldsymbol{R}^3$の元を求めます。

1次結合の言葉に言い換えると、$\vec{a}=\begin{pmatrix} 1 \\ 2 \\ 1 \end{pmatrix}$、$\vec{b}=\begin{pmatrix} 2 \\ 3 \\ 1 \end{pmatrix}$、$\vec{c}=\begin{pmatrix} 3 \\ 5 \\ 2 \end{pmatrix}$のとき、$k\vec{a}+l\vec{b}+m\vec{c}=\vec{0}$となるような$k$、$l$、$m$を考えます。

$$\begin{cases} k+2l+3m=0 \\ 2k+3l+5m=0 \\ k+\ \ l+2m=0 \end{cases}$$

掃き出し法は、

$$\left(\begin{array}{ccc|c} 1 & 2 & 3 & 0 \\ 2 & 3 & 5 & 0 \\ 1 & 1 & 2 & 0 \end{array}\right) \xrightarrow[\substack{\text{㋒} \\ \text{㋒}+\text{㋐}\times(-1)}]{\substack{\text{㋑}\to \\ \text{㋑}+\text{㋐}\times(-2)}} \left(\begin{array}{ccc|c} 1 & 2 & 3 & 0 \\ 0 & -1 & -1 & 0 \\ 0 & -1 & -1 & 0 \end{array}\right)$$

1にする

$$\xrightarrow{\substack{\text{㋑}\to \\ \text{㋑}\times(-1)}} \left(\begin{array}{ccc|c} 1 & 2 & 3 & 0 \\ 0 & 1 & 1 & 0 \\ 0 & -1 & -1 & 0 \end{array}\right) \xrightarrow[\substack{\text{㋒}\to \\ \text{㋒}+\text{㋑}}]{\substack{\text{㋐}\to \\ \text{㋐}+\text{㋑}\times(-2)}} \left(\begin{array}{ccc|c} 1 & 0 & 1 & 0 \\ 0 & 1 & 1 & 0 \\ 0 & 0 & 0 & 0 \end{array}\right)$$

　これより、

$$\begin{cases} k+m=0 \\ l+m=0 \end{cases}$$

と変形することができ、この連立１次方程式の解は、

$$(k,\ l,\ m)=(-m,\ -m,\ m)\quad (m\text{ は任意の実数})$$

となります。

　つまり、$\boldsymbol{R}^3$ の元 $\begin{pmatrix} -m \\ -m \\ m \end{pmatrix}=m\begin{pmatrix} -1 \\ -1 \\ 1 \end{pmatrix}$ を f で移すと $\vec{0}=\begin{pmatrix} 0 \\ 0 \\ 0 \end{pmatrix}$ になるということです。

$$f\left(\begin{pmatrix} -m \\ -m \\ m \end{pmatrix}\right)=\begin{pmatrix} 0 \\ 0 \\ 0 \end{pmatrix}$$

　ここで、

$m\vec{a}$ の形

$$\left\{ m\begin{pmatrix} -1 \\ -1 \\ 1 \end{pmatrix} \middle|\ m\text{ は実数} \right\}$$

これが後に定義される Ker f です

は**原点を通る直線ですから、$\boldsymbol{R}^3$ の部分空間**になっていますね。変数は m の１個だけですから、次元は１次です。

このときの Im f は原点を通る平面になります（p.88 ～ p.90 で求めました）から、次元は 2 次です。1 + 2 = 3 で、初めの空間の次元の 3 になりますね。

もう 1 つ見てみましょう。

（オ）　の場合はどうでしょうか。

表現行列が $\begin{pmatrix} 1 & 2 & 3 \\ 2 & 4 & 6 \\ 3 & 6 & 9 \end{pmatrix}$ となるような線形変換 f について、移して $\vec{0}$ になるような $\boldsymbol{R}^3$ の元を求めます。

1 次結合の言葉に言い換えて、$\vec{a} = \begin{pmatrix} 1 \\ 2 \\ 3 \end{pmatrix}$、$\vec{b} = \begin{pmatrix} 2 \\ 4 \\ 6 \end{pmatrix}$、$\vec{c} = \begin{pmatrix} 3 \\ 6 \\ 9 \end{pmatrix}$ のとき、

$k\vec{a} + l\vec{b} + m\vec{c} = \vec{0}$ となるような k、l、m を考えます。

$$\begin{cases} k + 2l + 3m = 0 \\ 2k + 4l + 6m = 0 \\ 3k + 6l + 9m = 0 \end{cases}$$

掃き出し法は、

$$\left(\begin{array}{ccc|c} 1 & 2 & 3 & 0 \\ 2 & 4 & 6 & 0 \\ 3 & 6 & 9 & 0 \end{array}\right) \xrightarrow[\text{㋒}\to\text{㋒}+\text{㋐}\times(-3)]{\text{㋑}\to\text{㋑}+\text{㋐}\times(-2)} \left(\begin{array}{ccc|c} 1 & 2 & 3 & 0 \\ 0 & 0 & 0 & 0 \\ 0 & 0 & 0 & 0 \end{array}\right)$$

となります。これにより、

$$k + 2l + 3m = 0$$

これから、この連立 1 次方程式の解は、

$$(k,\ l,\ m) = (-2l - 3m,\ l,\ m) \quad (l\text{、}m \text{ は任意の実数})$$

となります。

つまり、$\boldsymbol{R}^3$ の元 $\begin{pmatrix} -2l-3m \\ l \\ m \end{pmatrix}$ を f で移すと 0 に移るということです。

$$f\left(\begin{pmatrix} -2l-3m \\ l \\ m \end{pmatrix}\right)=\begin{pmatrix} 0 \\ 0 \\ 0 \end{pmatrix}$$

このベクトルは、

$$\begin{pmatrix} -2l-3m \\ l \\ m \end{pmatrix}=l\begin{pmatrix} -2 \\ 1 \\ 0 \end{pmatrix}+m\begin{pmatrix} -3 \\ 0 \\ 1 \end{pmatrix}$$

と書くことができますから、

$l\vec{a}+m\vec{b}$ の形

$$\left\{ l\begin{pmatrix} -2 \\ 1 \\ 0 \end{pmatrix}+m\begin{pmatrix} -3 \\ 0 \\ 1 \end{pmatrix} \middle|\, l、m \text{ は実数} \right\}$$

これが後に定義される Ker f です

は**原点を通る平面ですから、$\boldsymbol{R}^3$ の部分空間**になっていますね。

$$l\begin{pmatrix} -2 \\ 1 \\ 0 \end{pmatrix}+m\begin{pmatrix} -3 \\ 0 \\ 1 \end{pmatrix}=\begin{pmatrix} 0 \\ 0 \\ 0 \end{pmatrix}$$

となるのは、$l=0$、$m=0$ のときだけですから、$\begin{pmatrix} -2 \\ 1 \\ 0 \end{pmatrix}$ と $\begin{pmatrix} -3 \\ 0 \\ 1 \end{pmatrix}$ は 1 次独立です。部分空間の次元は 2 次です。

このときの $\mathrm{Im}\, f$ は原点を通る直線になります（p.91 で求めました）から、次元は 1 次です。

$2+1=3$ で、初めの空間 $\boldsymbol{R}^3$ の次元の 3 になりますね。

ここで、抽象的な言葉でこのことをまとめておきましょう。

Ker f の定義

線形変換 f : $\boldsymbol{V} \to \boldsymbol{V}'$ で、

$$\mathrm{Ker}\, f = \{\vec{x} \mid \vec{x} \in \boldsymbol{V}、f(\vec{x}) = \vec{0}\}$$

を“核”と言い、カーネル f と読みます。

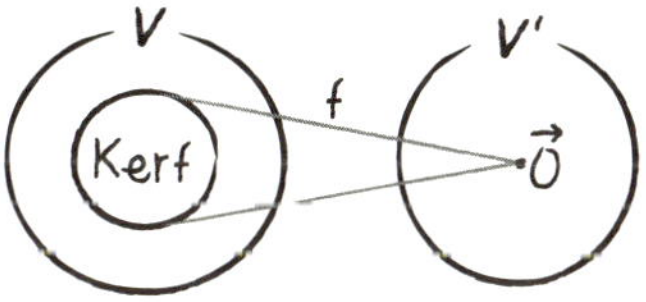

Im f は f で移った先 $\boldsymbol{V}'$ の部分空間でしたが、Ker f は f で移す前の $\boldsymbol{V}$ の部分空間になります。

ここで、一般に Ker f が部分空間になることを説明しておきましょう。

Ker f の任意の元 $\vec{x}$、$\vec{y}$、任意の実数 k をとったとき、$\vec{x}+\vec{y}$、$k\vec{x}$ が Ker f に含まれることを示せばよいわけです。

$\vec{x}$、$\vec{y}$ が Ker f に含まれているので、$f(\vec{x}) = \vec{0}$、$f(\vec{y}) = \vec{0}$

f の線形性を用いて、

$$f(\vec{x}+\vec{y}) = f(\vec{x}) + f(\vec{y}) = \vec{0} + \vec{0} = \vec{0}、f(k\vec{x}) = kf(\vec{x}) = k\vec{0} = \vec{0}$$

となりますから、$\vec{x}+\vec{y}$、$k\vec{x}$ が Ker に含まれることになり、確かに Ker f は線形空間です。

Ker f、Im f って何ですか？

$\boldsymbol{V}$ から $\boldsymbol{V}'$ への線形変換 f で、$\boldsymbol{V}$ を f で移してできる線形空間（$\boldsymbol{V}'$ の部分空間になっている）を Im f（イメージ f）、f で移すと $\vec{0}$ になる $\boldsymbol{V}$ の部分空間を Ker f（カーネル f）と言います。

表現行列が与えられたときの Ker f、Im f の求め方を練習問題で確認しておきましょう。

演習問題　$\boldsymbol{R}^3$ から $\boldsymbol{R}^3$ への線形変換 f の表現行列が

$$\begin{pmatrix} 1 & 2 & 4 \\ 2 & -3 & 1 \\ 0 & 1 & 1 \end{pmatrix}$$

と表されるとき、Ker f、Im f のそれぞれの基底の例をあげてみましょう。

また、$\dim(\mathrm{Ker}\,f)+\dim(\mathrm{Im}\,f)=3$ を示してください。

解答

$$\mathrm{Ker}\,f=\{\vec{x}\mid f(\vec{x})=\vec{0},\ \vec{x}\in \boldsymbol{V}\}$$

でした。$\vec{x}=\begin{pmatrix} k \\ l \\ m \end{pmatrix}$ とおいて、Ker f を求めましょう。

$$\begin{pmatrix} 1 & 2 & 4 \\ 2 & -3 & 1 \\ 0 & 1 & 1 \end{pmatrix}\begin{pmatrix} k \\ l \\ m \end{pmatrix}=\begin{pmatrix} 0 \\ 0 \\ 0 \end{pmatrix} \qquad \cdots\cdots①$$

となる k、l、m を求めましょう。方程式の形にすると、

$$\begin{cases} k+2l+4m=0 \\ 2k-3l+m=0 \\ l+m=0 \end{cases}$$

これを掃き出し法で計算すると、

$$\begin{pmatrix} 1 & 2 & 4 & 0 \\ 2 & -3 & 1 & 0 \\ 0 & 1 & 1 & 0 \end{pmatrix} \xrightarrow[\text{㋑}+\text{㋐}\times(-2)]{\text{㋑}\to} \begin{pmatrix} 1 & 2 & 4 & 0 \\ 0 & -7 & -7 & 0 \\ 0 & 1 & 1 & 0 \end{pmatrix} \xrightarrow{\text{㋑}\leftrightarrow\text{㋒}} \begin{pmatrix} 1 & 2 & 4 & 0 \\ 0 & 1 & 1 & 0 \\ 0 & -7 & -7 & 0 \end{pmatrix}$$

$$\xrightarrow[\text{㋒}\to \ \text{㋒}+\text{㋑}\times 7]{\text{㋐}\to \ \text{㋐}+\text{㋑}\times(-2)} \begin{pmatrix} 1 & 0 & 2 & 0 \\ 0 & 1 & 1 & 0 \\ 0 & 0 & 0 & 0 \end{pmatrix}$$

つまり、方程式は、

$$\begin{cases} k+2m=0 \\ l+m=0 \end{cases} \rightarrow \begin{cases} k=-2m \\ l=-\ m \end{cases} \cdots\cdots\text{②}$$

となります。方程式の答えは、

$$(k,\ l,\ m)=(-2m,\ -m,\ m) \qquad (m\text{ は任意の実数})$$

となります。つまり、

$$f\left(\begin{pmatrix} -2m \\ -m \\ m \end{pmatrix}\right)=\begin{pmatrix} 0 \\ 0 \\ 0 \end{pmatrix}$$

ということです。

$$\begin{pmatrix} -2m \\ -m \\ m \end{pmatrix}=m\begin{pmatrix} -2 \\ -1 \\ 1 \end{pmatrix} \qquad (m\text{ は実数})$$

ですから、Ker f は、$\begin{pmatrix} -2 \\ -1 \\ 1 \end{pmatrix}$ が張る部分空間です。

部分空間 ***Ker f* の次元は 1 次で、**$\left\{\begin{pmatrix} \mathbf{-2} \\ \mathbf{-1} \\ \mathbf{1} \end{pmatrix}\right\}$ **が基底**です。

次に、

$$\operatorname{Im} f = \{ f(\vec{x}) \mid \vec{x} \in \boldsymbol{V} \}$$

のほうを求めてみましょう。具体的にすると、

$$\operatorname{Im} f = \left\{ \begin{pmatrix} 1 & 2 & 4 \\ 2 & -3 & 1 \\ 0 & 1 & 1 \end{pmatrix} \begin{pmatrix} k \\ l \\ m \end{pmatrix} \middle| \begin{pmatrix} k \\ l \\ m \end{pmatrix} \in \boldsymbol{R}^3 \right\}$$

ここで、

$$\vec{a} = \begin{pmatrix} 1 \\ 2 \\ 0 \end{pmatrix}、\vec{b} = \begin{pmatrix} 2 \\ -3 \\ 1 \end{pmatrix}、\vec{c} = \begin{pmatrix} 4 \\ 1 \\ 1 \end{pmatrix}$$

とおきます。すると、

$$\begin{pmatrix} 1 & 2 & 4 \\ 2 & -3 & 1 \\ 0 & 1 & 1 \end{pmatrix} \begin{pmatrix} k \\ l \\ m \end{pmatrix} = \begin{pmatrix} \vec{a} & \vec{b} & \vec{c} \end{pmatrix} \begin{pmatrix} k \\ l \\ m \end{pmatrix} = k\vec{a} + l\vec{b} + m\vec{c} \qquad \cdots\cdots ③$$

となり、$\operatorname{Im} f$ は $\vec{a}$、$\vec{b}$、$\vec{c}$ が張る $\boldsymbol{R}^3$ の部分空間に等しくなります。

ここで、$k\vec{a} + l\vec{b} + m\vec{c} = \vec{0}$ となる k、l、m を求めましょう。①と③を見比べると、$\operatorname{Ker} f$ を求めるときにすでに計算していたことが分かります。②の式で $m = 1$ とします。すると、

$$k = -2m = -2、l = -m = -1$$

したがって、

$$-2\vec{a} - \vec{b} + \vec{c} = \vec{0}$$
$$\vec{c} = 2\vec{a} + \vec{b} \qquad \cdots\cdots\cdots ④$$

という関係式を導くことができます。

$m=1$ を代入して解の１つを求めましたが、すでに Ker f の基底ベクトルを求めてあるのであれば、それを使うと少し手間が省けます。

④を用いて、

$$k\vec{a}+l\vec{b}+m\vec{c}=k\vec{a}+l\vec{b}+m(2\vec{a}+\vec{b})$$
$$=(k+2m)\vec{a}+(l+m)\vec{b}$$

k, l, m がすべての実数を自由に取り得るので、$k+2m$, $l+m$ もすべての実数を自由に取り得る。P.89参照

これより、Im f は、$\vec{a}=\begin{pmatrix}1\\2\\0\end{pmatrix}$、$\vec{b}=\begin{pmatrix}2\\-3\\1\end{pmatrix}$ によって張られる部分空間となります。**Im f の基底は $\left\{\begin{pmatrix}1\\2\\0\end{pmatrix}, \begin{pmatrix}2\\-3\\1\end{pmatrix}\right\}$ で、次元は２次**です。

ここで、Ker f と Im f の次元を足してみましょう。すると、

$$\dim(\mathrm{Ker} f)+\dim(\mathrm{Im} f)=1+2=3$$

となります。

⑫ Im f の大きさで、行列の偉さが決まるのだ
—— 行列のランク

行列のランクって何？ どうやって計算するの？

上の例で見たように、Im f の次元と Ker f の次元を足すと、元の線形空間の次元になります。

$$\dim V = \dim(\mathrm{Ker}\,f) + \dim(\mathrm{Im}\,f)$$

線形変換 f を施して、移った先の線形空間が元の線形空間よりしぼんでしまう場合、なくなってしまった分の次元は、元の線形空間に残っていたということです。

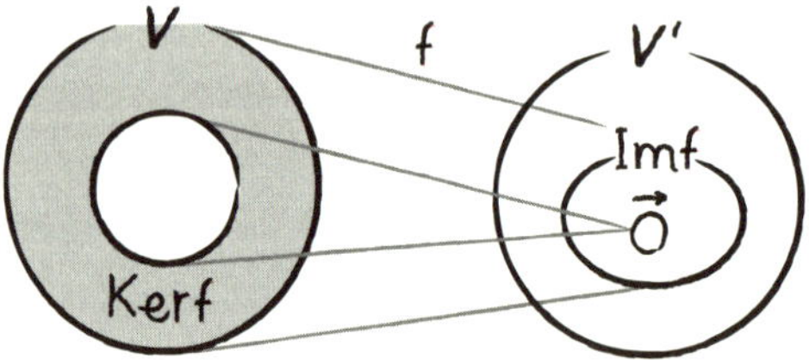

これが一般の場合でも成り立つことを説明してみましょう。厳密な証明ではありませんので、そのつもりで読んでください。

掃き出し法から Im f、Ker f の次元を求める手順を振り返ってみることで、上の事実が実感できるということを示したいのです。Im f、Ker f の次元を求める手順を復習するつもりで読んでいただければ結構です。

線形写像 f

$$f : \boldsymbol{R}^n \quad \rightarrow \quad \boldsymbol{R}^m$$

の表現行列が、

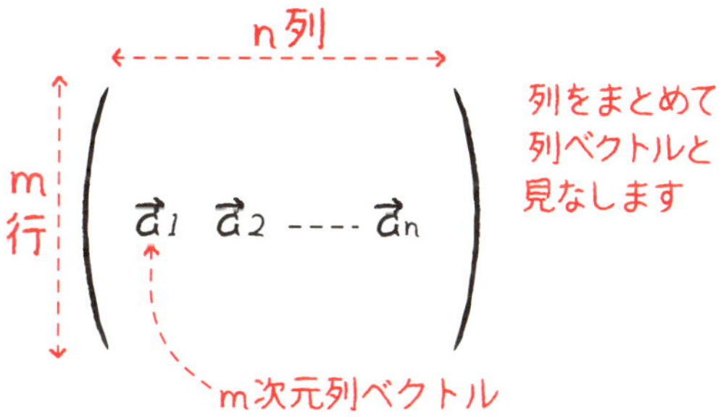

$$\begin{pmatrix} \vec{a_1} & \vec{a_2} & \cdots & \vec{a_n} \end{pmatrix}$$

（n 列、m 行、列をまとめて列ベクトルと見なします、m 次元列ベクトル）

と表されるとします。$\operatorname{Im} f$ を調べるには、$\{\vec{a_1}, \vec{a_2}, \cdots, \vec{a_n}\}$ が張る線形空間の次元を調べればよいのでした。そのためには $(\vec{a_1}, \vec{a_2}, \cdots, \vec{a_n})$ に掃き出し法を用います。掃き出し法の結果が

$$\begin{pmatrix} 1 & 0 & \cdots & 0 & * & \cdots & * \\ 0 & 1 & & & * & \cdots & * \\ 0 & 0 & \diagdown & 1 & * & \cdots & * \\ 0 & 0 & \cdots & 0 & 0 & \cdots & 0 \\ 0 & 0 & \cdots & 0 & 0 & \cdots & 0 \end{pmatrix}$$

（n 列、r 列、r 行、m 行）

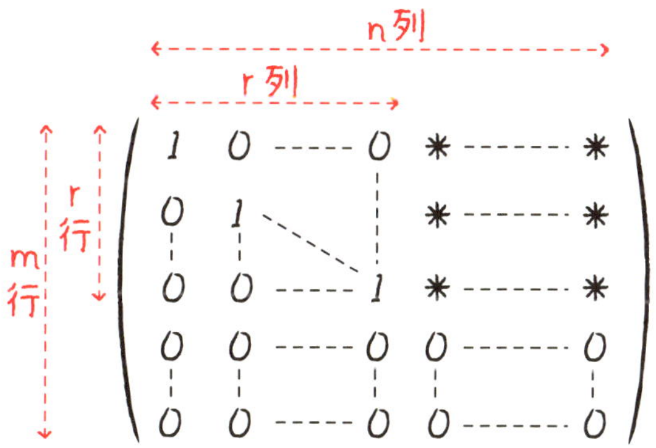

になったとします。

　これは、連立1次方程式

$$\begin{pmatrix} & & & \\ \vec{a}_1 & \vec{a}_2 & \cdots & \vec{a}_n \\ & & & \end{pmatrix}\begin{pmatrix} x_1 \\ x_2 \\ \vdots \\ x_n \end{pmatrix}=\begin{pmatrix} 0 \\ 0 \\ \vdots \\ 0 \end{pmatrix} \quad \cdots\cdots\cdots ①$$

条件式がm本ある
$x_1, x_2, \cdots, x_n$ を未知数とする
n元連立1次方程式

の解が、

$$\left.\begin{array}{l} x_1 = (x_{r+1}、x_{r+2}、\cdots、x_n \text{ の 1 次式}) \\ x_2 = (x_{r+1}、x_{r+2}、\cdots、x_n \text{ の 1 次式}) \\ \cdots\cdots\cdots \\ x_r = (x_{r+1}、x_{r+2}、\cdots、x_n \text{ の 1 次式}) \end{array}\right\} \cdots\cdots\cdots ②$$

$$\left.\begin{array}{l} x_{r+1} \\ \cdots\cdots\cdots \\ x_n \end{array}\right\} \text{任意の実数}$$

P.47の連立方程式の
解き方を参照のこと
$x_{r+1}, \cdots, x_n$ をそのまま
任意の実数とした

となることを示しています。

$x_{r+1} \cdots x_n$ を任意の実数として、x_1、x_2、…、x_r が②を満たすようにとるとき、

$$f\left(\begin{pmatrix} x_1 \\ x_2 \\ \vdots \\ x_n \end{pmatrix}\right)=\vec{0}$$

が成り立ちます。

$\mathrm{Ker}\, f$ は、

$$\mathrm{Ker}\, f = \{\vec{x} \mid f(\vec{x}) = \vec{0}、\vec{x} \in \boldsymbol{R}^n\}$$

でしたから、$\begin{pmatrix} x_1 \\ x_2 \\ \vdots \\ x_n \end{pmatrix}$ は $\mathrm{Ker}\, f$ の元です。

ここで、x_1、x_2、…、x_rは、どれも(x_{r+1}、x_{r+2}、…、x_nの1次式)で書くことができますから、$\begin{pmatrix} x_1 \\ x_2 \\ \vdots \\ x_n \end{pmatrix}$の成分はどれも、$x_{r+1}$、…、$x_n$の1次式になっています。p.222の4行目で、$l$、$m$を括り出したように、$x_{r+1}$、…、$x_n$を括り出します。$x_{r+1}$から$x_n$までの変数の個数は$n-r$個です。すると、$\begin{pmatrix} x_1 \\ x_2 \\ \vdots \\ x_n \end{pmatrix}$は$n-r$個のベクトルの1次結合で表されることになります。これは、$\mathrm{Ker}\,f$の次元が$n-r$であることと対応しています。

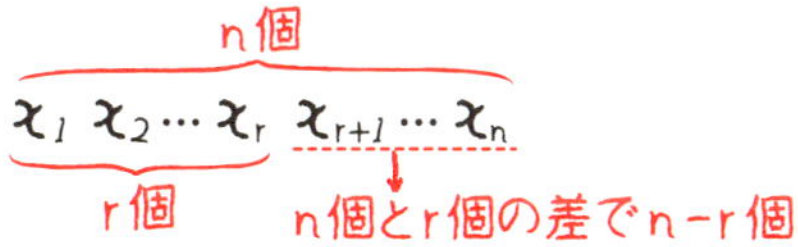

また、x_{r+1}、…、x_nのうちどれか1つを1、他は0にして、①の連立方程式の具体的な解を作ります。

つまり、②の式に、

$$x_{r+1}=1、x_{r+2}=0、\cdots\cdots、x_n=0$$

として解を作って、次のようになったとします。

$$x_1=b_1、x_2=b_2、\cdots、x_r=b_r、x_{r+1}=1、x_{r+2}=0、\cdots\cdots、x_n=0$$

これが①の方程式の解なので、

$$b_1\vec{a}_1+b_2\vec{a}_2+\cdots+b_r\vec{a}_r+\vec{a}_{r+1}=\vec{0}$$

となります。これは、

$$\vec{a}_{r+1}=-(b_1\vec{a}_1+b_2\vec{a}_2+\cdots+b_r\vec{a}_r)$$

というように、$\vec{a}_{r+1}$ を $\{\vec{a}_1,\ \vec{a}_2,\ \cdots,\ \vec{a}_r\}$ の１次結合で書くことができるということです。

r個

$$x_{r+1}=0、x_{r+2}=1、\cdots\cdots、x_n=0$$

にして同じ手順を繰り返せば、$\vec{a}_{r+2}$ を $\{\vec{a}_1,\ \vec{a}_2,\ \cdots,\ \vec{a}_r\}$ の１次結合で書くことができます。このようにして、

$\vec{a}_{r+1}$、$\vec{a}_{r+2}$、$\cdots$、$\vec{a}_n$ の $n-r$ 個のベクトルはすべて、$\vec{a}_1$、$\cdots$、$\vec{a}_r$ の r 個のベクトルの１次結合で書くことができるということです。

$\mathrm{Im}\,f$ は、

$$\mathrm{Im}\,f=\{\,c_1\vec{a}_1+c_2\vec{a}_2+\cdots+c_n\vec{a}_n \mid c_1、c_2\cdots、c_n\text{は実数}\,\}$$

$c_1\vec{a}_1+c_2\vec{a}_2+\cdots+c_n\vec{a}_n$ も、$\vec{a}_1$、$\vec{a}_2$、$\cdots$、$\vec{a}_r$ の r 個の１次結合で書くことができます。

これは、$\mathrm{Im}\,f$ の次元が r であることに対応しています。

$\mathrm{Ker}\,f$ の次元が $n-r$、$\mathrm{Im}\,f$ の次元が r で、これらを足すと、

$$\dim(\mathrm{Ker}\,f)+\dim(\mathrm{Im}\,f)=(n-r)+r=n$$

となり、元の線形空間 $\boldsymbol{R}^n$ の次元に等しくなります。

掃き出し法を用いて、f の表現行列に対して、r を求めました。この r を行列のランク（階数）と言います。行列 $\boldsymbol{A}$ のランクを

$$\mathrm{rank}\,\boldsymbol{A}$$

と表します。

行列 A のランクは、f の表現行列が A となるときの $\mathrm{Im}\,f$ の次元を表しています。

行列の rank の求め方

行基本変形を用いて、対角線に1が並ぶようにする。このときの1の個数が行列の rank である。

次で、行列のランクを求める問題を解いてみましょう。

p.229の下図の行列は対角線に並んだ1の上側は0になっていますが、掃き出し方でランクを求めるときは、上側まで0にする必要はありません。対角線に1が並べばその上側を0にすることはすぐにできることだからです。実は、対角線を1にそろえる必要もありません。0でない数であれば、1に合わせることがすぐにできるからです。

行列のランクを求めるときのポイントは、対角線に0でない数を並べ、対角線より下側を0にすることです。このとき対角線に並んだ0でない数の個数が行列のランクとなります。

演習問題　次の行列のランク(階数)を求めてみましょう。

(1)　$\boldsymbol{A}=\begin{pmatrix}1&2&3\\4&5&6\end{pmatrix}$

(2)　$\boldsymbol{A}=\begin{pmatrix}1&3\\2&2\\3&1\end{pmatrix}$

(3)　$\boldsymbol{A}=\begin{pmatrix}1&2&3\\4&5&6\\7&8&9\end{pmatrix}$

解答

0に合わせなくてもよい

(1)
$$\begin{pmatrix} 1 & 2 & 3 \\ 4 & 5 & 6 \end{pmatrix} \xrightarrow[\text{㋑+㋐×(−4)}]{\text{㋑→}} \begin{pmatrix} 1 & 2 & 3 \\ 0 & -3 & -6 \end{pmatrix} \xrightarrow[\text{㋑×}(-\frac{1}{3})]{\text{㋑→}} \begin{pmatrix} 1 & 2 & 3 \\ 0 & 1 & 2 \end{pmatrix}$$

1にする

よって，rank $A=2$

(2)
$$\begin{pmatrix} 1 & 3 \\ 2 & 2 \\ 3 & 1 \end{pmatrix} \xrightarrow[\text{㋒→ ㋒+㋐×(−3)}]{\text{㋑→ ㋑+㋐×(−2)}} \begin{pmatrix} 1 & 3 \\ 0 & -4 \\ 0 & -8 \end{pmatrix} \xrightarrow[\text{㋒+㋑×(−2)}]{\text{㋒→}} \begin{pmatrix} 1 & 3 \\ 0 & -4 \\ 0 & 0 \end{pmatrix} \xrightarrow[\text{㋑×}(-\frac{1}{4})]{\text{㋑→}} \begin{pmatrix} 1 & 3 \\ 0 & 1 \\ 0 & 0 \end{pmatrix}$$

1にする

よって，rank $A=2$

(3)
$$\begin{pmatrix} 1 & 2 & 3 \\ 4 & 5 & 6 \\ 7 & 8 & 9 \end{pmatrix} \xrightarrow[\text{㋒→ ㋒+㋐×(−7)}]{\text{㋑→ ㋑+㋐×(−4)}} \begin{pmatrix} 1 & 2 & 3 \\ 0 & -3 & -6 \\ 0 & -6 & -12 \end{pmatrix} \xrightarrow[\text{㋒+㋑×(−2)}]{\text{㋒→}} \begin{pmatrix} 1 & 2 & 3 \\ 0 & -3 & -6 \\ 0 & 0 & 0 \end{pmatrix}$$

1にする

$$\xrightarrow[\text{㋑×}(-\frac{1}{3})]{\text{㋑→}} \begin{pmatrix} 1 & 2 & 3 \\ 0 & 1 & 2 \\ 0 & 0 & 0 \end{pmatrix}$$

よって，rank $A=2$

第5章 ●●●●●

対角化の意味

1 旧番地と新番地の対応表を作ろう
── 基底の取替え

同じベクトルでも、基底を取替えると、座標はどう変わるの？

基底の取替えは、線形代数を応用するときになくてはならない重要な基礎概念です。多次元量のデータを解析するときに、変数を組み合わせて新しい変数を作るテクニックの基本となるのが基底の取替えだからです。

ところが、他の多くの線形代数の本ではあっさりとした扱いしかしていません。ものによっては基底の取替えを省いて解説している本すらあります。この本ではしっかり説明していきますから、ぜひともよく理解していただきたいと思います。

$\boldsymbol{R}^2$ の線形変換 f は、

「標準基底で $\overrightarrow{OP} = x\vec{e_1} + y\vec{e_2}$ と表される点 P を基底 $\{\vec{a},\ \vec{b}\}$ で、$\overrightarrow{OQ} = x\vec{a} + y\vec{b}$ と表される点 Q に移す変換」

でした。

いわば、座標 $(x,\ y)$ はそのままにして、基底を差し替えたわけです。

今度は、座標平面上の点をそのままにしておいて、基底を差し替えたとき、座標間に成り立つ関係を調べていきましょう。

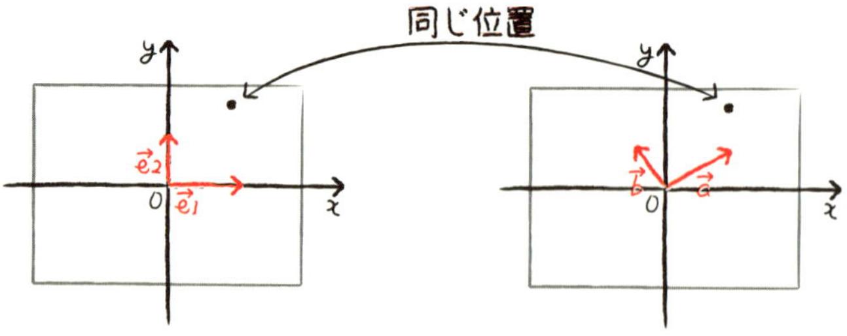

初めに $\boldsymbol{R}^2$ の基底として、

$$\vec{a}=\begin{pmatrix}1\\3\end{pmatrix}、\vec{b}=\begin{pmatrix}2\\5\end{pmatrix}$$

を取ります。この本では、見た目にも分かりやすいように、$\vec{a}$、$\vec{b}$ を基底としたときの斜交座標系の座標を$(\quad,\quad)_{ab}$ と表すことにします。この基底のもとでの$(-1,\ 2)_{ab}$ で表される点は、

$$(-1)\vec{a}+2\vec{b}=-\begin{pmatrix}1\\3\end{pmatrix}+2\begin{pmatrix}2\\5\end{pmatrix}=\begin{pmatrix}3\\7\end{pmatrix}$$

となります。

この点 $\begin{pmatrix}3\\7\end{pmatrix}$ を、$\vec{c}=\begin{pmatrix}-1\\-1\end{pmatrix}$、$\vec{d}=\begin{pmatrix}2\\3\end{pmatrix}$ を基底として取替えたときの斜交座標を求めてみましょう。

その斜交座標を$(k,\ l)_{cd}$ とおいて、

$$\boldsymbol{k}\vec{c}+\boldsymbol{l}\vec{d}=\boldsymbol{k}\begin{pmatrix}-1\\-1\end{pmatrix}+\boldsymbol{l}\begin{pmatrix}2\\3\end{pmatrix}=\begin{pmatrix}-\boldsymbol{k}+2\boldsymbol{l}\\-\boldsymbol{k}+3\boldsymbol{l}\end{pmatrix}$$

となります。これが $\begin{pmatrix}3\\7\end{pmatrix}$ に等しいのですから、連立1次方程式

$$\begin{cases}-k+2l=3\\-k+3l=7\end{cases}\longrightarrow\begin{cases}k=5\\l=4\end{cases}$$

を解いて、$k=5$、$l=4$ となります。

つまり、xy 平面上の$(3,\ 7)$という点は、

$$-\begin{pmatrix}1\\3\end{pmatrix}+2\begin{pmatrix}2\\5\end{pmatrix}=\begin{pmatrix}3\\7\end{pmatrix}=5\begin{pmatrix}-1\\-1\end{pmatrix}+4\begin{pmatrix}2\\3\end{pmatrix}$$

$$-\vec{a}+2\vec{b}=5\vec{c}+4\vec{d}$$

$$(-1,\ 2)_{ab}=(5,\ 4)_{cd}$$

とそれぞれの基底で表されるわけです。

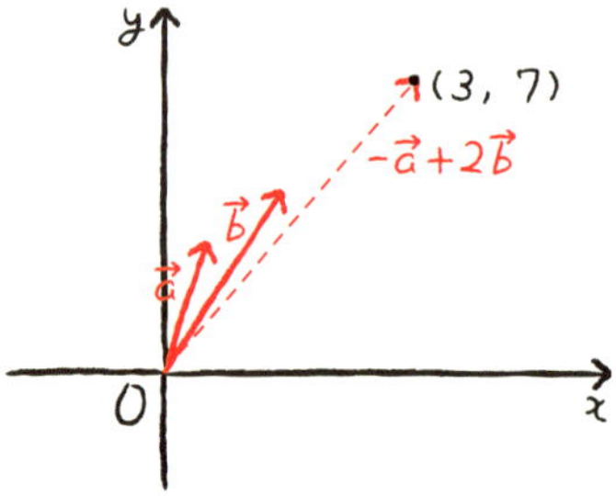

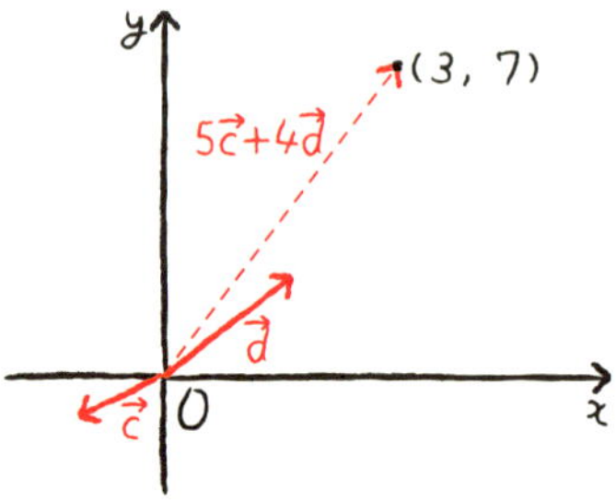

上では、話の流れのままに方程式を導き解きました。これから、この話を行列の形式を使って、スッキリと表現していくことを目指します。

そのために、基底どうしの関係を調べておきます。

$\vec{c}$、$\vec{d}$を、基底$\{\vec{a},\ \vec{b}\}$を用いて書いてみましょう。実は、これらには、

$$\begin{pmatrix}-1\\-1\end{pmatrix}=3\begin{pmatrix}1\\3\end{pmatrix}-2\begin{pmatrix}2\\5\end{pmatrix}\qquad\begin{pmatrix}2\\3\end{pmatrix}=-4\begin{pmatrix}1\\3\end{pmatrix}+3\begin{pmatrix}2\\5\end{pmatrix}\quad\cdots\cdots\cdots①$$

$$\vec{c}=3\vec{a}-2\vec{b}\qquad\qquad\vec{d}=-4\vec{a}+3\vec{b}$$

という関係があります。ちょっと天下り的でしたが、ここで出てきた、3、－2、－4、3を求めなさいと言われたら、みなさん求められますか。上のk、lを求めたように、連立１次方程式を導き、それを解けばよいわけです。

①の式を、行列を用いて書きましょう。２次元列ベクトルを横に並べて表現すると次のようになります。

$$\underset{\vec{c}}{\begin{pmatrix}-1\\-1\end{pmatrix}}=\underset{(\vec{a}\ \ \vec{b})}{\begin{pmatrix}1&2\\3&5\end{pmatrix}}\begin{pmatrix}3\\-2\end{pmatrix}\qquad\underset{\vec{d}}{\begin{pmatrix}2\\3\end{pmatrix}}=\underset{(\vec{a}\ \ \vec{b})}{\begin{pmatrix}1&2\\3&5\end{pmatrix}}\begin{pmatrix}-4\\3\end{pmatrix}$$

さらにこれを合わせます。

$$\underset{(\vec{c}\quad\vec{d})}{\begin{pmatrix}-1 & 2\\ -1 & 3\end{pmatrix}}=\underset{(\vec{a}\quad\vec{b})}{\begin{pmatrix}1 & 2\\ 3 & 5\end{pmatrix}}\begin{pmatrix}3 & -4\\ -2 & 3\end{pmatrix}$$ すなわち、$(\vec{c}\quad\vec{d})=(\vec{a}\quad\vec{b})\begin{pmatrix}3 & -4\\ -2 & 3\end{pmatrix}$

この$\begin{pmatrix}3 & -4\\ -2 & 3\end{pmatrix}$は、基底$\{\vec{a},\ \vec{b}\}$と基底$\{\vec{c},\ \vec{d}\}$の関係を表す行列です。

このような行列のことを$\{\vec{a},\ \vec{b}\}$から$\{\vec{c},\ \vec{d}\}$への**基底の取替え行列**と言います。これを$\boldsymbol{P}$とおきましょう。すると、

$$(\vec{c}\quad\vec{d})=(\vec{a}\quad\vec{b})\boldsymbol{P} \qquad \cdots\cdots\cdots②$$

と表されます。

ここで初めの問題に戻ります。

$$-\vec{a}+2\vec{b}=k\vec{c}+l\vec{d}$$

のk、lを求める問題でした。これを、行列を用いて書いてみましょう。

$$(\vec{a}\quad\vec{b})\begin{pmatrix}-1\\ 2\end{pmatrix}=(\vec{c}\quad\vec{d})\begin{pmatrix}k\\ l\end{pmatrix}$$

②の関係式を用いて、

$$(\vec{a}\quad\vec{b})\begin{pmatrix}-1\\ 2\end{pmatrix}=(\vec{a}\quad\vec{b})\boldsymbol{P}\begin{pmatrix}k\\ l\end{pmatrix}=(\vec{a}\quad\vec{b})\left(\boldsymbol{P}\begin{pmatrix}k\\ l\end{pmatrix}\right)$$

（$\begin{pmatrix}-1\\ 2\end{pmatrix}$ と $\left(\boldsymbol{P}\begin{pmatrix}k\\ l\end{pmatrix}\right)$ は）等しいはず

となります。$\{\vec{a},\ \vec{b}\}$は基底で、点の表し方は一通りですから、

$$\begin{pmatrix}-1\\ 2\end{pmatrix}=\boldsymbol{P}\begin{pmatrix}k\\ l\end{pmatrix} \qquad \cdots\cdots\cdots③$$

ということになります。$(k,\ l)$を求めるのであれば、左から $\boldsymbol{P}$ の逆行列を掛ければよいのです。

$$\boldsymbol{P}^{-1}=\frac{1}{3\cdot 3-(-2)\cdot(-4)}\begin{pmatrix}3 & 4\\ 2 & 3\end{pmatrix}=\begin{pmatrix}3 & 4\\ 2 & 3\end{pmatrix}$$

ですから、③に左から $\boldsymbol{P}^{-1}$ を掛けて、

$$\boldsymbol{P}^{-1}\begin{pmatrix}-1\\ 2\end{pmatrix}=\boldsymbol{P}^{-1}\boldsymbol{P}\begin{pmatrix}k\\ l\end{pmatrix}\underset{\text{結合法則}}{=}\boldsymbol{E}\begin{pmatrix}k\\ l\end{pmatrix}=\begin{pmatrix}k\\ l\end{pmatrix}$$

$$\begin{pmatrix}k\\ l\end{pmatrix}=\underbrace{\begin{pmatrix}3 & 4\\ 2 & 3\end{pmatrix}}_{\boldsymbol{P}^{-1}}\begin{pmatrix}-1\\ 2\end{pmatrix}=\begin{pmatrix}5\\ 4\end{pmatrix}$$

となります。

これをまとめると次のようになります。

基底の取替え行列

$\boldsymbol{R}^2$ の基底$\{\vec{a},\ \vec{b}\}$から基底$\{\vec{c},\ \vec{d}\}$への基底の取替え行列 $\boldsymbol{P}$

$$(\vec{c}\quad \vec{d})=(\vec{a}\quad \vec{b})\,\boldsymbol{P}$$

がある。座標平面上の点が、それぞれの基底のもと、

$$x\vec{a}+y\vec{b}=k\vec{c}+l\vec{d}$$

と表されるとき、$(x,\ y)_{ab}$ から$(k,\ l)_{cd}$ を求めるには、

$$\boldsymbol{P}^{-1}\begin{pmatrix}x\\ y\end{pmatrix}=\begin{pmatrix}k\\ l\end{pmatrix}$$

とすればよい。

演習問題

$\boldsymbol{R}^2$ の基底 $\vec{a}=\begin{pmatrix}-1\\2\end{pmatrix}$、$\vec{b}=\begin{pmatrix}3\\1\end{pmatrix}$ を基底 $\vec{c}=\begin{pmatrix}1\\5\end{pmatrix}$、$\vec{d}=\begin{pmatrix}11\\-1\end{pmatrix}$ に取替える。

(1)　このときの取替え行列を求めてみましょう。

(2)　元の基底で $x\vec{a}+y\vec{b}$ と表されるベクトルを新しい基底で $x'\vec{c}+y'\vec{d}$ と表すとき、x'、y' を x、y を用いて表してください。

解答

(1) 基底の取替え行列を $\boldsymbol{P}$ とすると、

$$(\vec{c}\quad\vec{d})=(\vec{a}\quad\vec{b})\boldsymbol{P}$$

$$\begin{pmatrix}1&11\\5&-1\end{pmatrix}=\begin{pmatrix}-1&3\\2&1\end{pmatrix}\boldsymbol{P}$$

$\boldsymbol{A}=\begin{pmatrix}1&11\\5&-1\end{pmatrix}$、$\boldsymbol{B}=\begin{pmatrix}-1&3\\2&1\end{pmatrix}$ とおくと、

$$\boldsymbol{A}=\boldsymbol{BP}$$

$\boldsymbol{P}$ を求めるには、この式に $\boldsymbol{B}$ の逆行列 $\boldsymbol{B}^{-1}$ を左から掛けると、

$$\boldsymbol{B}^{-1}\boldsymbol{A}=\boldsymbol{B}^{-1}(\boldsymbol{BP})=(\boldsymbol{B}^{-1}\boldsymbol{B})\boldsymbol{P}=\boldsymbol{EP}=\boldsymbol{P}$$

↑結合法則

となり、$\boldsymbol{P}$ が求まる。

$$\boldsymbol{B}^{-1}=\frac{1}{(-1)\cdot1-2\cdot3}\begin{pmatrix}1&-3\\-2&-1\end{pmatrix}=-\frac{1}{7}\begin{pmatrix}1&-3\\-2&-1\end{pmatrix}$$

$$\boldsymbol{P}=\boldsymbol{B}^{-1}\boldsymbol{A}=-\frac{1}{7}\begin{pmatrix}1&-3\\-2&-1\end{pmatrix}\begin{pmatrix}1&11\\5&-1\end{pmatrix}$$

$$=-\frac{1}{7}\begin{pmatrix}-14&14\\-7&-21\end{pmatrix}=\begin{pmatrix}\mathbf{2}&\mathbf{-2}\\\mathbf{1}&\mathbf{3}\end{pmatrix}$$

(2) 公式により、

$$\boldsymbol{P}^{-1}\begin{pmatrix} x \\ y \end{pmatrix} = \begin{pmatrix} x' \\ y' \end{pmatrix}$$

ここで、$\boldsymbol{P}^{-1} = \dfrac{1}{2\cdot 3 - 1\cdot(-2)}\begin{pmatrix} 3 & 2 \\ -1 & 2 \end{pmatrix} = \dfrac{1}{8}\begin{pmatrix} 3 & 2 \\ -1 & 2 \end{pmatrix}$

$$\begin{pmatrix} x' \\ y' \end{pmatrix} = \boldsymbol{P}^{-1}\begin{pmatrix} x \\ y \end{pmatrix} = \frac{1}{8}\begin{pmatrix} 3 & 2 \\ -1 & 2 \end{pmatrix}\begin{pmatrix} x \\ y \end{pmatrix} = \frac{1}{8}\begin{pmatrix} 3x + 2y \\ -x + 2y \end{pmatrix}$$

よって、

$$\boldsymbol{x' = \frac{1}{8}(3x + 2y)}、\boldsymbol{y' = \frac{1}{8}(-x + 2y)}$$

演習問題

$\boldsymbol{R}^3$ の基底 $\vec{a} = \begin{pmatrix} 1 \\ -1 \\ 2 \end{pmatrix}$、$\vec{b} = \begin{pmatrix} -2 \\ 3 \\ -5 \end{pmatrix}$、$\vec{c} = \begin{pmatrix} 1 \\ -1 \\ 1 \end{pmatrix}$ を

基底 $\vec{d} = \begin{pmatrix} 3 \\ -2 \\ 3 \end{pmatrix}$、$\vec{e} = \begin{pmatrix} -1 \\ 1 \\ 3 \end{pmatrix}$、$\vec{f} = \begin{pmatrix} -1 \\ 1 \\ 2 \end{pmatrix}$ に取替える。

(1)　このときの取替え行列を求めてみましょう。

(2)　元の基底で $x\vec{a} + y\vec{b} + z\vec{c}$ と表されるベクトルを新しい基底で $x'\vec{d} + y'\vec{e} + z'\vec{f}$ と表すとき、x'、y'、z' を x、y、z を用いて表してください。

解答

(1) 基底の取替え行列を $\boldsymbol{P}$ とすると、

$$(\vec{d}\quad \vec{e}\quad \vec{f}) = (\vec{a}\quad \vec{b}\quad \vec{c})\boldsymbol{P}$$

$$\begin{pmatrix} 3 & -1 & -1 \\ -2 & 1 & 1 \\ 3 & 3 & 2 \end{pmatrix} = \begin{pmatrix} 1 & -2 & 1 \\ -1 & 3 & -1 \\ 2 & -5 & 1 \end{pmatrix} \boldsymbol{P}$$

$$\boldsymbol{A} = \begin{pmatrix} 3 & -1 & -1 \\ -2 & 1 & 1 \\ 3 & 3 & 2 \end{pmatrix}、\boldsymbol{B} = \begin{pmatrix} 1 & -2 & 1 \\ -1 & 3 & -1 \\ 2 & -5 & 1 \end{pmatrix}$$ とおくと、

$$\boldsymbol{A} = \boldsymbol{B}\boldsymbol{P}$$

$\boldsymbol{P}$ を求めるには、この式に $\boldsymbol{B}$ の逆行列 $\boldsymbol{B}^{-1}$ を左から掛けると、

$$\boldsymbol{B}^{-1}\boldsymbol{A} = \boldsymbol{B}^{-1}(\boldsymbol{B}\boldsymbol{P}) = (\boldsymbol{B}^{-1}\boldsymbol{B})\boldsymbol{P} = \boldsymbol{E}\boldsymbol{P} = \boldsymbol{P}$$

結合法則

となり、$\boldsymbol{P}$ が求まる。$\boldsymbol{B}$ の逆行列を掃き出し法で求めると、

$$\left(\begin{array}{ccc|ccc} 1 & -2 & 1 & 1 & 0 & 0 \\ -1 & 3 & -1 & 0 & 1 & 0 \\ 2 & -5 & 1 & 0 & 0 & 1 \end{array}\right) \xrightarrow[\text{㋒}\to\text{㋒}+\text{㋐}\times(-2)]{\text{㋑}\to\text{㋑}+\text{㋐}} \begin{pmatrix} 1 & -2 & 1 & 1 & 0 & 0 \\ 0 & 1 & 0 & 1 & 1 & 0 \\ 0 & -1 & -1 & -2 & 0 & 1 \end{pmatrix}$$

$$\xrightarrow[\text{㋒}\to\text{㋒}+\text{㋑}]{\text{㋐}\to\text{㋐}+\text{㋑}\times 2} \begin{pmatrix} 1 & 0 & 1 & 3 & 2 & 0 \\ 0 & 1 & 0 & 1 & 1 & 0 \\ 0 & 0 & -1 & -1 & 1 & 1 \end{pmatrix} \xrightarrow{\text{㋒}\to\text{㋒}\times(-1)} \begin{pmatrix} 1 & 0 & 1 & 3 & 2 & 0 \\ 0 & 1 & 0 & 1 & 1 & 0 \\ 0 & 0 & 1 & 1 & -1 & -1 \end{pmatrix}$$

1にする

$$\xrightarrow{\text{㋐}\to\text{㋐}+\text{㋒}\times(-1)} \left(\begin{array}{ccc|ccc} 1 & 0 & 0 & 2 & 3 & 1 \\ 0 & 1 & 0 & 1 & 1 & 0 \\ 0 & 0 & 1 & 1 & -1 & -1 \end{array}\right)$$

よって、

$$\boldsymbol{P} = \boldsymbol{B}^{-1}\boldsymbol{A} = \begin{pmatrix} 2 & 3 & 1 \\ 1 & 1 & 0 \\ 1 & -1 & -1 \end{pmatrix} \begin{pmatrix} 3 & -1 & -1 \\ -2 & 1 & 1 \\ 3 & 3 & 2 \end{pmatrix}$$

$$= \begin{pmatrix} \mathbf{3} & \mathbf{4} & \mathbf{3} \\ \mathbf{1} & \mathbf{0} & \mathbf{0} \\ \mathbf{2} & \mathbf{-5} & \mathbf{-4} \end{pmatrix}$$

(2) 公式により、

$$\boldsymbol{P}^{-1}\begin{pmatrix} x \\ y \\ z \end{pmatrix} = \begin{pmatrix} x' \\ y' \\ z' \end{pmatrix}$$

$\boldsymbol{P}$ の逆行列 $\boldsymbol{P}^{-1}$ を掃き出し法で求めると、

$$\begin{pmatrix} 3 & 4 & 3 & 1 & 0 & 0 \\ 1 & 0 & 0 & 0 & 1 & 0 \\ 2 & -5 & -4 & 0 & 0 & 1 \end{pmatrix} \xrightarrow{\text{㋐}\leftrightarrow\text{㋑}} \begin{pmatrix} 1 & 0 & 0 & 0 & 1 & 0 \\ 3 & 4 & 3 & 1 & 0 & 0 \\ 2 & -5 & -4 & 0 & 0 & 1 \end{pmatrix} \xrightarrow[\text{㋒}\to\text{㋒}+\text{㋐}\times(-2)]{\text{㋑}\to\text{㋑}+\text{㋐}\times(-3)}$$

$$\begin{pmatrix} 1 & 0 & 0 & 0 & 1 & 0 \\ 0 & 4 & 3 & 1 & -3 & 0 \\ 0 & -5 & -4 & 0 & -2 & 1 \end{pmatrix} \xrightarrow{\text{㋒}\to\text{㋒}+\text{㋑}} \begin{pmatrix} 1 & 0 & 0 & 0 & 1 & 0 \\ 0 & 4 & 3 & 1 & -3 & 0 \\ 0 & -1 & -1 & 1 & -5 & 1 \end{pmatrix} \xrightarrow{\text{㋑}\to\text{㋑}+\text{㋒}\times 3}$$

$$\begin{pmatrix} 1 & 0 & 0 & 0 & 1 & 0 \\ 0 & 1 & 0 & 4 & -18 & 3 \\ 0 & -1 & -1 & 1 & -5 & 1 \end{pmatrix} \xrightarrow{\text{㋒}\to\text{㋒}+\text{㋑}} \begin{pmatrix} 1 & 0 & 0 & 0 & 1 & 0 \\ 0 & 1 & 0 & 4 & -18 & 3 \\ 0 & 0 & -1 & 5 & -23 & 4 \end{pmatrix} \xrightarrow{\text{㋒}\to\text{㋒}\times(-1)}$$

−1倍

$$\begin{pmatrix} 1 & 0 & 0 & 0 & 1 & 0 \\ 0 & 1 & 0 & 4 & -18 & 3 \\ 0 & 0 & 1 & -5 & 23 & -4 \end{pmatrix}$$

よって、$\begin{pmatrix} x' \\ y' \\ z' \end{pmatrix} = \boldsymbol{P}^{-1}\begin{pmatrix} x \\ y \\ z \end{pmatrix} = \begin{pmatrix} 0 & 1 & 0 \\ 4 & -18 & 3 \\ -5 & 23 & -4 \end{pmatrix}\begin{pmatrix} x \\ y \\ z \end{pmatrix}$

したがって、

$$\boldsymbol{x' = y、y' = 4x - 18y + 3z、z' = -5x + 23y - 4z}$$

② 旧番地の移動情報を新番地で言い換えるには
―― 基底の取替えと線形変換

基底を取替えると表現行列はどう変わるの？

次に、線形変換と基底の取替えを融合する話題をとり上げましょう。

$\boldsymbol{R}^2$ 上の線形変換 f を考えます。この変換 f が、P$(x,\ y)$ を Q$(x',\ y')$ に移すとします。この線形変換 f の表現行列が $\boldsymbol{A}$ であるとすると、$(x,\ y)$ と $(x',\ y')$ は、

$$f:\boldsymbol{R}^2 \longrightarrow \boldsymbol{R}^2$$

$$\begin{pmatrix} x \\ y \end{pmatrix} \longrightarrow \begin{pmatrix} x' \\ y' \end{pmatrix} = \boldsymbol{A}\begin{pmatrix} x \\ y \end{pmatrix} \quad \cdots\cdots\cdots①$$

という対応関係になります。

ここで、$(x,\ y)$ も $(x',\ y')$ も、$\vec{e_1}$、$\vec{e_2}$ を基底とした座標を表していることを、あらためて確認しておきましょう。

では、基底 $\{\vec{e_1},\ \vec{e_2}\}$ を異なる基底 $\{\vec{a},\ \vec{b}\}$ に取替えると、線形変換 f はどのような表現行列で表されるでしょうか。

問題をもう少し定式化してみます。

ここでは、$\{\vec{a},\ \vec{b}\}$ を基底とした斜交座標系の座標を $(\quad)_{ab}$ を付けて表すことにして、新座標と呼ぶことにします。つまり、

$$\overrightarrow{\mathrm{OP}} = k\vec{a} + l\vec{b}$$

で表される点Pの新座標を$(k,\ l)_{ab}$とするわけです。

これに対し、標準基底$\vec{e_1}$、$\vec{e_2}$を基底として取ったときの座標系の座標の方は旧座標と呼ぶことにします。

いま、Pの新座標が$(z, w)_{ab}$、Qの新座標が$(z', w')_{ab}$であるとすれば、

$$\begin{pmatrix} z' \\ w' \end{pmatrix} = \boldsymbol{X}\begin{pmatrix} z \\ w \end{pmatrix}$$

を満たす表現行列$\boldsymbol{X}$はどのように表されるでしょうか。

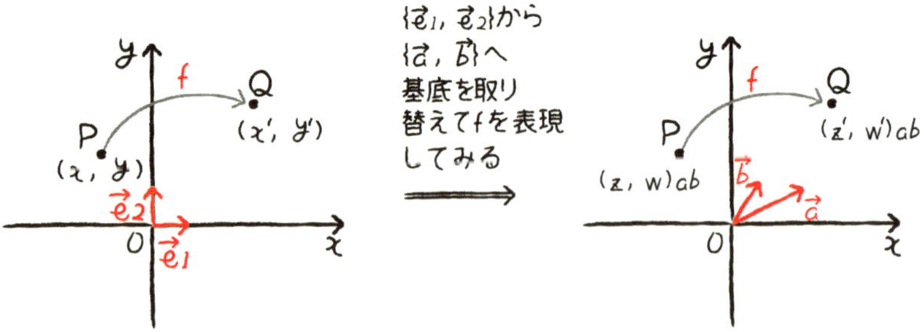

基底$\{\vec{e_1},\ \vec{e_2}\}$を、例えば、基底$\vec{a}=\begin{pmatrix} 3 \\ 1 \end{pmatrix}$、$\vec{b}=\begin{pmatrix} 2 \\ 1 \end{pmatrix}$に取替えてみましょう。この２組の基底の関係は、取替え行列を用いて、

$$(\vec{a}\quad \vec{b}) = (\vec{e_1}\quad \vec{e_2})\underbrace{\begin{pmatrix} 3 & 2 \\ 1 & 1 \end{pmatrix}}_{P}$$

と書くことができます。

初めの基底を標準基底に取ったものですから、取替え行列は、新しい基底の列ベクトルを並べたものになりました。これは、$(e_1,\ e_2)$が単位行列になるので、

$$\begin{pmatrix} 3 & 2 \\ 1 & 1 \end{pmatrix} = \begin{pmatrix} 1 & 0 \\ 0 & 1 \end{pmatrix}\begin{pmatrix} 3 & 2 \\ 1 & 1 \end{pmatrix}$$

となることから確かめられますね。

この取替え行列を $\boldsymbol{P}$ としましょう。

Pの旧座標が$(x,\ y)$、新座標が$(z,\ w)_{ab}$ですから、前節の結果を用いて、

$$\boldsymbol{P}^{-1}\begin{pmatrix} x \\ y \end{pmatrix} = \begin{pmatrix} z \\ w \end{pmatrix}$$

左からPを掛けると左辺は
$P\left(P^{-1}\begin{pmatrix} x \\ y \end{pmatrix}\right) = (PP^{-1})\begin{pmatrix} x \\ y \end{pmatrix} = E\begin{pmatrix} x \\ y \end{pmatrix} = \begin{pmatrix} x \\ y \end{pmatrix}$
右辺は、$P\begin{pmatrix} z \\ w \end{pmatrix}$

$$\begin{pmatrix} x \\ y \end{pmatrix} = \boldsymbol{P}\begin{pmatrix} z \\ w \end{pmatrix} \qquad \cdots\cdots\cdots②$$

Qの旧座標が$(x',\ y')$、新座標が$(z',\ w')_{ab}$ですから、

$$\begin{pmatrix} x' \\ y' \end{pmatrix} = \boldsymbol{P}\begin{pmatrix} z' \\ w' \end{pmatrix}$$

$$\boldsymbol{P}^{-1}\begin{pmatrix} x' \\ y' \end{pmatrix} = \begin{pmatrix} z' \\ w' \end{pmatrix} \qquad \cdots\cdots\cdots③$$

$(z,\ w)_{ab}$と$(z',\ w')_{ab}$の関係を求めるのであれば、①、②、③を用いて、

$$\begin{pmatrix} z' \\ w' \end{pmatrix} \underset{③}{=} \boldsymbol{P}^{-1}\begin{pmatrix} x' \\ y' \end{pmatrix} \underset{①}{=} \boldsymbol{P}^{-1}\boldsymbol{A}\begin{pmatrix} x \\ y \end{pmatrix} \underset{②}{=} \boldsymbol{P}^{-1}\boldsymbol{AP}\begin{pmatrix} z \\ w \end{pmatrix}$$

ゆえに　$\begin{pmatrix} z' \\ w' \end{pmatrix} = \boldsymbol{P}^{-1}\boldsymbol{AP}\begin{pmatrix} z \\ w \end{pmatrix}$

これより、新座標における線形変換 f の表現行列 $\boldsymbol{X}$ は、

$$\boldsymbol{P}^{-1}\boldsymbol{AP}$$

と表されることになります。

図解すると次のようになります。

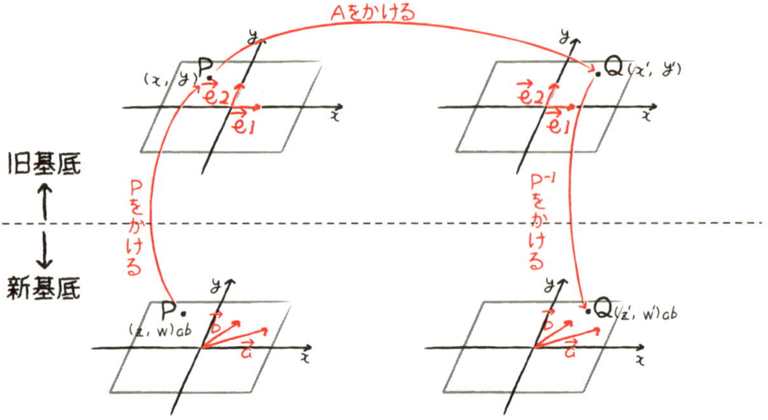

まとめておきましょう。

> 標準基底での $\boldsymbol{R}^n$ 上の線形変換 f の表現行列を $\boldsymbol{A}$ とする。
>
> 標準基底 $\{\vec{e_1},\ \cdots,\ \vec{e_n}\}$ を、基底 $\{\vec{a_1},\ \cdots,\ \vec{a_n}\}$ に取替えるとする。
>
> 取替え行列を $\boldsymbol{P}=(\vec{a_1}\cdots\vec{a_n})$ とおくと、基底 $\{\vec{a_1},\ \cdots,\ \vec{a_n}\}$ を座標系とした新座標での線形変換 f の表現行列は、
>
> $$\boldsymbol{P}^{-1}\boldsymbol{A}\boldsymbol{P}$$

演習問題

$\boldsymbol{R}^2$ のベクトル $\vec{a}$、$\vec{b}$ と線形変換 f の標準基底での表現行列 $\boldsymbol{A}$ を

$$\vec{a}=\begin{pmatrix}2\\5\end{pmatrix}、\vec{b}=\begin{pmatrix}1\\3\end{pmatrix}、\boldsymbol{A}=\begin{pmatrix}-3 & 1\\2 & -2\end{pmatrix}$$

とする。この線形変換 f で、

$$f(x\vec{a}+y\vec{b})=x'\vec{a}+y'\vec{b}$$

となるとき、$\boldsymbol{B}\begin{pmatrix} x \\ y \end{pmatrix} = \begin{pmatrix} x' \\ y' \end{pmatrix}$ となる行列を求めよ。

前の解説の仕方とは異なった表現をしましたが、同じことです。

f の表現行列 $\boldsymbol{A}$ は、標準基底 $\{\vec{e_1},\ \vec{e_2}\}$ を基底とした座標系での表現行列です。これを基底 $\{\vec{a},\ \vec{b}\}$ を基底とした座標系での表現行列に直しなさいという問題です。

標準基底 $\{\vec{e_1},\ \vec{e_2}\}$ を基底 $\{\vec{a},\ \vec{b}\}$ に取替える基底の取替え行列 $\boldsymbol{P}$ は、

$\vec{a}$、$\vec{b}$ を並べたものに等しくなります。実際、$\boldsymbol{P} = \begin{pmatrix} 2 & 1 \\ 5 & 3 \end{pmatrix}$ とすれば、

$$(\vec{a} \quad \vec{b}) = (\vec{e_1} \quad \vec{e_2})\boldsymbol{P}$$

と書くことができます。

$\left(成分で確かめると、\begin{pmatrix} 2 & 1 \\ 5 & 3 \end{pmatrix} = \begin{pmatrix} 1 & 0 \\ 0 & 1 \end{pmatrix}\begin{pmatrix} 2 & 1 \\ 5 & 3 \end{pmatrix} \right)$

与式　$f(x\vec{a} + y\vec{b}) = x'\vec{a} + y'\vec{b}$　　　　……①

から、$(x,\ y)$ と $(x',\ y')$ の関係を求めましょう。

$$f(x\vec{a} + y\vec{b}) = f\left((\vec{a} \quad \vec{b})\begin{pmatrix} x \\ y \end{pmatrix} \right)$$

$$= \boldsymbol{A}(\vec{a} \quad \vec{b})\begin{pmatrix} x \\ y \end{pmatrix} = \boldsymbol{AP}\begin{pmatrix} x \\ y \end{pmatrix} \qquad \cdots\cdots ②$$

また、

$$x'\vec{a} + y'\vec{b} = (\vec{a} \quad \vec{b})\begin{pmatrix} x' \\ y' \end{pmatrix} = \boldsymbol{P}\begin{pmatrix} x' \\ y' \end{pmatrix} \qquad \cdots\cdots ③$$

①、②、③を用いて、

$$\boldsymbol{P}\begin{pmatrix} x' \\ y' \end{pmatrix} = \boldsymbol{AP}\begin{pmatrix} x \\ y \end{pmatrix} \qquad \text{これに左から } \boldsymbol{P}^{-1} \text{ を掛けて、}$$

$$\boldsymbol{P}^{-1}\boldsymbol{P}\begin{pmatrix} x' \\ y' \end{pmatrix} = \boldsymbol{P}^{-1}\boldsymbol{AP}\begin{pmatrix} x \\ y \end{pmatrix} \quad \text{つまり、} \begin{pmatrix} x' \\ y' \end{pmatrix} = \boldsymbol{P}^{-1}\boldsymbol{AP}\begin{pmatrix} x \\ y \end{pmatrix}$$

具体的に計算すると、

$$\boldsymbol{P}^{-1}\boldsymbol{AP} = \frac{1}{2\cdot 3 - 5\cdot 1}\begin{pmatrix} 3 & -1 \\ -5 & 2 \end{pmatrix}\begin{pmatrix} -3 & 1 \\ 2 & -2 \end{pmatrix}\begin{pmatrix} 2 & 1 \\ 5 & 3 \end{pmatrix}$$

$$= \begin{pmatrix} 3 & 4 \\ -7 & -8 \end{pmatrix}$$

もちろん解説でのまとめの結果を用いて、すぐさま $\boldsymbol{P}^{-1}\boldsymbol{AP}$ を計算してもかまいません。

③ 線形変換 f の特徴的な指標を求めよう
—— 固有値、固有ベクトル

固有値、固有ベクトルって何？　どんな役に立つの？

これから、固有値、固有ベクトルについての話をします。

この概念は、物理学、工学、統計学でも、数多くの応用例があり、線形代数を学ぶ上で非常に重要な概念です。この概念の数学的な意味をしっかりと把握し、豊かなイメージを持って理解しておくことは、数学以外の分野で活躍される皆さんにとってこそ必要不可欠なことではないかと考えます。この概念を頭の中で十分に咀嚼（そしゃく）できた人は、線形代数を理解したと宣言してかまわないでしょう。そのくらいに、重要な概念なのです。この本のクライマックスの一つです。いつものように、2 × 2 行列を例にとって話を進めていきましょう。

前の章では、表現行列 $\boldsymbol{A}$ を持つ線形変換 f の基底を取替えると、取替え行列 $\boldsymbol{P}$ を用いて、新しい座標での線形変換 f の表現行列は、$\boldsymbol{P}^{-1}\boldsymbol{AP}$ と表されることを学びました。これは同じ線形変換 f でもいろいろな表現があるということです。

表現行列 $\boldsymbol{A}$ は 2 × 2 行列の場合では 4 つの成分が、3 × 3 の行列では 9 つの成分がありますが、線形変換 f をなるべく簡潔に表現できるような取替え行列 $\boldsymbol{P}$ を取ることができないものでしょうか。

そのためには $\boldsymbol{P}$ をうまく取って、$\boldsymbol{P}^{-1}\boldsymbol{AP}$ が対角行列になるようにします。**対角行列というのは、正方行列の右下に向かう対角線にだけ成分が並ぶ行列のことです。対角成分以外は 0 になります。**

対角行列

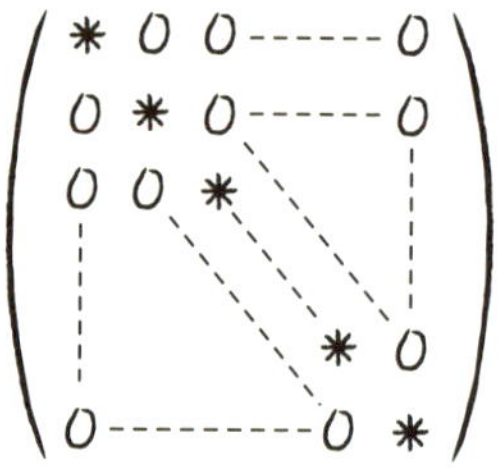

2×2 行列では 0 でない成分は 2 個以下、3×3 行列では 0 でない成分は 3 個以下、$n\times n$ 行列でも 0 でない成分は n 個以下。

n が大きくなるにしたがって、そのありがたみを感じてきます。

演算についてもメリットがあります。行列の積は、対角成分の積を計算すればよいのです。

$2\times(-1)=-2$

$$\begin{pmatrix}2&0&0\\0&-3&0\\0&0&1\end{pmatrix}\begin{pmatrix}-1&0&0\\0&2&0\\0&0&-2\end{pmatrix}=\begin{pmatrix}-2&0&0\\0&-6&0\\0&0&-2\end{pmatrix}$$

ですから、行列の積に関しても交換法則を適用できます。

$$\begin{pmatrix}2&0&0\\0&-3&0\\0&0&1\end{pmatrix}\begin{pmatrix}-1&0&0\\0&2&0\\0&0&-2\end{pmatrix}=\begin{pmatrix}-1&0&0\\0&2&0\\0&0&-2\end{pmatrix}\begin{pmatrix}2&0&0\\0&-3&0\\0&0&1\end{pmatrix}$$

逆行列だってこの通り。

2の逆数　−2の逆数

$$\begin{pmatrix}-1&0&0\\0&2&0\\0&0&-2\end{pmatrix}\begin{pmatrix}-1&0&0\\0&\frac{1}{2}&0\\0&0&-\frac{1}{2}\end{pmatrix}=\begin{pmatrix}1&0&0\\0&1&0\\0&0&1\end{pmatrix}$$

行列の n 乗計算なんかもへっちゃらです。

$$\begin{pmatrix}1&0&0\\0&2&0\\0&0&3\end{pmatrix}^n=\begin{pmatrix}1&0&0\\0&2^n&0\\0&0&3^n\end{pmatrix}$$

ということで、これから行列$\boldsymbol{A}$が与えられたとき、$\boldsymbol{P}^{-1}\boldsymbol{AP}$が対角行列になるような基底の取替え行列$\boldsymbol{P}$、すなわち基底を探していきましょう。

$\boldsymbol{P}^{-1}\boldsymbol{AP}$が対角行列になるような基底を探すときに使えるのが、固有ベクトルです。

$\boldsymbol{R}^2$上の線形変換fの表現行列$\boldsymbol{A}=\begin{pmatrix}4&1\\2&3\end{pmatrix}$を例に話を進めます。

$\boldsymbol{R}^2$の$\vec{0}$でないベクトル$\vec{p}=\begin{pmatrix}x\\y\end{pmatrix}$と実数$\lambda$で、

$$\boldsymbol{A}\vec{p}=\lambda\vec{p}$$

を満たすものを求めましょう。

実は、このλが**固有値**(eigenvalue)、$\vec{p}$が**固有ベクトル**(eigenvector)です。ベクトルを線形変換したとき、定数倍となるようなベクトルを固有ベクトルと呼ぶんです。

「eigen」というのは、ドイツ語の接頭辞で、「自分に固有の」という意味を持っています。英語では、固有値を「characteristic value」、固有ベクトルを「characteristic vector」とも言います。**固有値、固有ベクトルは、行列を特徴付ける量・指標である**というわけです。

計算を続けます。

$$\boldsymbol{A}\vec{p}=\lambda\vec{p}$$

$$\boldsymbol{A}\vec{p}=\lambda\boldsymbol{E}\vec{p}$$

$\vec{p}=\boldsymbol{E}\vec{p}$ なので（P.203参照）

$$\boldsymbol{A}\vec{p}-\lambda\boldsymbol{E}\vec{p}=\vec{0}$$

$$(\boldsymbol{A}-\lambda\boldsymbol{E})\vec{p}=\vec{0}$$

分配法則

$$\left\{\begin{pmatrix}4 & 1\\ 2 & 3\end{pmatrix}-\lambda\begin{pmatrix}1 & 0\\ 0 & 1\end{pmatrix}\right\}\begin{pmatrix}x\\ y\end{pmatrix}=\begin{pmatrix}0\\ 0\end{pmatrix}$$

$$\begin{pmatrix}4-\lambda & 1\\ 2 & 3-\lambda\end{pmatrix}\begin{pmatrix}x\\ y\end{pmatrix}=\begin{pmatrix}0\\ 0\end{pmatrix} \qquad \cdots\cdots\cdots①$$

と、x、y の連立１次方程式になります。

ここで、$\boldsymbol{B}=\begin{pmatrix}4-\lambda & 1\\ 2 & 3-\lambda\end{pmatrix}$ とおきます。すると、

$$\boldsymbol{B}\vec{p}=\vec{0}$$

もしも $\boldsymbol{B}$ が逆行列 $\boldsymbol{B}^{-1}$ を持つとします。すると、それを左から掛けて、

$$\boldsymbol{B}^{-1}(\boldsymbol{B}\vec{p})=\vec{0}$$
$$(\boldsymbol{B}^{-1}\boldsymbol{B})\vec{p}=\vec{0}$$
$$\boldsymbol{E}\vec{p}=\vec{0}$$
$$\vec{p}=\vec{0}$$

結合法則

なので、$\begin{pmatrix}x\\ y\end{pmatrix}=\begin{pmatrix}0\\ 0\end{pmatrix}=\vec{0}$ となってしまいます。いま、$\vec{0}$ でないベクトル $\vec{p}$ を探しているのですから、$\boldsymbol{B}$ は逆行列を持ってはいけません。つまり、

$$\det\begin{pmatrix}4-\lambda & 1\\ 2 & 3-\lambda\end{pmatrix}=0$$

$\det B\neq 0$ のとき、B は逆行列を持つ
$\det B=0$ のとき、B は逆行列を持たない

を満たしていなくてはならないのです。これを計算して、

$$(4-\lambda)(3-\lambda)-2\cdot 1=0$$
$$\lambda^2-7\lambda+10=0$$
$$(\lambda-2)(\lambda-5)=0$$
$$\lambda=2、5$$

この２つが行列$\boldsymbol{A}$の固有値です。

λに関しては２次方程式を解いて、２つの解が出てきました。

ここから、**$\lambda=2$の場合**と**$\lambda=5$の場合**に分けて進めます。

$\lambda=2$のとき

①の式は、

$$\begin{pmatrix} 4-\lambda & 1 \\ 2 & 3-\lambda \end{pmatrix}\begin{pmatrix} x \\ y \end{pmatrix}=\begin{pmatrix} 0 \\ 0 \end{pmatrix} \to \begin{pmatrix} 2 & 1 \\ 2 & 1 \end{pmatrix}\begin{pmatrix} x \\ y \end{pmatrix}=\begin{pmatrix} 0 \\ 0 \end{pmatrix}$$

これより、①の連立１次方程式は、

$$2x+y=0$$

と１本の式にまとめられ、解は、

$$(x,\ y)=(m,\ -2m) \qquad (m\text{は実数})$$

を満たします。

$$\vec{p}=\begin{pmatrix} x \\ y \end{pmatrix}=m\begin{pmatrix} 1 \\ -2 \end{pmatrix}$$

$\lambda=5$のとき

①の式は、

$$\begin{pmatrix} 4-\lambda & 1 \\ 2 & 3-\lambda \end{pmatrix}\begin{pmatrix} x \\ y \end{pmatrix}=\begin{pmatrix} 0 \\ 0 \end{pmatrix} \to \begin{pmatrix} -1 & 1 \\ 2 & -2 \end{pmatrix}\begin{pmatrix} x \\ y \end{pmatrix}=\begin{pmatrix} 0 \\ 0 \end{pmatrix}$$

これより、①の連立１次方程式は、

$$-x+y=0$$

と１本の式にまとめられ、解は、

$$(x,\ y)=(m,\ m) \qquad (m \text{ は実数})$$

を満たします。

$$\vec{p}=\begin{pmatrix} x \\ y \end{pmatrix}=m\begin{pmatrix} 1 \\ 1 \end{pmatrix}$$

結局、

$$\boldsymbol{A}\vec{p}=\lambda\vec{p} \quad (\vec{p} \neq \vec{0})$$

を満たす $\vec{p}$ は、それぞれ、

$$\lambda=2 \text{ のとき、} m\begin{pmatrix} 1 \\ -2 \end{pmatrix}\text{、}\lambda=5 \text{ のとき、} m\begin{pmatrix} 1 \\ 1 \end{pmatrix}$$

となりました。**固有ベクトルは、大きさは定まっていませんが、方向が定まっています。**大きさは自由にとることができるわけです。

ですから、固有ベクトルを表すときは、初めから方向のみを捉えて、

固有値 2 のときの固有ベクトルは $\begin{pmatrix} 1 \\ -2 \end{pmatrix}$

固有値 5 のときの固有ベクトルは $\begin{pmatrix} 1 \\ 1 \end{pmatrix}$

というように表現します。

まとめておきましょう。

$n \times n$ 行列 $\boldsymbol{A}$ に対して、$\boldsymbol{R}^n$ の $\vec{0}$ でないベクトル $\vec{p}$ と実数 λ が、

$$\boldsymbol{A}\vec{p}=\lambda\vec{p}$$

を満たすとき、λ を固有値、$\vec{p}$ を固有ベクトルと言う。

演習問題

(1)　$\boldsymbol{A}=\begin{pmatrix}4 & -1\\5 & -2\end{pmatrix}$の固有値、固有ベクトルを求めましょう。

(2)　$\boldsymbol{A}=\begin{pmatrix}1 & -2 & 0\\-1 & 1 & -1\\0 & -2 & 1\end{pmatrix}$の固有値、固有ベクトルを求めましょう。
すみませんが、3次の行列式を使います

解答

(1)　$\vec{0}$でないベクトル$\vec{p}=\begin{pmatrix}x\\y\end{pmatrix}$と実数$\lambda$で、

$$\boldsymbol{A}\vec{p}=\lambda\vec{p}$$

$$\boldsymbol{A}\vec{p}=\lambda\boldsymbol{E}\vec{p}$$

$$(\boldsymbol{A}-\lambda\boldsymbol{E})\vec{p}=\vec{0}$$

$$\left\{\begin{pmatrix}4 & -1\\5 & -2\end{pmatrix}-\lambda\begin{pmatrix}1 & 0\\0 & 1\end{pmatrix}\right\}\begin{pmatrix}x\\y\end{pmatrix}=\begin{pmatrix}0\\0\end{pmatrix}$$

$$\begin{pmatrix}4-\lambda & -1\\5 & -2-\lambda\end{pmatrix}\begin{pmatrix}x\\y\end{pmatrix}=\begin{pmatrix}0\\0\end{pmatrix}\qquad\cdots\cdots\cdots①$$

を満たすものを求めましょう。このとき、①が$\vec{0}$でないベクトル$\vec{p}$を持つ条件は、

$$\det\begin{pmatrix}4-\lambda & -1\\5 & -2-\lambda\end{pmatrix}=0\qquad\cdots\cdots\cdots②$$

です。

$$\det\begin{pmatrix}4-\lambda & -1\\5 & -2-\lambda\end{pmatrix}=(4-\lambda)(-2-\lambda)-5\cdot(-1)$$

$$=\lambda^2-2\lambda-3=(\lambda-3)(\lambda+1)$$

となります。②を満たすλは、

$$\lambda = -1,\ 3$$

$\lambda = -1$ のとき、①は、

$$\begin{pmatrix} 4-(-1) & -1 \\ 5 & -2-(-1) \end{pmatrix}\begin{pmatrix} x \\ y \end{pmatrix} = \begin{pmatrix} 0 \\ 0 \end{pmatrix} \qquad \begin{pmatrix} 5 & -1 \\ 5 & -1 \end{pmatrix}\begin{pmatrix} x \\ y \end{pmatrix} = \begin{pmatrix} 0 \\ 0 \end{pmatrix}$$

これより、連立方程式は、

$$5x - y = 0$$

と１本にまとめられ、

$$(x,\ y) = (m,\ 5m) \qquad (m\text{ は任意の実数})$$

$$\vec{p} = \begin{pmatrix} x \\ y \end{pmatrix} = m\begin{pmatrix} 1 \\ 5 \end{pmatrix}$$

$\lambda = 3$ のとき、①は、

$$\begin{pmatrix} 4-3 & -1 \\ 5 & -2-3 \end{pmatrix}\begin{pmatrix} x \\ y \end{pmatrix} = \begin{pmatrix} 0 \\ 0 \end{pmatrix} \qquad \begin{pmatrix} 1 & -1 \\ 5 & -5 \end{pmatrix}\begin{pmatrix} x \\ y \end{pmatrix} = \begin{pmatrix} 0 \\ 0 \end{pmatrix}$$

これより、連立方程式は、

$$x - y = 0$$

と１本にまとめられ、

$$(x,\ y) = (m,\ m) \qquad (m\text{ は任意の実数})$$

$$\vec{p} = \begin{pmatrix} x \\ y \end{pmatrix} = m\begin{pmatrix} 1 \\ 1 \end{pmatrix}$$

固有値と固有ベクトルを表にまとめると、

固有値	－1	3
固有ベクトル	$\begin{pmatrix} \mathbf{1} \\ \mathbf{5} \end{pmatrix}$	$\begin{pmatrix} \mathbf{1} \\ \mathbf{1} \end{pmatrix}$

(2)　3次になっても手順は変わりません。次数が1個増えるだけです。

$\vec{0}$ でないベクトル $\vec{p} = \begin{pmatrix} x \\ y \\ z \end{pmatrix}$ と実数 λ で、

$$\boldsymbol{A}\vec{p} = \lambda\vec{p}$$

を満たすものを求めましょう。

$$\boldsymbol{A}\vec{p} = \lambda\boldsymbol{E}\vec{p}$$

$$(\boldsymbol{A} - \lambda\boldsymbol{E})\vec{p} = \vec{0} \qquad \cdots\cdots\cdots ①$$

このとき、$\vec{p}$ が $\vec{0}$ でないベクトルを持つ条件は、

$$\det(\boldsymbol{A} - \lambda\boldsymbol{E}) = 0$$

具体的に計算していくと、

$$\boldsymbol{A} - \lambda\boldsymbol{E} = \begin{pmatrix} 1 & -2 & 0 \\ -1 & 1 & -1 \\ 0 & -2 & 1 \end{pmatrix} - \lambda\begin{pmatrix} 1 & 0 & 0 \\ 0 & 1 & 0 \\ 0 & 0 & 1 \end{pmatrix} = \begin{pmatrix} 1-\lambda & -2 & 0 \\ -1 & 1-\lambda & -1 \\ 0 & -2 & 1-\lambda \end{pmatrix}$$

p.308の計算方法で行列式を計算すると、

$$\det\begin{pmatrix} 1-\lambda & -2 & 0 \\ -1 & 1-\lambda & -1 \\ 0 & -2 & 1-\lambda \end{pmatrix}$$

P.308のサラスの公式を使って

$$
\begin{aligned}
&=(1-\lambda)^3-(1-\lambda)(-2)(-1)-(1-\lambda)(-2)(-1)\\
&=(1-\lambda)\{(1-\lambda)^2-2(-2)(-1)\}\\
&=(1-\lambda)(\lambda^2-2\lambda-3)\\
&=-(\lambda-1)(\lambda+1)(\lambda-3)
\end{aligned}
$$

よって、

$$\det(\boldsymbol{A}-\lambda\boldsymbol{E})=\det\begin{pmatrix}1-\lambda & -2 & 0\\ -1 & 1-\lambda & -1\\ 0 & -2 & 1-\lambda\end{pmatrix}=0$$ を満たすのは、

$\lambda=-1$、1、3 になります。

これより、固有値は -1、1、3 となります。

それぞれの固有値に対する固有ベクトルを求めます。

$\lambda=-1$ のとき、

$$\boldsymbol{A}-\lambda\boldsymbol{E}=\begin{pmatrix}1-(-1) & -2 & 0\\ -1 & 1-(-1) & -1\\ 0 & -2 & 1-(-1)\end{pmatrix}=\begin{pmatrix}2 & -2 & 0\\ -1 & 2 & -1\\ 0 & -2 & 2\end{pmatrix}$$

①は、

$$\begin{pmatrix}2 & -2 & 0\\ -1 & 2 & -1\\ 0 & -2 & 2\end{pmatrix}\begin{pmatrix}x\\ y\\ z\end{pmatrix}=\begin{pmatrix}2x-2y\\ -x+2y-z\\ -2y+2z\end{pmatrix}$$

これが $\vec{0}$ に等しいときの x、y、z を求めるので、

$$\begin{cases}2x-2y=0 \ \rightarrow\ x=y & \cdots\cdots\cdots②\\ -x+2y-z=0 & \cdots\cdots\cdots③\\ -2y+2z=0 \ \rightarrow\ y=z & \cdots\cdots\cdots④\end{cases}$$

$\boldsymbol{y}=\boldsymbol{k}$ とおくと、②より $\boldsymbol{x}=\boldsymbol{k}$、④より $\boldsymbol{z}=\boldsymbol{k}$ で、このとき、③が成り立つ。よって、②、③、④の解は、

$(x,\ y,\ z)=(k,\ k,\ k)$　（k は任意の実数）

よって、固有ベクトルは、$\vec{p}=\begin{pmatrix}1\\1\\1\end{pmatrix}$

$\lambda=1$ のとき、

$$\boldsymbol{A}-\lambda\boldsymbol{E}=\begin{pmatrix}1-1 & -2 & 0\\ -1 & 1-1 & -1\\ 0 & -2 & 1-1\end{pmatrix}=\begin{pmatrix}0 & -2 & 0\\ -1 & 0 & -1\\ 0 & -2 & 0\end{pmatrix}$$

①は、

$$\begin{pmatrix}0 & -2 & 0\\ -1 & 0 & -1\\ 0 & -2 & 0\end{pmatrix}\begin{pmatrix}x\\y\\z\end{pmatrix}=\begin{pmatrix}-2y\\ -x-z\\ -2y\end{pmatrix}$$

これが $\vec{0}$ に等しいときの x、y、z を求めるので、

$$\begin{cases}\quad -2y \quad = 0 \ \rightarrow\ y=0 & \cdots\cdots\cdots⑤\\ -x \quad -z=0 \ \rightarrow\ x=-z & \cdots\cdots\cdots⑥\\ \quad -2y \quad = 0 \ \rightarrow\ y=0 & \cdots\cdots\cdots⑦\end{cases}$$

$x=k$ とおくと、⑥より $z=-k$。よって、⑤、⑥、⑦の解より、

$(x,\ y,\ z)=(k,\ 0,\ -k)$　（k は任意の実数）

よって、固有ベクトルは、$\vec{p}=\begin{pmatrix}1\\0\\-1\end{pmatrix}$

$\lambda=3$ のとき、

$$A-\lambda E=\begin{pmatrix}1-3 & -2 & 0\\ -1 & 1-3 & -1\\ 0 & -2 & 1-3\end{pmatrix}=\begin{pmatrix}-2 & -2 & 0\\ -1 & -2 & -1\\ 0 & -2 & -2\end{pmatrix}$$

①は、

$$\begin{pmatrix}-2 & -2 & 0\\ -1 & -2 & -1\\ 0 & -2 & -2\end{pmatrix}\begin{pmatrix}x\\ y\\ z\end{pmatrix}=\begin{pmatrix}-2x-2y\\ -x-2y-z\\ -2y-2z\end{pmatrix}$$

これが $\vec{0}$ に等しいときの x、y、z を求めるので、

$$\begin{cases}-2x-2y=0 \rightarrow y=-x & \cdots\cdots\text{⑧}\\ -x-2y-z=0 & \cdots\cdots\text{⑨}\\ -2y-2z=0 \rightarrow y=-z & \cdots\cdots\text{⑩}\end{cases}$$

$y=k$ とおくと、⑧より $x=-k$。⑩より、$z=-k$

このとき、⑨が成り立つ。よって、⑧、⑨、⑩の解より、

$$(x,\ y,\ z)=(-k,\ k,\ -k)$$

よって、固有ベクトルは、$\vec{p}=\begin{pmatrix}-1\\ 1\\ -1\end{pmatrix}$

固有値と固有ベクトルを表にまとめると、

固有値	**−1**	**1**	**3**
固有ベクトル	$\begin{pmatrix}1\\ 1\\ 1\end{pmatrix}$	$\begin{pmatrix}1\\ 0\\ -1\end{pmatrix}$	$\begin{pmatrix}-1\\ 1\\ -1\end{pmatrix}$

4 線形変換 f を簡潔に表す表現行列を求めて…
—— 対角化

どうすれば行列を対角化できるの？

続いて、固有ベクトルを用いて、線形変換 f の表現行列を対角行列で表してみましょう。

先ほどの行列 $\boldsymbol{A}=\begin{pmatrix}4 & 1\\ 2 & 3\end{pmatrix}$（線形変換 f の表現行列）を例にとり、対角化してみましょう。

固有値 2 のときの固有ベクトルは $\begin{pmatrix}1\\ -2\end{pmatrix}$、

固有値 5 のときの固有ベクトルは $\begin{pmatrix}1\\ 1\end{pmatrix}$

$$\boldsymbol{A}\begin{pmatrix}1\\ -2\end{pmatrix}=2\begin{pmatrix}1\\ -2\end{pmatrix}=\begin{pmatrix}2\\ -4\end{pmatrix}、\boldsymbol{A}\begin{pmatrix}1\\ 1\end{pmatrix}=5\begin{pmatrix}1\\ 1\end{pmatrix}=\begin{pmatrix}5\\ 5\end{pmatrix} \quad \cdots\cdots\cdots ①$$

が成り立っています。ここで、

$$\boldsymbol{A}\begin{pmatrix}1 & 1\\ -2 & 1\end{pmatrix}$$

という計算を考えましょう。行列の積は左側の行列の行と右側の行列の列に注目して計算するのですから、$\begin{pmatrix}1\\ -2\end{pmatrix}$ と $\begin{pmatrix}1\\ 1\end{pmatrix}$ を並べて作った行列との積は、①の右辺を並べればよいことが分かります。つまり、

P.212のところでも出てきましたよ

$$\boldsymbol{A}\begin{pmatrix}1 & 1\\ -2 & 1\end{pmatrix}=\begin{pmatrix}2 & 5\\ -4 & 5\end{pmatrix}$$

となります。ここで、右辺は、固有ベクトルを並べた行列を用いて、

$$\begin{pmatrix}2 & 5\\ -4 & 5\end{pmatrix}=\begin{pmatrix}1 & 1\\ -2 & 1\end{pmatrix}\begin{pmatrix}2 & 0\\ 0 & 5\end{pmatrix}$$

固有値
固有ベクトル

と書くことができます。ですから、

$$\boldsymbol{A}\begin{pmatrix}1 & 1\\ -2 & 1\end{pmatrix}=\begin{pmatrix}1 & 1\\ -2 & 1\end{pmatrix}\begin{pmatrix}2 & 0\\ 0 & 5\end{pmatrix} \quad \cdots\cdots\cdots②$$

固有値
固有ベクトル

となります。

固有ベクトルを並べた行列を $\boldsymbol{P}=\begin{pmatrix}1 & 1\\ -2 & 1\end{pmatrix}$ とおくと、②は、

$$\boldsymbol{AP}=\boldsymbol{P}\begin{pmatrix}2 & 0\\ 0 & 5\end{pmatrix}$$

と書くことができます。左から $\boldsymbol{P}^{-1}$ を掛けて、

$$\boldsymbol{P}^{-1}\boldsymbol{AP}=\boldsymbol{P}^{-1}\boldsymbol{P}\begin{pmatrix}2 & 0\\ 0 & 5\end{pmatrix}=\boldsymbol{E}\begin{pmatrix}2 & 0\\ 0 & 5\end{pmatrix}=\begin{pmatrix}2 & 0\\ 0 & 5\end{pmatrix} \quad \cdots\cdots\cdots③$$

となります。このような操作を行列の対角化と言います。

左辺を実際に計算してみます。

$$\boldsymbol{P}^{-1}=\frac{1}{1\cdot 1-(-2\cdot 1)}\begin{pmatrix}1 & -1\\ 2 & 1\end{pmatrix}=\frac{1}{3}\begin{pmatrix}1 & -1\\ 2 & 1\end{pmatrix}$$

$$\boldsymbol{P}^{-1}\boldsymbol{AP}=\frac{1}{3}\begin{pmatrix}1 & -1\\ 2 & 1\end{pmatrix}\begin{pmatrix}4 & 1\\ 2 & 3\end{pmatrix}\begin{pmatrix}1 & 1\\ -2 & 1\end{pmatrix}$$

$$=\frac{1}{3}\begin{pmatrix}2 & -2\\ 10 & 5\end{pmatrix}\begin{pmatrix}1 & 1\\ -2 & 1\end{pmatrix}=\begin{pmatrix}2 & 0\\ 0 & 5\end{pmatrix}$$

対角化の意味をもう一度確認してみましょう。

ここで、$\boldsymbol{P}$ を基底 $\{\vec{e_1},\ \vec{e_2}\}$ を基底 $\left\{\begin{pmatrix}1\\-2\end{pmatrix}、\begin{pmatrix}1\\1\end{pmatrix}\right\}$ に取替える取替え行列と捉えてみます。

すると、$\boldsymbol{P}^{-1}\boldsymbol{AP}$ は、基底 $\{\vec{e_1},\ \vec{e_2}\}$ での表現行列 $\boldsymbol{A}$ を持つ線形変換 f を、新しい基底 $\left\{\begin{pmatrix}1\\-2\end{pmatrix}、\begin{pmatrix}1\\1\end{pmatrix}\right\}$ で表現したときの表現行列となっていることが分かります。その表現行列が対角行列になったわけです。

つまり、**線形変換 f の表現行列 A を固有ベクトルを基底として表すと、その表現行列は対角行列になるのです**。このとき対角成分には固有値が並びます。

対角化とは、新しい基底として固有ベクトルの組を取ることによって、線形変換 f の表現行列を対角行列にすることなのです。

一般の場合で説明しておきましょう。

2×2 行列 $\boldsymbol{A}$ の固有値・固有ベクトルの組が、$(\lambda,\ \vec{p})$、$(\mu,\ \vec{q})$ のとき、

$$\boldsymbol{A}\vec{p}=\lambda\vec{p},\ \boldsymbol{A}\vec{q}=\mu\vec{q}$$

$\vec{p},\ \vec{q}$ を並べた行列を作ると

$$\boldsymbol{A}(\vec{p}\quad\vec{q})=(\lambda\vec{p}\quad\mu\vec{q})=(\vec{p}\quad\vec{q})\begin{pmatrix}\lambda&0\\0&\mu\end{pmatrix}$$

P.264の②と見比べよう

ここで、$\boldsymbol{P}=(\vec{p}\quad\vec{q})$ とおくと

$$\boldsymbol{AP}=\boldsymbol{P}\begin{pmatrix}\lambda&0\\0&\mu\end{pmatrix}$$

左から P^{-1} を掛けて

$$\boldsymbol{P}^{-1}\boldsymbol{AP}=\begin{pmatrix}\lambda&0\\0&\mu\end{pmatrix}$$

取替え行列として、固有ベクトルを並べた行列を取るところがポイントです。

固有値・固有ベクトルを求めるところから、対角化の手順を確認しておきましょう。

行列の対角化の手順

① 固有値・固有ベクトルを求める。

$$\boldsymbol{A}\vec{p}=\lambda\vec{p},\ \vec{p}\neq\vec{0}$$

を満たす、λ, $\vec{p}$ を求める。

$\to\lambda$ と $\vec{p}$, μ と $\vec{q}$ の２組が求まったとする

② 取替え行列 $\boldsymbol{P}$ を用いて、$\boldsymbol{A}$ を対角化する。

$\boldsymbol{P}=(\vec{p}\ \ \vec{q})$ とおくと、

$$\boldsymbol{P}^{-1}\boldsymbol{A}\boldsymbol{P}=\begin{pmatrix}\lambda & 0\\ 0 & \mu\end{pmatrix}$$

図形的なイメージも解説しておきましょう。

固有ベクトルを $\vec{a}=\begin{pmatrix}1\\-2\end{pmatrix}$、$\vec{b}=\begin{pmatrix}1\\1\end{pmatrix}$ とおきます。すると、

$$\boldsymbol{A}\vec{a}=2\vec{a}、\boldsymbol{A}\vec{b}=5\vec{b}$$

$$f(\vec{a})=2\vec{a}、f(\vec{b})=5\vec{b}$$

このとき、$x\vec{a}+y\vec{b}$ が線形変換 f でどこに移されるかを調べてみましょう。

$$\begin{aligned}f(x\vec{a}+y\vec{b})&=xf(\vec{a})+yf(\vec{b})=x(2\vec{a})+y(5\vec{b})\\&=2x\vec{a}+5y\vec{b}\end{aligned}$$

となります。つまり、線形変換 f は、

$$\begin{aligned}f:\boldsymbol{R}^2 &\quad\to\quad \boldsymbol{R}^2\\(x,\ y)_{ab} &\quad\to\quad (2x,\ 5y)_{ab}\end{aligned}$$

となります。線形変換fは、a、bを基底とする新座標$(x,\ y)$の$\vec{a}$成分を2倍し、$\vec{b}$成分を5倍するという変換であると言えます。これを図示すると下図のようになります。

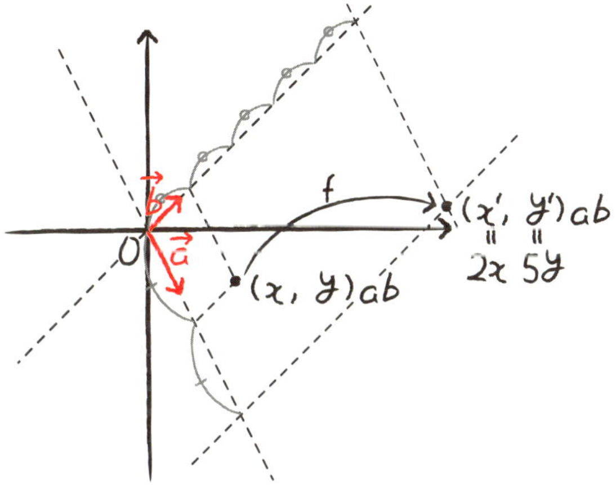

線形変換fが座標平面上に作用する様子を分かりやすく捉えることができました。

でも、元の表現行列$\boldsymbol{A}=\begin{pmatrix}4 & 1\\ 2 & 3\end{pmatrix}$のまま、線形変換$f$を捉えようとしたらどうでしょう。上のような分かりやすい図を描くことはできませんよね。

対角化という手法は、線形変換fを捉える上で非常に有効であることを実感していただいたと思います。

このように対角化とは、それ自体が素晴らしい意義のある解析方法です。

数学では、この対角化を用いて$\boldsymbol{A}^n$を求めることができるので有用であるとしています。紹介してみましょう。

③をn乗します。

$$(\boldsymbol{P}^{-1}\boldsymbol{A}\boldsymbol{P})^n=\begin{pmatrix}2 & 0\\ 0 & 5\end{pmatrix}^n$$

左辺は、

$$(\boldsymbol{P}^{-1}\boldsymbol{AP})(\boldsymbol{P}^{-1}\boldsymbol{AP})(\boldsymbol{P}^{-1}\boldsymbol{AP})\cdots\cdots(\boldsymbol{P}^{-1}\boldsymbol{AP})$$

（ ）がn個

$$=\boldsymbol{P}^{-1}\boldsymbol{APP}^{-1}\boldsymbol{APP}^{-1}\boldsymbol{AP}\cdots\cdots\boldsymbol{P}^{-1}\boldsymbol{AP}$$

$$=\boldsymbol{P}^{-1}\boldsymbol{A}(\boldsymbol{PP}^{-1})\boldsymbol{A}(\boldsymbol{PP}^{-1})\boldsymbol{A}(\boldsymbol{P}\cdots\cdots\boldsymbol{P}^{-1})\boldsymbol{AP}$$

$$=\boldsymbol{P}^{-1}\boldsymbol{A}\ \boldsymbol{E}\ \boldsymbol{A}\ \boldsymbol{E}\ \boldsymbol{A}\ \boldsymbol{E}\cdots\cdots\ \boldsymbol{E}\ \boldsymbol{AP}$$

$$=\boldsymbol{P}^{-1}\boldsymbol{A}^n\boldsymbol{P}$$

掛け算なのでEは無視してよい
Aはn個

右辺は、$\begin{pmatrix} 2^n & 0 \\ 0 & 5^n \end{pmatrix}$

よって、 $\boldsymbol{P}^{-1}\boldsymbol{A}^n\boldsymbol{P}=\begin{pmatrix} 2^n & 0 \\ 0 & 5^n \end{pmatrix}$ ……①

これに左から$\boldsymbol{P}$、右から$\boldsymbol{P}^{-1}$を掛けると、左辺は、

$$\boldsymbol{P}(\boldsymbol{P}^{-1}\boldsymbol{A}^n\boldsymbol{P})\boldsymbol{P}^{-1}=(\boldsymbol{PP}^{-1})\mathrm{A}^n(\boldsymbol{PP}^{-1})=\boldsymbol{EA}^n\boldsymbol{E}=\boldsymbol{A}^n$$

右辺は、

$$\boldsymbol{P}\begin{pmatrix} 2^n & 0 \\ 0 & 5^n \end{pmatrix}\boldsymbol{P}^{-1}$$

$$=\begin{pmatrix} 1 & 1 \\ -2 & 1 \end{pmatrix}\begin{pmatrix} 2^n & 0 \\ 0 & 5^n \end{pmatrix}\frac{1}{3}\begin{pmatrix} 1 & -1 \\ 2 & 1 \end{pmatrix}$$

$$=\frac{1}{3}\begin{pmatrix} 2^n & 5^n \\ -2\cdot 2^n & 5^n \end{pmatrix}\begin{pmatrix} 1 & -1 \\ 2 & 1 \end{pmatrix}=\frac{1}{3}\begin{pmatrix} 2^n+2\cdot 5^n & -2^n+5^n \\ -2\cdot 2^n+2\cdot 5^n & 2\cdot 2^n+5^n \end{pmatrix}$$

よって、 $\boldsymbol{A}^n=\dfrac{1}{3}\begin{pmatrix} 2^n+2\cdot 5^n & -2^n+5^n \\ -2\cdot 2^n+2\cdot 5^n & 2\cdot 2^n+5^n \end{pmatrix}$

行列の対角化とは？

固有ベクトルの組を新しい基底として取ることによって、線形変換fの表現行列を対角行列にすること。

演習問題

(1)　$\boldsymbol{A}=\begin{pmatrix}4 & -1\\5 & -2\end{pmatrix}$を対角化しましょう。

(2)　$\boldsymbol{A}=\begin{pmatrix}1 & -2 & 0\\-1 & 1 & -1\\0 & -2 & 1\end{pmatrix}$を対角化しましょう。

解答

(1)　$\boldsymbol{A}=\begin{pmatrix}4 & -1\\5 & -2\end{pmatrix}$の固有値と固有ベクトルを表にすると、

固有値	-1	3
固有ベクトル	$\begin{pmatrix}1\\5\end{pmatrix}$	$\begin{pmatrix}1\\1\end{pmatrix}$

P.257の問題で計算しました

でした。

これより、

$$\boldsymbol{A}\begin{pmatrix}1\\5\end{pmatrix}=(-1)\begin{pmatrix}1\\5\end{pmatrix}、\boldsymbol{A}\begin{pmatrix}1\\1\end{pmatrix}=3\begin{pmatrix}1\\1\end{pmatrix}$$

これを合わせて、

$$\boldsymbol{A}\begin{pmatrix}1 & 1\\5 & 1\end{pmatrix}=\begin{pmatrix}1 & 1\\5 & 1\end{pmatrix}\begin{pmatrix}-1 & 0\\0 & 3\end{pmatrix}$$

固有値

固有ベクトル

ここで、$\boldsymbol{P}=\begin{pmatrix}1 & 1\\5 & 1\end{pmatrix}$とおくと、

$$\boldsymbol{AP}=\boldsymbol{P}\begin{pmatrix}-1 & 0\\0 & 3\end{pmatrix}、左から\boldsymbol{P}^{-1}を掛けて、\boldsymbol{P}^{-1}\boldsymbol{AP}=\begin{pmatrix}\mathbf{-1} & \mathbf{0}\\\mathbf{0} & \mathbf{3}\end{pmatrix}$$

確かめ　固有ベクトルを並べた行列 $\boldsymbol{P}$ と、その逆行列 $\boldsymbol{P}^{-1}$ は、

$$\boldsymbol{P}=\begin{pmatrix}1 & 1\\ 5 & 1\end{pmatrix}、\boldsymbol{P}^{-1}=\frac{1}{1\cdot1-5\cdot1}\begin{pmatrix}1 & -1\\ -5 & 1\end{pmatrix}=\frac{1}{4}\begin{pmatrix}-1 & 1\\ 5 & -1\end{pmatrix}$$

$\boldsymbol{A}$ を対角化すると、

$$\boldsymbol{P}^{-1}\boldsymbol{A}\boldsymbol{P}=\frac{1}{4}\begin{pmatrix}-1 & 1\\ 5 & -1\end{pmatrix}\begin{pmatrix}4 & -1\\ 5 & -2\end{pmatrix}\begin{pmatrix}1 & 1\\ 5 & 1\end{pmatrix}$$

$$=\frac{1}{4}\begin{pmatrix}1 & -1\\ 15 & -3\end{pmatrix}\begin{pmatrix}1 & 1\\ 5 & 1\end{pmatrix}=\begin{pmatrix}\mathbf{-1} & \mathbf{0}\\ \mathbf{0} & \mathbf{3}\end{pmatrix}$$

(2)　$\boldsymbol{A}=\begin{pmatrix}1 & -2 & 0\\ -1 & 1 & -1\\ 0 & -2 & 1\end{pmatrix}$ の固有値と固有ベクトルを表にすると、

固有値	-1	1	3
固有ベクトル	$\begin{pmatrix}1\\1\\1\end{pmatrix}$	$\begin{pmatrix}1\\0\\-1\end{pmatrix}$	$\begin{pmatrix}-1\\1\\-1\end{pmatrix}$

P.257の問題で計算しました

これより、

$$A\begin{pmatrix}1\\1\\1\end{pmatrix}=(-1)\begin{pmatrix}1\\1\\1\end{pmatrix}、A\begin{pmatrix}1\\0\\-1\end{pmatrix}=1\begin{pmatrix}1\\0\\-1\end{pmatrix}、A\begin{pmatrix}-1\\1\\-1\end{pmatrix}=3\begin{pmatrix}-1\\1\\-1\end{pmatrix}$$

これを合わせて、

固有ベクトル　　固有値

$$A\begin{pmatrix}1 & 1 & -1\\ 1 & 0 & 1\\ 1 & -1 & -1\end{pmatrix}=\begin{pmatrix}1 & 1 & -1\\ 1 & 0 & 1\\ 1 & -1 & -1\end{pmatrix}\begin{pmatrix}-1 & 0 & 0\\ 0 & 1 & 0\\ 0 & 0 & 3\end{pmatrix}$$

ここで、$\boldsymbol{P}=\begin{pmatrix}1 & 1 & -1\\ 1 & 0 & 1\\ 1 & -1 & -1\end{pmatrix}$ とおくと

$$\boldsymbol{AP}=\boldsymbol{P}\begin{pmatrix}-1&0&0\\0&1&0\\0&0&3\end{pmatrix}\quad \text{左から}\ \boldsymbol{P}^{-1}\ \text{を掛けて、}\ \boldsymbol{P}^{-1}\boldsymbol{AP}=\begin{pmatrix}-1&0&0\\0&1&0\\0&0&3\end{pmatrix}$$

確かめ　$\boldsymbol{P}$ の逆行列を掃き出し法で求めて、

$$\left(\begin{array}{ccc|ccc}1&1&-1&1&0&0\\1&0&1&0&1&0\\1&-1&-1&0&0&1\end{array}\right)\xrightarrow[\text{㋒}\to\text{㋒}+\text{㋐}\times(-1)]{\text{㋑}\to\text{㋑}+\text{㋐}\times(-1)}\begin{pmatrix}1&1&-1&1&0&0\\0&-1&2&-1&1&0\\0&-2&0&-1&0&1\end{pmatrix}\xrightarrow{\text{㋑}\to\text{㋑}\times(-1)}$$

（-1 を1にする）

$$\begin{pmatrix}1&1&-1&1&0&0\\0&1&-2&1&-1&0\\0&-2&0&-1&0&1\end{pmatrix}\xrightarrow[\text{㋒}\to\text{㋒}+\text{㋑}\times 2]{\text{㋐}\to\text{㋐}+\text{㋑}\times(-1)}\begin{pmatrix}1&0&1&0&1&0\\0&1&-2&1&-1&0\\0&0&-4&1&-2&1\end{pmatrix}\xrightarrow{\text{㋒}\to\text{㋒}\times(-\frac{1}{4})}$$

（-4 を1にする）

$$\begin{pmatrix}1&0&1&0&1&0\\0&1&-2&1&-1&0\\0&0&1&-\frac{1}{4}&\frac{2}{4}&-\frac{1}{4}\end{pmatrix}\xrightarrow[\text{㋑}\to\text{㋑}+\text{㋒}\times 2]{\text{㋐}\to\text{㋐}+\text{㋒}\times(-1)}\left(\begin{array}{ccc|ccc}1&0&0&\frac{1}{4}&\frac{2}{4}&\frac{1}{4}\\0&1&0&\frac{2}{4}&0&-\frac{2}{4}\\0&0&1&-\frac{1}{4}&\frac{2}{4}&-\frac{1}{4}\end{array}\right)$$

$$\boldsymbol{P}^{-1}=\frac{1}{4}\begin{pmatrix}1&2&1\\2&0&-2\\-1&2&-1\end{pmatrix}$$

$\boldsymbol{A}$ を対角化すると、

$$\boldsymbol{P}^{-1}\boldsymbol{AP}=\frac{1}{4}\begin{pmatrix}1&2&1\\2&0&-2\\-1&2&-1\end{pmatrix}\begin{pmatrix}1&-2&0\\-1&1&-1\\0&-2&1\end{pmatrix}\begin{pmatrix}1&1&-1\\1&0&1\\1&-1&-1\end{pmatrix}$$

$$=\frac{1}{4}\begin{pmatrix}-1&-2&-1\\2&0&-2\\-3&6&-3\end{pmatrix}\begin{pmatrix}1&1&-1\\1&0&1\\1&-1&-1\end{pmatrix}=\begin{pmatrix}\mathbf{-1}&\mathbf{0}&\mathbf{0}\\\mathbf{0}&\mathbf{1}&\mathbf{0}\\\mathbf{0}&\mathbf{0}&\mathbf{3}\end{pmatrix}$$

5 線形変換 f の固有値を括り出そう
―― スペクトル分解

スペクトル分解って何？

対角化の概念を推し進めたものに、スペクトル分解という概念があります。これについて説明しましょう。

先ほどから扱ってきた、$\boldsymbol{A}=\begin{pmatrix}4 & 1\\ 2 & 3\end{pmatrix}$ について、スペクトル分解を行なってみましょう。

A は、固有ベクトルを並べた行列 $\boldsymbol{V}=\begin{pmatrix}1 & 1\\ -2 & 1\end{pmatrix}$ を用いて、

$$\boldsymbol{V}^{-1}\boldsymbol{A}\boldsymbol{V}=\begin{pmatrix}2 & 0\\ 0 & 5\end{pmatrix}$$

と対角化されました。これに左から $\boldsymbol{V}$、右から $\boldsymbol{V}^{-1}$ を掛けると、

$$\boldsymbol{A}=\boldsymbol{V}\begin{pmatrix}2 & 0\\ 0 & 5\end{pmatrix}\boldsymbol{V}^{-1}$$

$V(V^{-1}AV)V^{-1}=(VV^{-1})A(VV^{-1})$
$=EAE=A$

となります。これがスペクトル分解です。

なあんだ、書き方を変えただけじゃないか、と思うかもしれません。これだけだと、あまりありがたみがないのも事実です。

さらに、右辺を変形していって、固有値の 2、5 を括り出してみましょう。

$$\boldsymbol{A}=\boldsymbol{V}\begin{pmatrix}2 & 0\\ 0 & 5\end{pmatrix}\boldsymbol{V}^{-1}=\boldsymbol{V}\left\{\begin{pmatrix}2 & 0\\ 0 & 0\end{pmatrix}+\begin{pmatrix}0 & 0\\ 0 & 5\end{pmatrix}\right\}\boldsymbol{V}^{-1}$$

$$=\boldsymbol{V}\left\{2\begin{pmatrix}1 & 0\\ 0 & 0\end{pmatrix}+5\begin{pmatrix}0 & 0\\ 0 & 1\end{pmatrix}\right\}\boldsymbol{V}^{-1}=\left\{2\boldsymbol{V}\begin{pmatrix}1 & 0\\ 0 & 0\end{pmatrix}+5\boldsymbol{V}\begin{pmatrix}0 & 0\\ 0 & 1\end{pmatrix}\right\}\boldsymbol{V}^{-1}$$

分配法則

$$= 2\boldsymbol{V}\begin{pmatrix}1 & 0\\ 0 & 0\end{pmatrix}\boldsymbol{V}^{-1} + 5\boldsymbol{V}\begin{pmatrix}0 & 0\\ 0 & 1\end{pmatrix}\boldsymbol{V}^{-1}$$

分配法則

というように 2、5 を括り出します。ここで、

$$\boldsymbol{P} = \boldsymbol{V}\begin{pmatrix}1 & 0\\ 0 & 0\end{pmatrix}\boldsymbol{V}^{-1}、\boldsymbol{Q} = \boldsymbol{V}\begin{pmatrix}0 & 0\\ 0 & 1\end{pmatrix}\boldsymbol{V}^{-1}$$

とおきます。すると、$\boldsymbol{A}$ は、

$$\boldsymbol{A} = 2\boldsymbol{P} + 5\boldsymbol{Q}$$

と $\boldsymbol{P}$、$\boldsymbol{Q}$ の 1 次結合で書くことができます。

この形の式もスペクトル分解と言います。

対角行列を $\begin{pmatrix}1 & 0\\ 0 & 0\end{pmatrix}$ や $\begin{pmatrix}0 & 0\\ 0 & 1\end{pmatrix}$ の 1 次結合で表すところがポイントです。

このP、Qには面白い性質があります。

$$\boldsymbol{P}^2 = \boldsymbol{P}、\boldsymbol{Q}^2 - \boldsymbol{Q}、\boldsymbol{PQ} = \boldsymbol{O}、\boldsymbol{QP} = \boldsymbol{O}、\boldsymbol{P} + \boldsymbol{Q} = \boldsymbol{E}$$

が成り立っているんです。

ここで、$\boldsymbol{O}$ はすべての成分が 0 の行列 $\begin{pmatrix}0 & 0\\ 0 & 0\end{pmatrix}$ を表しています。上の式を確かめてみましょう。

$$\boldsymbol{P}^2 = \boldsymbol{V}\begin{pmatrix}1 & 0\\ 0 & 0\end{pmatrix}\underline{\boldsymbol{V}^{-1}\boldsymbol{V}}\begin{pmatrix}1 & 0\\ 0 & 0\end{pmatrix}\boldsymbol{V}^{-1} = \boldsymbol{V}\begin{pmatrix}1 & 0\\ 0 & 0\end{pmatrix}\boldsymbol{E}\begin{pmatrix}1 & 0\\ 0 & 0\end{pmatrix}\boldsymbol{V}^{-1}$$

E　　掛け算なので無視

$$= \boldsymbol{V}\begin{pmatrix}1 & 0\\ 0 & 0\end{pmatrix}\begin{pmatrix}1 & 0\\ 0 & 0\end{pmatrix}\boldsymbol{V}^{-1} = \boldsymbol{V}\begin{pmatrix}1 & 0\\ 0 & 0\end{pmatrix}\boldsymbol{V}^{-1} = \boldsymbol{P}$$

計算すると →

$$\boldsymbol{PQ} = \boldsymbol{V}\begin{pmatrix}1 & 0\\0 & 0\end{pmatrix}\boldsymbol{V}^{-1}\boldsymbol{V}\begin{pmatrix}0 & 0\\0 & 1\end{pmatrix}\boldsymbol{V}^{-1} = \boldsymbol{V}\begin{pmatrix}1 & 0\\0 & 0\end{pmatrix}\boldsymbol{E}\begin{pmatrix}0 & 0\\0 & 1\end{pmatrix}\boldsymbol{V}^{-1}$$

（$\boldsymbol{V}^{-1}\boldsymbol{V}$ → $\boldsymbol{E}$）　（$\boldsymbol{E}$ → 掛け算なので無視）

$$= \boldsymbol{V}\begin{pmatrix}1 & 0\\0 & 0\end{pmatrix}\begin{pmatrix}0 & 0\\0 & 1\end{pmatrix}\boldsymbol{V}^{-1} = \boldsymbol{V}\begin{pmatrix}0 & 0\\0 & 0\end{pmatrix}\boldsymbol{V}^{-1} = \begin{pmatrix}0 & 0\\0 & 0\end{pmatrix} = \boldsymbol{O}$$

計算すると

$$\boldsymbol{P}+\boldsymbol{Q} = \boldsymbol{V}\begin{pmatrix}1 & 0\\0 & 0\end{pmatrix}\boldsymbol{V}^{-1} + \boldsymbol{V}\begin{pmatrix}0 & 0\\0 & 1\end{pmatrix}\boldsymbol{V}^{-1} = \boldsymbol{V}\left\{\begin{pmatrix}1 & 0\\0 & 0\end{pmatrix} + \begin{pmatrix}0 & 0\\0 & 1\end{pmatrix}\right\}\boldsymbol{V}^{-1}$$

分配法則を２回使っています

$$= \boldsymbol{V}\begin{pmatrix}1 & 0\\0 & 1\end{pmatrix}\boldsymbol{V}^{-1} = \boldsymbol{VEV}^{-1} = \boldsymbol{VV}^{-1} = \boldsymbol{E}$$

となります。$\boldsymbol{Q}^2 = \boldsymbol{Q}$、$\boldsymbol{QP} = \boldsymbol{O}$ も同様に確かめることができます。

$\boldsymbol{P}$、$\boldsymbol{Q}$ のように、自乗したものがそれ自身となる行列を**射影行列**（projective matrix）と言います。

> スペクトル分解とは、与えられた表現行列を固有値を係数とした射影行列の１次結合で表すことなのです。

表現行列が $\boldsymbol{P}$、$\boldsymbol{Q}$ で表されるような１次変換の様子を調べてみましょう。$\boldsymbol{P}$、$\boldsymbol{Q}$ を具体的にして調べます。次のようになります。

$$\boldsymbol{V}^{-1} = \begin{pmatrix}1 & 1\\-2 & 1\end{pmatrix}^{-1} = \frac{1}{1\cdot 1-(-2)\cdot 1}\begin{pmatrix}1 & -1\\2 & 1\end{pmatrix} = \frac{1}{3}\begin{pmatrix}1 & -1\\2 & 1\end{pmatrix}$$

$$\boldsymbol{P} = \boldsymbol{V}\begin{pmatrix}1 & 0\\0 & 0\end{pmatrix}\boldsymbol{V}^{-1} = \begin{pmatrix}1 & 1\\-2 & 1\end{pmatrix}\begin{pmatrix}1 & 0\\0 & 0\end{pmatrix}\frac{1}{3}\begin{pmatrix}1 & -1\\2 & 1\end{pmatrix}$$

$$= \frac{1}{3}\begin{pmatrix}1 & 0\\-2 & 0\end{pmatrix}\begin{pmatrix}1 & -1\\2 & 1\end{pmatrix} = \frac{1}{3}\begin{pmatrix}1 & -1\\-2 & 2\end{pmatrix}$$

$$\boldsymbol{Q} = \boldsymbol{V}\begin{pmatrix}0 & 0\\0 & 1\end{pmatrix}\boldsymbol{V}^{-1} = \begin{pmatrix}1 & 1\\-2 & 1\end{pmatrix}\begin{pmatrix}0 & 0\\0 & 1\end{pmatrix}\frac{1}{3}\begin{pmatrix}1 & -1\\2 & 1\end{pmatrix}$$

$$= \frac{1}{3}\begin{pmatrix}0 & 1\\0 & 1\end{pmatrix}\begin{pmatrix}1 & -1\\2 & 1\end{pmatrix} = \frac{1}{3}\begin{pmatrix}2 & 1\\2 & 1\end{pmatrix}$$

例えば、$\vec{x}=\begin{pmatrix}5\\-1\end{pmatrix}$を、この行列で表される1次変換で移してみましょう。

$$\boldsymbol{P}\vec{x}=\frac{1}{3}\begin{pmatrix}1&-1\\-2&2\end{pmatrix}\begin{pmatrix}5\\-1\end{pmatrix}=\begin{pmatrix}2\\-4\end{pmatrix}、\boldsymbol{Q}\vec{x}=\frac{1}{3}\begin{pmatrix}2&1\\2&1\end{pmatrix}\begin{pmatrix}5\\-1\end{pmatrix}=\begin{pmatrix}3\\3\end{pmatrix}$$

プロットしてみましょう。

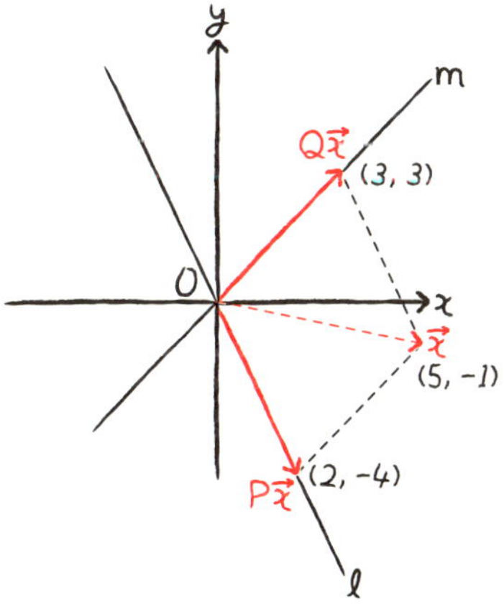

ここで、原点を通り$\begin{pmatrix}1\\-2\end{pmatrix}$と平行な直線を$l$、原点を通り$\begin{pmatrix}1\\1\end{pmatrix}$と平行な直線を$m$とします。

すると、$\vec{x}$に対して$\boldsymbol{P}\vec{x}$は、$\vec{x}$の終点を通って$\begin{pmatrix}1\\1\end{pmatrix}$方向の直線を引き、それが$l$と交わる点に、$\vec{x}$に対して$\boldsymbol{Q}\vec{x}$は、$\vec{x}$の終点を通って$\begin{pmatrix}1\\-2\end{pmatrix}$方向の直線を引き、それが$m$と交わる点に移っていることがわかりますね。

$\boldsymbol{P}\vec{x}$、$\boldsymbol{Q}\vec{x}$の終点が、任意の$\vec{x}$について、$\vec{x}$をl、mに射影した点であることを説明してみましょう。

任意のベクトル$\vec{x}$は、

$$\vec{x}=\boldsymbol{E}\vec{x}=(\boldsymbol{P}+\boldsymbol{Q})\vec{x}=\boldsymbol{P}\vec{x}+\boldsymbol{Q}\vec{x}$$

P.273の性質

と書くことができます。つまり、原点 O、$\boldsymbol{P}\vec{x}$ の終点、$\boldsymbol{Q}\vec{x}$ の終点、$\vec{x}$ の終点は平行四辺形になっています。あとは、

$$\boldsymbol{P}\vec{x}、\boldsymbol{Q}\vec{x}$$

の終点がそれぞれ l、m 上にあることを示せばよいわけです。つまり、$\boldsymbol{P}\vec{x}$, $\boldsymbol{Q}\vec{x}$ が固有ベクトルになっていることを確かめればよいのです。

$$\begin{aligned} \boldsymbol{A}(\boldsymbol{P}\vec{x}) &= (2\boldsymbol{P}+5\boldsymbol{Q})(\boldsymbol{P}\vec{x}) = 2\underbrace{(\boldsymbol{PP})}_{\boldsymbol{P}}\vec{x} + 5\underbrace{(\boldsymbol{QP})}_{\boldsymbol{O}}\vec{x} \\ &= 2(\boldsymbol{P}\vec{x}) \end{aligned}$$

$\boldsymbol{P}\vec{x}$ は固有ベクトルで、固有値は 2 であることが分かりました。

同様に、$\boldsymbol{Q}\vec{x}$ も固有ベクトルで、固有値は 5 です。

ということは、具体的に言うと、

$$\boldsymbol{P}\vec{x} /\!/ \begin{pmatrix} 1 \\ -2 \end{pmatrix}、\boldsymbol{Q}\vec{x} /\!/ \begin{pmatrix} 1 \\ 1 \end{pmatrix}$$

$\vec{a} /\!/ \vec{b}$ は $\vec{a}$ と $\vec{b}$ が同じ方向のベクトルであることを表します。

ということです。$\boldsymbol{P}\vec{x}$、$\boldsymbol{Q}\vec{x}$ の終点が l、m 上にあることが示されました。

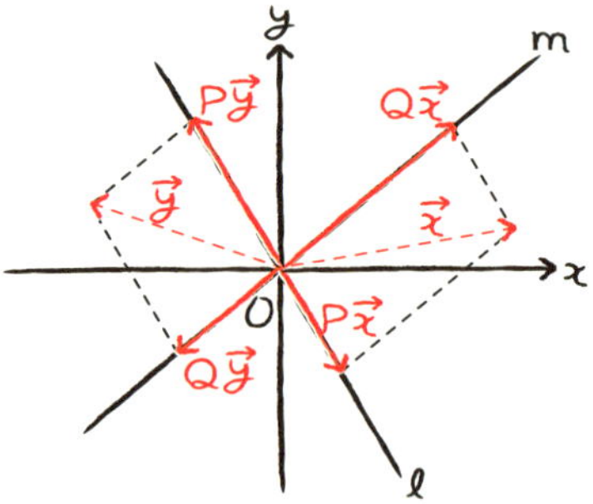

$\vec{x}$ に対して $\boldsymbol{P}\vec{x}$ は、$\vec{x}$ の終点を通って $\begin{pmatrix} 1 \\ 1 \end{pmatrix}$ 方向の直線を引き、それが l と交わる点に、$\vec{x}$ に対して $\boldsymbol{Q}\vec{x}$ は、$\vec{x}$ の終点を通って $\begin{pmatrix} 1 \\ -2 \end{pmatrix}$ 方向の直線を

引き、それが m と交わる点に移るわけです。

つまり、$\vec{x}$ に $\boldsymbol{P}$、$\boldsymbol{Q}$ を作用させると斜交座標の目盛りの位置に移ると言えます。

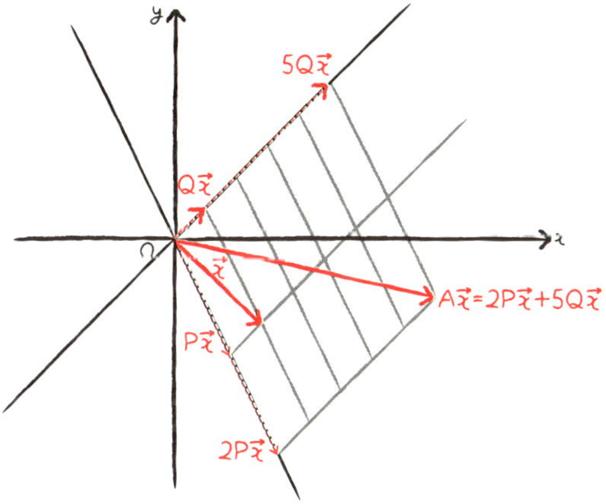

これから、$\boldsymbol{A}=2\boldsymbol{P}+5\boldsymbol{Q}$ を表現行列に持つ1次変換を解釈すれば、次のようになります。

$$\boldsymbol{A}\vec{x}=(2\boldsymbol{P}+5\boldsymbol{Q})\vec{x}=2(\boldsymbol{P}\vec{x})+5(\boldsymbol{Q}\vec{x})$$

ですから、$\vec{x}$ に対して、l、m の目盛りを読み、その目盛りを l に関しては2倍、m に関しては5倍にした目盛りを座標に持つような点が $\boldsymbol{A}\vec{x}$ が表す点であることになります。

結局、p.267の操作と同じになりました。

スペクトル分解を利用して、行列の n 乗を計算する方法があります。紹介しましょう。

$\boldsymbol{A}=2\boldsymbol{P}+5\boldsymbol{Q}$ の2乗から調べてみましょう。

$$\begin{aligned}\boldsymbol{A}^2&=(2\boldsymbol{P}+5\boldsymbol{Q})(2\boldsymbol{P}+5\boldsymbol{Q})\\&=2^2\boldsymbol{P}^2+2\cdot5\boldsymbol{P}\boldsymbol{Q}+5\cdot2\boldsymbol{Q}\boldsymbol{P}+5^2\boldsymbol{Q}^2\end{aligned}$$

　ここで、$\boldsymbol{P}^2=\boldsymbol{P}$、$\boldsymbol{Q}^2=\boldsymbol{Q}$、$\boldsymbol{PQ}=\boldsymbol{O}$、$\boldsymbol{QP}=\boldsymbol{O}$ですから、

$$\boldsymbol{A}^2=2^2\boldsymbol{P}+5^2\boldsymbol{Q}$$

となります。続いて、$\boldsymbol{A}^3$も計算してみましょう。

$$\begin{aligned}\boldsymbol{A}^3=\boldsymbol{A}^2\cdot\boldsymbol{A}&=(2^2\boldsymbol{P}+5^2\boldsymbol{Q})(2\boldsymbol{P}+5\boldsymbol{Q})\\&=2^3\boldsymbol{P}^2+2^2\cdot5\boldsymbol{PQ}+5^2\cdot2\boldsymbol{QP}+5^3\boldsymbol{Q}^2\\&=2^3\boldsymbol{P}+5^3\boldsymbol{Q}\end{aligned}$$

となります。こうして計算していくことで、

$$\boldsymbol{A}^n=2^n\boldsymbol{P}+5^n\boldsymbol{Q}$$

となります。具体的に計算すると、

$$\begin{aligned}\boldsymbol{A}^n&=2^n\cdot\frac{1}{3}\begin{pmatrix}1&-1\\-2&2\end{pmatrix}+5^n\cdot\frac{1}{3}\begin{pmatrix}2&1\\2&1\end{pmatrix}\\&=\frac{1}{3}\begin{pmatrix}2^n+2\cdot5^n&-2^n+5^n\\-2\cdot2^n+2\cdot5^n&2\cdot2^n+5^n\end{pmatrix}\end{aligned}$$

となり、p.268で求めた$\boldsymbol{A}^n$と同じ結果になりました。

> スペクトル分解って何？
> 　スペクトル分解とは、与えられた行列を、固有値を係数とする射影行列の１次結合で表すことです。

演習問題

(1)　$\boldsymbol{A}=\begin{pmatrix}4 & -1\\ 5 & -2\end{pmatrix}$をスペクトル分解しましょう。

(2)　$\boldsymbol{A}=\begin{pmatrix}1 & -2 & 0\\ -1 & 1 & -1\\ 0 & -2 & 1\end{pmatrix}$をスペクトル分解しましょう。

(1)　固有ベクトルを並べた行列 $\boldsymbol{V}=\begin{pmatrix}1 & 1\\ 5 & 1\end{pmatrix}$を用いて、対角化した

式 $\boldsymbol{V}^{-1}\boldsymbol{A}\boldsymbol{V}=\begin{pmatrix}-1 & 0\\ 0 & 3\end{pmatrix}$から、　P.269で計算しました

$$\boldsymbol{A}=\boldsymbol{V}\begin{pmatrix}-1 & 0\\ 0 & 3\end{pmatrix}\boldsymbol{V}^{-1}$$

$$=(-1)\boldsymbol{V}\begin{pmatrix}1 & 0\\ 0 & 0\end{pmatrix}\boldsymbol{V}^{-1}+3\boldsymbol{V}\begin{pmatrix}0 & 0\\ 0 & 1\end{pmatrix}\boldsymbol{V}^{-1}$$

ここで、$\boldsymbol{P}$、$\boldsymbol{Q}$を

$$\boldsymbol{P}=\boldsymbol{V}\begin{pmatrix}1 & 0\\ 0 & 0\end{pmatrix}\boldsymbol{V}^{-1}=\frac{1}{4}\begin{pmatrix}-1 & 1\\ -5 & 5\end{pmatrix}、\boldsymbol{Q}=\boldsymbol{V}\begin{pmatrix}0 & 0\\ 0 & 1\end{pmatrix}\boldsymbol{V}^{-1}=\frac{1}{4}\begin{pmatrix}5 & -1\\ 5 & -1\end{pmatrix}$$

と定めると、

$$\boldsymbol{A}=(-1)\boldsymbol{P}+3\boldsymbol{Q}$$

(2)　固有ベクトルを並べた行列 $\boldsymbol{V}=\begin{pmatrix}1 & 1 & -1\\ 1 & 0 & 1\\ 1 & -1 & -1\end{pmatrix}$

を用いて、対角化した式 $\boldsymbol{V}^{-1}\boldsymbol{AV}=\begin{pmatrix}-1&0&0\\0&1&0\\0&0&3\end{pmatrix}$ から、 ←P.271で計算しました

$$\boldsymbol{A}=\boldsymbol{V}\begin{pmatrix}-1&0&0\\0&1&0\\0&0&3\end{pmatrix}\boldsymbol{V}^{-1}$$

$$=(-1)\boldsymbol{V}\begin{pmatrix}1&0&0\\0&0&0\\0&0&0\end{pmatrix}\boldsymbol{V}^{-1}+1\cdot\boldsymbol{V}\begin{pmatrix}0&0&0\\0&1&0\\0&0&0\end{pmatrix}\boldsymbol{V}^{-1}+3\cdot\boldsymbol{V}\begin{pmatrix}0&0&0\\0&0&0\\0&0&1\end{pmatrix}\boldsymbol{V}^{-1}$$

ここで、

$$\boldsymbol{P}=\boldsymbol{V}\begin{pmatrix}1&0&0\\0&0&0\\0&0&0\end{pmatrix}\boldsymbol{V}^{-1}=\frac{1}{4}\begin{pmatrix}1&2&1\\1&2&1\\1&2&1\end{pmatrix}$$

$$\boldsymbol{Q}=\boldsymbol{V}\begin{pmatrix}0&0&0\\0&1&0\\0&0&0\end{pmatrix}\boldsymbol{V}^{-1}=\frac{1}{2}\begin{pmatrix}1&0&-1\\0&0&0\\-1&0&1\end{pmatrix}$$

$$\boldsymbol{R}=\boldsymbol{V}\begin{pmatrix}0&0&0\\0&0&0\\0&0&1\end{pmatrix}\boldsymbol{V}^{-1}=\frac{1}{4}\begin{pmatrix}1&-2&1\\-1&2&-1\\1&-2&1\end{pmatrix}$$

とおくと、

$$\boldsymbol{A}=(-1)\boldsymbol{P}+1\cdot\boldsymbol{Q}+3\cdot\boldsymbol{R}$$

コラム 多変量解析－主成分分析

データ・資料の特徴・傾向を調べるとき用いられるのが、統計学の中の多変量解析です。このコラムでは、多変量解析の中でも、固有ベクトルと縁の深い「主成分分析」を紹介しましょう。

「主成分分析」とは、簡単に言うと、資料の特徴をよりよくつかむために座標軸を取り直すことなんです。

例えば、10 人の身長、体重の様子をグラフにプロットすると、左図のようになったとします。これに対して、新しく座標軸を取り直したのが、右図です。点がおよそ右上がりに並んでいますから、それに添うようにまずは 1 本とり、それに直交するようにもう 1 本の座標軸をとりました。今、目分量でおよその直線を引きましたが、これをきちんと計算で求めるテクニックが主成分分析なのです。

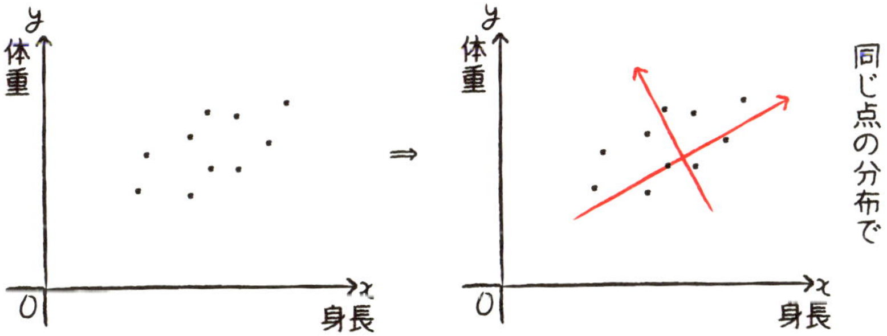

文字も導入して、数学的に説明してみましょう。

1 から n の番号を付けた n 人の人がいるとします。i さんの身長が x_i、体重が y_i とします。グラフでは、i さんは、$(x_i,\ y_i)$の点で表されます。

新しい座標軸の中心として、身長、体重の平均の点を取ります。つまり、身長の平均を $\bar{x}$、体重の平均を $\bar{y}$ とします。新しい座標軸の中心を $(\bar{x},\ \bar{y})$ にとります。そこで、$\begin{pmatrix} x_i \\ y_i \end{pmatrix}$ の代わりに、平均との偏差 $\begin{pmatrix} x_i - \bar{x} \\ y_i - \bar{y} \end{pmatrix}$ を考えていきます。

点に沿った、最適な座標軸を引くにはどのようにしたらよいでしょうか。最適な座標軸をこう定義してみましょう。

$\begin{pmatrix} x_i - \bar{x} \\ y_i - \bar{y} \end{pmatrix}$ に対する座標の値の２乗和平均が最大になる座標軸

とします。これを求めてみましょう。

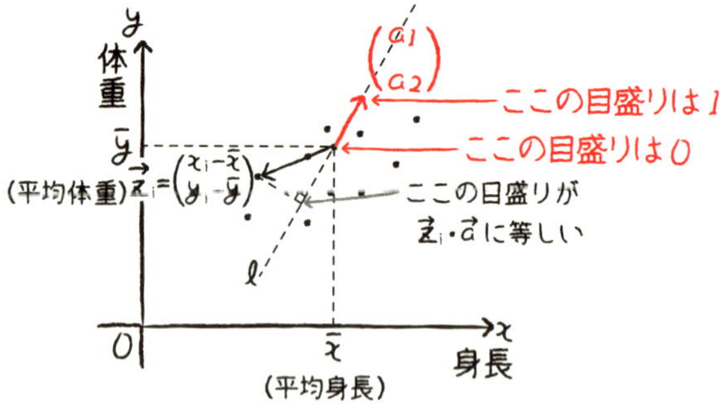

仮に座標軸 l を設定します。これに平行な単位ベクトルを $\vec{a} = \begin{pmatrix} a_1 \\ a_2 \end{pmatrix}$ とし、$\vec{z}_i = \begin{pmatrix} x_i - \bar{x} \\ y_i - \bar{y} \end{pmatrix}$ とおきます。すると、$\vec{z}_i$ の座標軸 l に関する目盛りは、

$\vec{z}_i \cdot \vec{a} = {}^t\vec{z}_i\,\vec{a} = {}^t\vec{a}\,\vec{z}_i$ と表されます。

${}^t\vec{z}_i\,\vec{a},\ {}^t\vec{a}\,\vec{z}_i$ は、内積を (1×2) 行列と (2×1) 行列の積と見て計算しています。例えば、$\vec{a} = \begin{pmatrix} 3/5 \\ 4/5 \end{pmatrix}$、$\vec{z}_i = \begin{pmatrix} -2 \\ -1 \end{pmatrix}$ であると、

$$\begin{pmatrix} 3/5 \\ 4/5 \end{pmatrix} \cdot \begin{pmatrix} -2 \\ -1 \end{pmatrix} = \underset{{}^t\vec{z}_i}{(-2 \quad -1)} \begin{pmatrix} 3/5 \\ 4/5 \end{pmatrix} = \underset{{}^t\vec{a}}{(3/5 \quad 4/5)} \begin{pmatrix} -2 \\ -1 \end{pmatrix}$$

が成り立ちます。

目盛りの 2 乗は、

結合法則 ↓

$$({}^t\vec{z}_i\,\vec{a})^2 = ({}^t\vec{a}\,\vec{z}_i)({}^t\vec{z}_i\,\vec{a}) = {}^t\vec{a}(\vec{z}_i\,{}^t\vec{z}_i)\vec{a} = \vec{a}\cdot\{(\vec{z}_i\,{}^t\vec{z}_i)\vec{a}\}$$

つまり、2 乗は、$\vec{a} = \begin{pmatrix} a_1 \\ a_2 \end{pmatrix}$ と

← (2, 1) 行列と (1, 2) 行列の積と見る

$$(\vec{z}_i\,{}^t\vec{z}_i)\vec{a} = \begin{pmatrix} x_i - x \\ y_i - \bar{y} \end{pmatrix}(x_i - \bar{x},\ \ y_i - \bar{y})\begin{pmatrix} a_1 \\ a_2 \end{pmatrix}$$

$$- \begin{pmatrix} (x_i - \bar{x})^2 & (x_i - \bar{x})(y_i - \bar{y}) \\ (x_i - \bar{x})(y_i - y) & (y_i - \bar{y})^2 \end{pmatrix}\begin{pmatrix} a_1 \\ a_2 \end{pmatrix}$$

の内積となります。各目盛りの 2 乗は、行列の積の形で書くと、

$$(a_1 \quad a_2)\begin{pmatrix} (x_i - \bar{x})^2 & (x_i - \bar{x})(y_i - \bar{y}) \\ (x_i - \bar{x})(y_i - \bar{y}) & (y_i - \bar{y})^2 \end{pmatrix}\begin{pmatrix} a_1 \\ a_2 \end{pmatrix}$$

となります。ここで、真ん中の行列を $\boldsymbol{X}_i$ とおきます。すると、この式は、$\vec{a}\cdot(\boldsymbol{X}_i\,\vec{a})$ と書くことができます。2 乗和の平均は

$$\frac{1}{n}\{\vec{a}\cdot(\boldsymbol{X}_1\,\vec{a}) + \vec{a}\cdot(\boldsymbol{X}_2\,\vec{a}) + \cdots + \vec{a}\cdot(\boldsymbol{X}_n\,\vec{a})\}$$

$$= \frac{1}{n}\vec{a}\cdot(\boldsymbol{X}_1\,\vec{a} + \boldsymbol{X}_2\,\vec{a} + \cdots + \boldsymbol{X}_n\,\vec{a})$$

$$= \frac{1}{n}\vec{a}\cdot\{(\boldsymbol{X}_1 + \boldsymbol{X}_2 + \cdots + \boldsymbol{X}_n)\vec{a}\} = \vec{a}\cdot\left\{\left(\frac{1}{n}\sum_{i=1}^{n}\boldsymbol{X}_i\right)\vec{a}\right\}$$

成分で書くと、

$$= (a_1 \quad a_2)\begin{pmatrix} \dfrac{\sum_{i=1}^{n}(x_i - \bar{x})^2}{n} & \dfrac{\sum_{i=1}^{n}(x_i - \bar{x})(y_i - \bar{y})}{n} \\ \dfrac{\sum_{i=1}^{n}(x_i - \bar{x})(y_i - \bar{y})}{n} & \dfrac{\sum_{i=1}^{n}(y_i - \bar{y})^2}{n} \end{pmatrix}\begin{pmatrix} a_1 \\ a_2 \end{pmatrix}$$

となります。ここで、真ん中の行列を A とおきます。すると、この式は、$\vec{a}\cdot(A\vec{a})$ と書くことができます。実は、この行列は**分散共分散行列**と呼ばれ、統計学では重要な役割をする行列なのです。

問題は、

$\vec{a}\cdot(A\vec{a})$が最大となるような $\vec{a}$ を求める

ことに帰着されました。ここで固有ベクトルの出番です。

行列 Aの固有値を大きいほうからλ_1、λ_2 とします。λ_1 に対応する固有ベクトルで大きさが１のものを$\vec{e_1}$、λ_2 に対応する固有ベクトルで大きさが１のものを $\vec{e_2}$ とします。ここで、Aは対称行列ですから、固有ベクトルは直交します（p.293 参照）。$\vec{e_1}$ と $\vec{e_2}$は、正規直交基底になります。$\vec{a}$をこの基底で表すと、適当な実数 u, vを用いて、

$$\vec{a}=u\vec{e_1}+v\vec{e_2}$$

となります。$\vec{a}$の大きさが１ですから、

$$\vec{a}\cdot\vec{a}=1 \qquad \therefore\ (u\vec{e_1}+v\vec{e_2})\cdot(u\vec{e_1}+v\vec{e_2})=1$$
$$\therefore\ u^2(\vec{e_1}\cdot\vec{e_1})+vu(\vec{e_2}\cdot\vec{e_1})+uv(\vec{e_1}\cdot\vec{e_2})+v^2(\vec{e_2}\cdot\vec{e_2})=1$$
$$\therefore\ u^2+v^2=1 \qquad \therefore\ v^2=1-u^2$$

となり、u、vはこの式を満たします。

$(u,\ v)$は、原点を中心に持ち、半径１の円の周上にあります。

さらに、最大となる $\vec{a}$を探ります。

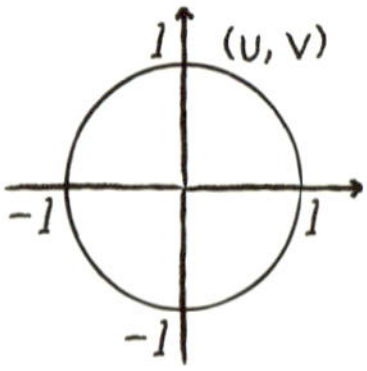

$$\begin{aligned}\vec{a}\cdot(A\vec{a})&=(u\vec{e_1}+v\vec{e_2})\cdot(A(u\vec{e_1}+v\vec{e_2}))\\&=(u\vec{e_1}+v\vec{e_2})\cdot(uA\vec{e_1}+vA\vec{e_2})\\&=(u\vec{e_1}+v\vec{e_2})\cdot(u\lambda_1\vec{e_1}+v\lambda_2\vec{e_2})\\&=\lambda_1u^2(\vec{e_1}\cdot\vec{e_1})+\lambda_1vu(\vec{e_2}\cdot\vec{e_1})+\lambda_2uv(\vec{e_1}\cdot\vec{e_2})+\lambda_2v^2(\vec{e_2}\cdot\vec{e_2})\end{aligned}$$

$$= \lambda_1 u^2 + \lambda_2 v^2 = \lambda_1 u^2 + \lambda_2 (1 - u^2)$$
$$= (\lambda_1 - \lambda_2) u^2 + \lambda_2$$

となります。

ここで、λ_1 のほうが λ_2 より大きいですから、$\lambda_1 - \lambda_2 \geqq 0$

u は -1 から 1 まで動きますから、u^2 は 0 から 1 まで動きます。このことより、$\vec{a} \cdot (A\vec{a})$ が最大になるのは、$u^2 = 1$ のときになります。$u = 1$、$v = 0$ または $u = -1$、$v = 0$ のときです。

つまり、$\vec{a} \cdot (A\vec{a})$ は、$\vec{a} = \vec{e_1}$ のとき最大になります。

2 乗和平均が最大になるような座標軸、最適な座標軸の方向は、分散共分散行列 A の固有値が大きいほうの固有ベクトルに平行な方向なのです。

この方向のことを**主方向**と言います。資料の傾向・特徴を捉えるには、主方向を探すことが有効です。

この例で言えば、主方向 $\vec{e_1}$ に「体の大きさ」と名前を付けたらよいでしょう。$\vec{e_1}$ 方向の新しい座標軸の目盛りを読めば、体の大きさが分かります。

$\vec{e_2}$ 方向の座標軸は、「肥満傾向」とでも命名したらよいでしょう。初めの図では、$\vec{e_2}$ 方向の値が大きければ、身長に対して体重が大きいことを表しています。

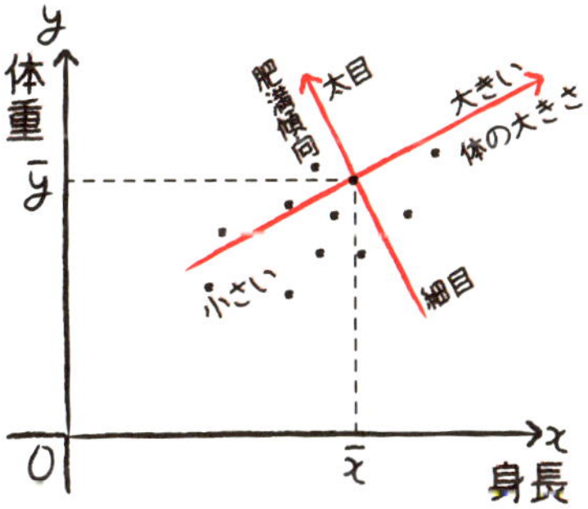

❻ 扱いやすくて気さくな対称行列
―― 対称行列の性質

対称行列の都合のいい性質とは何だろう？

対称行列の固有ベクトル、対角化の特徴は？

$$\begin{pmatrix} 3 & 2 \\ 2 & 6 \end{pmatrix}、\qquad \begin{pmatrix} 1 & 4 & -2 \\ 4 & 3 & -1 \\ -2 & -1 & 2 \end{pmatrix}$$

のように、右下に向かう斜め 45°の対角線に関して対称となっている成分が等しい行列のことを**対称行列**（symmetric matrix）と言います。

般に、行列 $\boldsymbol{A}$ に対して、斜め 45°の対角線に関して対称な成分を入れ替えてできる行列のことを**転置行列**（transposed matrix）と言い、${}^t\boldsymbol{A}$ と表します。t は、transposed の頭文字です。

例えば

$$\boldsymbol{A} = \begin{pmatrix} 3 & 2 \\ -1 & 6 \end{pmatrix} \text{であれば、} {}^t\boldsymbol{A} = \begin{pmatrix} 3 & -1 \\ 2 & 6 \end{pmatrix}$$

$$\boldsymbol{B} = \begin{pmatrix} 1 & 4 & -4 \\ 5 & 3 & -3 \\ -2 & -1 & 2 \end{pmatrix} \text{であれば、} {}^t\boldsymbol{B} = \begin{pmatrix} 1 & 5 & -2 \\ 4 & 3 & -1 \\ -4 & -3 & 2 \end{pmatrix}$$

となります。この記号を用いると、対称行列を簡潔に定義することができます。

> $\boldsymbol{A}$ が対称行列である条件は
>
> $$\boldsymbol{A} = {}^t\boldsymbol{A}$$

対称行列とは、転置行列をとっても元の行列と変わらない行列のことです。

この転置行列をとる「t」に関しての計算法則を紹介しておきましょう。

$$ {}^t(\boldsymbol{A}+\boldsymbol{B}) = {}^t\boldsymbol{A} + {}^t\boldsymbol{B} $$

$$ {}^t(c\boldsymbol{A}) = c({}^t\boldsymbol{A}) $$

$$ {}^t(\boldsymbol{AB}) = {}^t\boldsymbol{B}\,{}^t\boldsymbol{A} $$

初めの2つに関しては、すぐに納得してもらえると思います。

行列の和というのは、同じ成分ごとに和をとるのですから、行列の和を計算してから転置を取るのと、初めに転置を取っておいてから行列の和を計算するのでは、計算結果が同じになりそうですよね。

行列のスカラー倍についても同じです。

3番目に関しては、ちょっとびっくりします。右辺では、左から ${}^t\boldsymbol{B}$, ${}^t\boldsymbol{A}$ の順に並ぶことに注意しましょう。

$\boldsymbol{A} = \begin{pmatrix} a & c \\ b & d \end{pmatrix}$、$\boldsymbol{B} = \begin{pmatrix} x & z \\ y & w \end{pmatrix}$ に対して、3番目の式を確かめてみましょう。

$$ {}^t(\boldsymbol{AB}) = {}^t\left(\begin{pmatrix} a & c \\ b & d \end{pmatrix}\begin{pmatrix} x & z \\ y & w \end{pmatrix}\right) = {}^t\begin{pmatrix} ax+cy & az+cw \\ bx+dy & bz+dw \end{pmatrix} $$

$$ = \begin{pmatrix} ax+cy & bx+dy \\ az+cw & bz+dw \end{pmatrix} $$

$$ {}^t\boldsymbol{B}\,{}^t\boldsymbol{A} = {}^t\begin{pmatrix} x & z \\ y & w \end{pmatrix}{}^t\begin{pmatrix} a & c \\ b & d \end{pmatrix} = \begin{pmatrix} x & y \\ z & w \end{pmatrix}\begin{pmatrix} a & b \\ c & d \end{pmatrix} $$

$$ = \begin{pmatrix} ax+cy & bx+dy \\ az+cw & bz+dw \end{pmatrix} $$

確かに成り立っています。2×2行列どうしの積でしか確かめませんでしたが、他のタイプの行列の積の場合でも成り立っています。

ここで対称行列をあえてとり上げるのは、対称行列が線形代数を応用する上で重要なタイプの行列だからです。応用で出てくる行列は、対称行列であることが多いんです。

例えば、統計、経済、多変量解析、……など、これらの理論で扱われる行列は、ほとんどが対称行列です。ですから、対称行列の持つ性質を押さえておくことは、応用面から線形代数を見たとき、大変重要になってきます。その重要な性質の1つが次です。

対称行列の異なる固有値に対する固有ベクトルは直交する

この性質があるので、対称行列では、固有ベクトルをもとにして、正規直交基底を作ることができます。正規直交基底は、p.134でも見たように扱いやすい性質を持っていましたよね。

固有ベクトルが直交することを確認してみましょう。

対称行列 $\boldsymbol{A}=\begin{pmatrix}3&2\\2&6\end{pmatrix}$ の対角化を行ないます。

初めに、固有値を求めます。

$$\det(\boldsymbol{A}-\lambda\boldsymbol{E})=\det\left\{\begin{pmatrix}3&2\\2&6\end{pmatrix}-\lambda\begin{pmatrix}1&0\\0&1\end{pmatrix}\right\}=\det\begin{pmatrix}3-\lambda&2\\2&6-\lambda\end{pmatrix}$$

$$=(3-\lambda)(6-\lambda)-2\cdot2=\lambda^2-9\lambda+14=(\lambda-2)(\lambda-7)$$

よって、

$$\det(\boldsymbol{A}-\lambda\boldsymbol{E})=0 \text{ より、} \quad \lambda=2、7$$

固有値は、$\lambda=2$、$\lambda=7$ の2つです。

固有ベクトルを $\vec{x}=\begin{pmatrix}x\\y\end{pmatrix}$ とします。条件式

$$(\boldsymbol{A}-\lambda\boldsymbol{E})\vec{x}=\vec{0} \text{ は、} \begin{pmatrix}3-\lambda&2\\2&6-\lambda\end{pmatrix}\begin{pmatrix}x\\y\end{pmatrix}=\begin{pmatrix}0\\0\end{pmatrix} \quad \cdots\cdots①$$

これを満たす $\vec{x}$ を求めましょう。

$\lambda=2$ のとき、①は、

$$\begin{pmatrix}3-2 & 2\\ 2 & 6-2\end{pmatrix}\begin{pmatrix}x\\ y\end{pmatrix}=\begin{pmatrix}1 & 2\\ 2 & 4\end{pmatrix}\begin{pmatrix}x\\ y\end{pmatrix}=\begin{pmatrix}0\\ 0\end{pmatrix}$$

$x+2y=0$ より、$\begin{pmatrix}x\\ y\end{pmatrix} /\!/ \begin{pmatrix}2\\ -1\end{pmatrix}$

$\begin{pmatrix}x\\ y\end{pmatrix}=m\begin{pmatrix}2\\ -1\end{pmatrix}$ で、$\begin{pmatrix}x\\ y\end{pmatrix}$ は $\begin{pmatrix}2\\ -1\end{pmatrix}$ に平行なベクトルです。

→ $x=2m,\ y=-m$（m は任意の実数）

$\lambda=7$ のとき、①は、

$$\begin{pmatrix}3-7 & 2\\ 2 & 6-7\end{pmatrix}\begin{pmatrix}x\\ y\end{pmatrix}=\begin{pmatrix}-4 & 2\\ 2 & -1\end{pmatrix}\begin{pmatrix}x\\ y\end{pmatrix}=\begin{pmatrix}0\\ 0\end{pmatrix}$$

$2x-y=0$ より、$\begin{pmatrix}x\\ y\end{pmatrix} /\!/ \begin{pmatrix}1\\ 2\end{pmatrix}$

$\begin{pmatrix}x\\ y\end{pmatrix}=m\begin{pmatrix}1\\ 2\end{pmatrix}$ で、$\begin{pmatrix}x\\ y\end{pmatrix}$ は $\begin{pmatrix}1\\ 2\end{pmatrix}$ に平行なベクトルです。

→ $x=m,\ y=2m$（m は任意の実数）

固有ベクトルは、$\begin{pmatrix}2\\ -1\end{pmatrix}$ と $\begin{pmatrix}1\\ 2\end{pmatrix}$ です。

この 2 つは、内積を計算して、$\begin{pmatrix}2\\ -1\end{pmatrix}\cdot\begin{pmatrix}1\\ 2\end{pmatrix}=0$ となることより、直交することが分かります。

3 次以上の対称行列でも、異なる固有値に対する固有ベクトルは直交します。演習問題に具体例をあげておきましたから、手を動かして確かめてみましょう。最後には一般論による証明も与えておきました。

続いて、固有ベクトルを用いて $\boldsymbol{A}$ を対角化しましょう。

いままでの解き方では、

$$\boldsymbol{P}=\begin{pmatrix}2 & 1\\ -1 & 2\end{pmatrix}$$

とおいて、$\boldsymbol{P}^{-1}\boldsymbol{A}\boldsymbol{P}$ を計算しました。固有ベクトルの代表として、$\begin{pmatrix}2\\ 1\end{pmatrix}$、

$\begin{pmatrix}1\\2\end{pmatrix}$をとったわけです。ここでは、固有ベクトルの代表として、大きさが 1 であるものをとりましょう。つまり、固有ベクトルとして、

$$\frac{1}{\sqrt{2^2+(-1)^2}}\begin{pmatrix}2\\-1\end{pmatrix}=\frac{1}{\sqrt{5}}\begin{pmatrix}2\\-1\end{pmatrix}、\frac{1}{\sqrt{1^2+2^2}}\begin{pmatrix}1\\2\end{pmatrix}=\frac{1}{\sqrt{5}}\begin{pmatrix}1\\2\end{pmatrix}$$

をとります。$\boldsymbol{P}$ のかわりに　$\begin{pmatrix}2\\-1\end{pmatrix}$ 方向の単位ベクトル

$$\boldsymbol{Q}=\frac{1}{\sqrt{5}}\begin{pmatrix}2&1\\-1&2\end{pmatrix}$$

を用いて対角化してみましょう。

$$\boldsymbol{Q}^{-1}=\begin{pmatrix}\frac{2}{\sqrt{5}}&\frac{1}{\sqrt{5}}\\-\frac{1}{\sqrt{5}}&\frac{2}{\sqrt{5}}\end{pmatrix}^{-1}=\frac{1}{\frac{2}{\sqrt{5}}\cdot\frac{2}{\sqrt{5}}-\left(-\frac{1}{\sqrt{5}}\right)\cdot\frac{1}{\sqrt{5}}}\begin{pmatrix}\frac{2}{\sqrt{5}}&-\frac{1}{\sqrt{5}}\\\frac{1}{\sqrt{5}}&\frac{2}{\sqrt{5}}\end{pmatrix}$$

$$=\begin{pmatrix}\frac{2}{\sqrt{5}}&-\frac{1}{\sqrt{5}}\\\frac{1}{\sqrt{5}}&\frac{2}{\sqrt{5}}\end{pmatrix}=\frac{1}{\sqrt{5}}\begin{pmatrix}2&-1\\1&2\end{pmatrix}$$

$$\boldsymbol{Q}^{-1}\boldsymbol{A}\boldsymbol{Q}=\frac{1}{\sqrt{5}}\begin{pmatrix}2&-1\\1&2\end{pmatrix}\begin{pmatrix}3&2\\2&6\end{pmatrix}\frac{1}{\sqrt{5}}\begin{pmatrix}2&1\\-1&2\end{pmatrix}$$

$$=\frac{1}{5}\begin{pmatrix}2&-1\\1&2\end{pmatrix}\begin{pmatrix}3&2\\2&6\end{pmatrix}\begin{pmatrix}2&1\\-1&2\end{pmatrix}=\frac{1}{5}\begin{pmatrix}4&-2\\7&14\end{pmatrix}\begin{pmatrix}2&1\\-1&2\end{pmatrix}$$

$$=\frac{1}{5}\begin{pmatrix}10&0\\0&35\end{pmatrix}=\begin{pmatrix}2&0\\0&7\end{pmatrix}$$

と対角化できました。

　もちろん、$\boldsymbol{P}$ で対角化しても

$$P^{-1}AP = \begin{pmatrix} 2 & 0 \\ 0 & 7 \end{pmatrix}$$

となります。

なあんだ、結局は同じじゃないか。なぜあえて固有ベクトルを単位ベクトルでとる必要があるのか、と疑問に思った方も多いかと思われます。

実は、**単位化することで正規直交基底を作っているのです**。異なる固有値に対する固有ベクトルは直交していましたから、これらのベクトルの大きさを1にすれば、正規直交基底を作ることができます。

標準基底において $\boldsymbol{A}$ が表す1次変換 f を、$\boldsymbol{P}$ という基底の取替え行列で表される新基底に取替えたときの表現行列が $\boldsymbol{P}^{-1}\boldsymbol{AP}$ でした。$\boldsymbol{Q}$ という基底の取替え行列の場合は、表現行列が $\boldsymbol{Q}^{-1}\boldsymbol{AQ}$ となります。$\boldsymbol{P}$、$\boldsymbol{Q}$ は取替え行列でした。単位化された固有ベクトルを並べて作った $\boldsymbol{Q}$ は、標準基底から正規直交基底への取替え行列なのです。

もう一度、p.134で紹介した正規直交基底の効能を想起してもらいたいと思います。正規直交基底では、内積が標準基底と同じように計算できました。**対称行列 $\boldsymbol{A}$ で表される f が、新しい正規直交基底を取ることによって、表現行列を対角化できるということは、データを取り扱う上で大きなメリットがあるのです。**

固有ベクトルを単位化するメリットはもう1つあります。それは、計算の簡易化です。

実は、$\boldsymbol{Q}^{-1}$ を計算するには、$\boldsymbol{Q}$ の転置行列をとればよいのです。つまり、$\boldsymbol{Q}$ が正規直交基底を並べて作った行列のとき、

$$\boldsymbol{Q}^{-1} = {}^t\boldsymbol{Q}$$

が成り立っているのです。これは、ありがたいことですね。

正規直交基底を並べて作った行列を**直交行列**(orthogonal matrix)と言います。

次元が上がると、逆行列を計算するのは煩雑になってきます。それが、成分を入れ替えるだけで逆行列が求まってしまうわけです。スゴイと思いませんか。

その仕組みについて、3×3 行列で説明してみます。

$\boldsymbol{U}$ を、3 次元の正規直交基底 $\{\vec{u_1},\ \vec{u_2},\ \vec{u_3}\}$ を並べて作った行列だとしてみます。$\vec{u_1}$、$\vec{u_2}$、$\vec{u_3}$ には、

$$\vec{u_1} \cdot \vec{u_1} = 1、\vec{u_2} \cdot \vec{u_2} = 1、\vec{u_3} \cdot \vec{u_3} = 1、$$
$$\vec{u_1} \cdot \vec{u_2} = 0、\vec{u_2} \cdot \vec{u_3} = 0、\vec{u_3} \cdot \vec{u_1} = 0、$$

という関係式が成り立っています。

$\vec{u_1} = \begin{pmatrix} A \\ B \\ C \end{pmatrix}$、$\vec{u_2} = \begin{pmatrix} x \\ y \\ z \end{pmatrix}$、$\vec{u_3} = \begin{pmatrix} a \\ b \\ c \end{pmatrix}$ とすると、上は、

$$A^2 + B^2 + C^2 = 1、x^2 + y^2 + z^2 = 1、a^2 + b^2 + c^2 = 1$$
$$Ax + By + Cz = 0、xa + yb + zc = 0、aA + bB + cC = 0$$

となります。

$$\boldsymbol{U} = \begin{pmatrix} A & x & a \\ B & y & b \\ C & z & c \end{pmatrix}$$

とおいて、

$$^t\boldsymbol{U}\boldsymbol{U} = \begin{pmatrix} A & B & C \\ x & y & z \\ a & b & c \end{pmatrix}\begin{pmatrix} A & x & a \\ B & y & b \\ C & z & c \end{pmatrix}$$

$$
=\begin{pmatrix} A^2+B^2+C^2 & Ax+By+Cz & Aa+Bb+Cc \\ xA+yB+zC & x^2+y^2+z^2 & xa+yb+zc \\ aA+bB+cC & ax+by+cz & a^2+b^2+c^2 \end{pmatrix}
$$

$$
=\begin{pmatrix} 1 & 0 & 0 \\ 0 & 1 & 0 \\ 0 & 0 & 1 \end{pmatrix}
$$

となります。ですから、${}^t\boldsymbol{U}$ は $\boldsymbol{U}$ の逆行列になっています。

このように、正規直交基底を並べて作った行列を直交行列と言います。対称行列の性質を、この用語を用いて述べると次のようになります。

対称行列 $\boldsymbol{A}$ は、直交行列 $\boldsymbol{U}$ を用いて対角化可能である。

なお、固有ベクトルが直交しないような行列の場合でも、固有ベクトルを単位ベクトルとしてとっておくことができます。しかし、正規直交基底を作ることができるわけではありませんから、あまりメリットはありません。

最後に、

「対称行列の異なる固有値に対する固有ベクトルは直交する」
という性質を抽象的に証明してみましょう。

その前に、1次変換と内積について、一般的に成り立つ式を紹介しましょう。

$n\times n$ 行列 $\boldsymbol{A}$ に対して、その転置行列を ${}^t\boldsymbol{A}$ とします。

また、$\vec{x}$、$\vec{y}$ を n 次元ベクトルとします。

$<\vec{x},\ \vec{y}>$ で、x と y の内積を表すことにすると、一般に

$$
<\boldsymbol{A}\vec{x},\ \vec{y}>=<\vec{x},\ {}^t\boldsymbol{A}\vec{y}>
$$

が成り立ちます。$n=2$ の場合で確かめてみましょう。

$\boldsymbol{A}=\begin{pmatrix} a & c \\ b & d \end{pmatrix}$、$\vec{x}=\begin{pmatrix} x \\ y \end{pmatrix}$、$\vec{y}=\begin{pmatrix} z \\ w \end{pmatrix}$ として計算してみます。

$$< \boldsymbol{A}\vec{x},\ \vec{y} > = < \begin{pmatrix} a & c \\ b & d \end{pmatrix}\begin{pmatrix} x \\ y \end{pmatrix},\ \begin{pmatrix} z \\ w \end{pmatrix} > = < \begin{pmatrix} ax+cy \\ bx+dy \end{pmatrix},\ \begin{pmatrix} z \\ w \end{pmatrix} >$$

$$= (ax+cy)z + (bx+dy)w$$

$$= axz + cyz + bxw + dyw$$

$$< \vec{x},\ {}^t\boldsymbol{A}\vec{y} > = < \begin{pmatrix} x \\ y \end{pmatrix},\ \begin{pmatrix} a & b \\ c & d \end{pmatrix}\begin{pmatrix} z \\ w \end{pmatrix} > = < \begin{pmatrix} x \\ y \end{pmatrix},\ \begin{pmatrix} az+bw \\ cz+dw \end{pmatrix} >$$

$$= x(az+bw) + y(cz+dw)$$

$$= axz + bxw + cyz + dyw$$

となります。確かに成り立ちますね。

$n=2$ の場合で雰囲気はつかめたでしょうか。この式は n が3以上の場合でも成り立ちます。$\boldsymbol{A}$ が対称行列のとき、$\boldsymbol{A}={}^t\boldsymbol{A}$ が成り立ちますから、この式は、

$$< \boldsymbol{A}\vec{x},\ \vec{y} > = < \vec{x},\ \boldsymbol{A}\vec{y} > \qquad \cdots\cdots ①$$

となります。

対称行列 $\boldsymbol{A}$ の異なる固有値を α、β $(\alpha \neq \beta)$、それに対する固有ベクトルを $\vec{x}$、$\vec{y}$ とします。つまり

$$\boldsymbol{A}\vec{x}=\alpha\vec{x}、\boldsymbol{A}\vec{y}=\beta\vec{y}$$

とします。すると、

内積とスカラー倍の結合法則 ↓　①

$$\alpha < \vec{x},\ \vec{y} > = < \alpha\vec{x},\ \vec{y} > = < \boldsymbol{A}\vec{x},\ \vec{y} > = < \vec{x},\ \boldsymbol{A}\vec{y} >$$

$$= < \vec{x},\ \beta\vec{y} > = \beta < \vec{x},\ \vec{y} >$$

これより、$\alpha < \vec{x}, \ \vec{y} > = \beta < \vec{x}, \ \vec{y} >$

$$(\alpha - \beta) < \vec{x}, \ \vec{y} > = 0$$
$$< \vec{x}, \ \vec{y} > = 0$$

α≠βなので、α−β≠0
式をα−βで割ってよい

となります。$\vec{x}$、$\vec{y}$ の内積が 0 になるので、$\vec{x}$、$\vec{y}$ が直交することが分かります。

演習問題

(1)　$\boldsymbol{A} = \begin{pmatrix} 1 & 3 \\ 3 & 1 \end{pmatrix}$ を直交行列で対角化しましょう。

(2)　$\boldsymbol{A} = \begin{pmatrix} 2 & 0 & 3 \\ 0 & 1 & 0 \\ 3 & 0 & 2 \end{pmatrix}$ を直交行列で対角化しましょう。

すみませんが、3次の行列式を使います

解答

(1) 固有値、固有ベクトルを求めましょう。$\vec{p} = \begin{pmatrix} x \\ y \end{pmatrix}$ と実数 λ で、

$$\boldsymbol{A}\vec{p} = \lambda\vec{p}$$

を満たすものを求めましょう。

$$\boldsymbol{A}\vec{p} = \lambda\boldsymbol{E}\vec{p}$$
$$(\boldsymbol{A} - \lambda\boldsymbol{E})\vec{p} = \vec{0} \qquad \cdots\cdots\cdots ①$$

ここで、

$$\det(\boldsymbol{A}-\lambda\boldsymbol{E})=\det\left\{\begin{pmatrix}1&3\\3&1\end{pmatrix}-\lambda\begin{pmatrix}1&0\\0&1\end{pmatrix}\right\}=\det\begin{pmatrix}1-\lambda&3\\3&1-\lambda\end{pmatrix}$$

$$=(1-\lambda)^2-3^2=\lambda^2-2\lambda-8=(\lambda-4)(\lambda+2)$$

であり、①で $\vec{p}$ が $\vec{0}$ でないベクトルを持つ条件は、

$\det(\boldsymbol{A}-\lambda\boldsymbol{E})=0$ により、　$\lambda=-2$、4

固有値は、-2、4

$\lambda=-2$ のとき、①は

$$\left\{\begin{pmatrix}1&3\\3&1\end{pmatrix}-(-2)\begin{pmatrix}1&0\\0&1\end{pmatrix}\right\}\begin{pmatrix}x\\y\end{pmatrix}=\begin{pmatrix}0\\0\end{pmatrix}\quad\begin{pmatrix}3&3\\3&3\end{pmatrix}\begin{pmatrix}x\\y\end{pmatrix}=\begin{pmatrix}0\\0\end{pmatrix}$$

この方程式は、$3x+3y=0$ に等しいので、

$x=-m$、$y=m$　（m は任意の実数）

よって、$\lambda=-2$ のときの固有ベクトルは、$\begin{pmatrix}-1\\1\end{pmatrix}$

$\lambda=4$ のとき、①は

$$\left\{\begin{pmatrix}1&3\\3&1\end{pmatrix}-4\begin{pmatrix}1&0\\0&1\end{pmatrix}\right\}\begin{pmatrix}x\\y\end{pmatrix}=\begin{pmatrix}0\\0\end{pmatrix}\quad\begin{pmatrix}-3&3\\3&-3\end{pmatrix}\begin{pmatrix}x\\y\end{pmatrix}=\begin{pmatrix}0\\0\end{pmatrix}$$

この方程式は、$-3x+3y=0$ に等しいので、

$x=m$、$y=m$　（m は任意の実数）

よって、$\lambda=4$ のときの固有ベクトルは、$\begin{pmatrix}1\\1\end{pmatrix}$

固有ベクトルを、単位化すると、

$$\begin{pmatrix} -1 \\ 1 \end{pmatrix} \xrightarrow{\text{単位化}} \frac{1}{\sqrt{(-1)^2+1^2}}\begin{pmatrix} -1 \\ 1 \end{pmatrix} = \frac{1}{\sqrt{2}}\begin{pmatrix} -1 \\ 1 \end{pmatrix}$$

$$\begin{pmatrix} 1 \\ 1 \end{pmatrix} \xrightarrow{\text{単位化}} \frac{1}{\sqrt{1^2+1^2}}\begin{pmatrix} 1 \\ 1 \end{pmatrix} = \frac{1}{\sqrt{2}}\begin{pmatrix} 1 \\ 1 \end{pmatrix}$$

これを並べて、取替え行列 $\boldsymbol{P}$ を作ると、

$$\boldsymbol{P} = \frac{1}{\sqrt{2}}\begin{pmatrix} -1 & 1 \\ 1 & 1 \end{pmatrix}$$

これの逆行列は、$\boldsymbol{P}$ が直交行列なので、$\boldsymbol{P}$ の転置を取って、

$$\boldsymbol{P}^{-1} = {}^t\boldsymbol{P} = \frac{1}{\sqrt{2}}\begin{pmatrix} -1 & 1 \\ 1 & 1 \end{pmatrix}$$

これを用いて $\boldsymbol{A}$ を対角化すると、

$$\boldsymbol{P}^{-1}\boldsymbol{A}\boldsymbol{P} = \frac{1}{\sqrt{2}}\begin{pmatrix} -1 & 1 \\ 1 & 1 \end{pmatrix}\begin{pmatrix} 1 & 3 \\ 3 & 1 \end{pmatrix}\frac{1}{\sqrt{2}}\begin{pmatrix} -1 & 1 \\ 1 & 1 \end{pmatrix}$$

$$= \frac{1}{2}\begin{pmatrix} 2 & -2 \\ 4 & 4 \end{pmatrix}\begin{pmatrix} -1 & 1 \\ 1 & 1 \end{pmatrix} = \begin{pmatrix} -2 & 0 \\ 0 & 4 \end{pmatrix}$$

(2)　固有値、固有ベクトルを求めましょう。$\vec{p} = \begin{pmatrix} x \\ y \\ z \end{pmatrix}$ と実数 λ で、

$$\boldsymbol{A}\vec{p} = \lambda\vec{p}$$

を満たすものを求めましょう。

$$\boldsymbol{A}\vec{p} = \lambda\boldsymbol{E}\vec{p}$$

$$(\boldsymbol{A} - \lambda\boldsymbol{E})\vec{p} = \vec{0} \qquad \cdots\cdots\cdots①$$

ここで、

$$\det(\boldsymbol{A}-\lambda\boldsymbol{E})=\det\left\{\begin{pmatrix}2&0&3\\0&1&0\\3&0&2\end{pmatrix}-\lambda\begin{pmatrix}1&0&0\\0&1&0\\0&0&1\end{pmatrix}\right\}$$

$$=\det\begin{pmatrix}2-\lambda&0&3\\0&1-\lambda&0\\3&0&2-\lambda\end{pmatrix}$$

P.308の
サラスの公式を使って

$$=(2-\lambda)^2(1-\lambda)-3^2(1-\lambda)$$

$$=\{(2-\lambda)^2-3^2\}(1-\lambda)=(\lambda^2-4\lambda-5)(1-\lambda)$$

$$=(\lambda-5)(\lambda+1)(1-\lambda)$$

であり、①で $\vec{p}$ が $\vec{0}$ でないベクトルを持つ条件は、

$\det(\boldsymbol{A}-\lambda\boldsymbol{E})=0$ により、　$\lambda=-1$、1、5

固有値は、－1、1、5

$\lambda=-1$ のとき、①は

$$\left\{\begin{pmatrix}2&0&3\\0&1&0\\3&0&2\end{pmatrix}-(-1)\begin{pmatrix}1&0&0\\0&1&0\\0&0&1\end{pmatrix}\right\}\begin{pmatrix}x\\y\\z\end{pmatrix}=\begin{pmatrix}0\\0\\0\end{pmatrix}\qquad\begin{pmatrix}3&0&3\\0&2&0\\3&0&3\end{pmatrix}\begin{pmatrix}x\\y\\z\end{pmatrix}=\begin{pmatrix}0\\0\\0\end{pmatrix}$$

この方程式は、$3x+3z=0$、$2y=0$ に等しいので、解は、

$x=m$、$y=0$、$z=-m$　（m は任意の実数）

よって、$\lambda=-1$ のときの固有ベクトルは、$\begin{pmatrix}1\\0\\-1\end{pmatrix}$

$\lambda=1$ のとき、①は

$$\left\{\begin{pmatrix}2&0&3\\0&1&0\\3&0&2\end{pmatrix}-1\begin{pmatrix}1&0&0\\0&1&0\\0&0&1\end{pmatrix}\right\}\begin{pmatrix}x\\y\\z\end{pmatrix}=\begin{pmatrix}0\\0\\0\end{pmatrix}\qquad\begin{pmatrix}1&0&3\\0&0&0\\3&0&1\end{pmatrix}\begin{pmatrix}x\\y\\z\end{pmatrix}=\begin{pmatrix}0\\0\\0\end{pmatrix}$$

この方程式は、$x+3z=0$、$3x+z=0$ に等しいので、

$$\begin{cases} x+3z=0 \\ 3x+z=0 \end{cases}$$ を解いて、$x=0$、$z=0$

y の条件式がないので、y は自由に選べて、解は

$x=0$、$y=m$、$z=0$　（m は任意の実数）

よって、$\lambda=1$ のときの固有ベクトルは、$\begin{pmatrix} 0 \\ 1 \\ 0 \end{pmatrix}$

$\lambda=5$ のとき、①は

$$\left\{\begin{pmatrix} 2 & 0 & 3 \\ 0 & 1 & 0 \\ 3 & 0 & 2 \end{pmatrix} - 5\begin{pmatrix} 1 & 0 & 0 \\ 0 & 1 & 0 \\ 0 & 0 & 1 \end{pmatrix}\right\}\begin{pmatrix} x \\ y \\ z \end{pmatrix} = \begin{pmatrix} 0 \\ 0 \\ 0 \end{pmatrix} \quad \begin{pmatrix} -3 & 0 & 3 \\ 0 & -4 & 0 \\ 3 & 0 & -3 \end{pmatrix}\begin{pmatrix} x \\ y \\ z \end{pmatrix} = \begin{pmatrix} 0 \\ 0 \\ 0 \end{pmatrix}$$

この方程式は、$-3x+3z=0$、$-4y=0$ に等しいので、

$x=m$、$y=0$、$z=m$　（m は任意の実数）

よって、$\lambda=5$ のときの固有ベクトルは、$\begin{pmatrix} 1 \\ 0 \\ 1 \end{pmatrix}$

固有ベクトルを、単位化すると、

$$\begin{pmatrix} 1 \\ 0 \\ -1 \end{pmatrix} \xrightarrow{\text{単位化}} \frac{1}{\sqrt{1^2+0^2+(-1)^2}}\begin{pmatrix} 1 \\ 0 \\ -1 \end{pmatrix} = \frac{1}{\sqrt{2}}\begin{pmatrix} 1 \\ 0 \\ -1 \end{pmatrix}$$

$\begin{pmatrix} 0 \\ 1 \\ 0 \end{pmatrix}$ →もともと単位ベクトル

$$\begin{pmatrix}1\\0\\1\end{pmatrix}\xrightarrow{\text{単位化}}\frac{1}{\sqrt{1^2+0^2+1^2}}\begin{pmatrix}1\\0\\1\end{pmatrix}=\frac{1}{\sqrt{2}}\begin{pmatrix}1\\0\\1\end{pmatrix}$$

これを並べて、取替え行列 $\boldsymbol{P}$ を作ると、

$$\boldsymbol{P}=\frac{1}{\sqrt{2}}\begin{pmatrix}1&0&1\\0&\sqrt{2}&0\\-1&0&1\end{pmatrix}$$

これの逆行列は、$\boldsymbol{P}$ が直交行列なので、$\boldsymbol{P}$ の転置をとって、

$$\boldsymbol{P}^{-1}={}^t\boldsymbol{P}=\frac{1}{\sqrt{2}}\begin{pmatrix}1&0&-1\\0&\sqrt{2}&0\\1&0&1\end{pmatrix}$$

これを用いて $\boldsymbol{A}$ を対角化すると、

$$\boldsymbol{P}^{-1}\boldsymbol{A}\boldsymbol{P}=\frac{1}{\sqrt{2}}\begin{pmatrix}1&0&-1\\0&\sqrt{2}&0\\1&0&1\end{pmatrix}\begin{pmatrix}2&0&3\\0&1&0\\3&0&2\end{pmatrix}\frac{1}{\sqrt{2}}\begin{pmatrix}1&0&1\\0&\sqrt{2}&0\\-1&0&1\end{pmatrix}$$

$$=\frac{1}{2}\begin{pmatrix}-1&0&1\\0&\sqrt{2}&0\\5&0&5\end{pmatrix}\begin{pmatrix}1&0&1\\0&\sqrt{2}&0\\-1&0&1\end{pmatrix}=\begin{pmatrix}-1&0&0\\0&1&0\\0&0&5\end{pmatrix}$$

$$=\begin{pmatrix}-1&0&0\\0&1&0\\0&0&5\end{pmatrix}$$

7 たまには対角化できないときもあるさ
―― 対角化、その後の話題

行列は、いつでも対角化できるの？

1～6では、行列を対角化する方法を紹介しました。どんな行列でも、手順を踏めば対角化できるのでしょうか。

実は、対角化できない行列もあるんです。

例えば、2次の正方行列で言えば、$\boldsymbol{A}=\begin{pmatrix}2 & 1\\0 & 2\end{pmatrix}$がそうです。

$$\det(\boldsymbol{A}-\lambda\boldsymbol{E})=\det\left\{\begin{pmatrix}2 & 1\\0 & 2\end{pmatrix}-\lambda\begin{pmatrix}1 & 0\\0 & 1\end{pmatrix}\right\}=\det\begin{pmatrix}2-\lambda & 1\\0 & 2-\lambda\end{pmatrix}$$
$$=(2-\lambda)^2$$

となります。

$\det(\boldsymbol{A}-\lambda\boldsymbol{E})=0$となるのは、$\lambda=2$のときです。固有値が1つしかないところが不安ですが先を続けましょう。

固有ベクトルを$\vec{p}=\begin{pmatrix}x\\y\end{pmatrix}$として、$(\boldsymbol{A}-2\boldsymbol{E})\vec{p}=\vec{0}$……①

を満たすx、yを求めましょう。

$$\boldsymbol{A}-2\boldsymbol{E}=\begin{pmatrix}2 & 1\\0 & 2\end{pmatrix}-2\begin{pmatrix}1 & 0\\0 & 1\end{pmatrix}=\begin{pmatrix}2-2 & 1\\0 & 2-2\end{pmatrix}=\begin{pmatrix}0 & 1\\0 & 0\end{pmatrix}$$

よって、①は、

$\begin{pmatrix}0 & 1\\0 & 0\end{pmatrix}\begin{pmatrix}x\\y\end{pmatrix}=\begin{pmatrix}0\\0\end{pmatrix}$　計算して、$\begin{pmatrix}y\\0\end{pmatrix}=\begin{pmatrix}0\\0\end{pmatrix}$　すなわち、$y=0$となり、

$\begin{pmatrix} x \\ y \end{pmatrix} = \begin{pmatrix} m \\ 0 \end{pmatrix}$（$m$ は任意の実数）となりますから、固有ベクトルは $\begin{pmatrix} 1 \\ 0 \end{pmatrix}$ です。固有ベクトルが１個しか見つからなければ、対角化をするための行列 $\boldsymbol{P}$ を作ることができません。ですから、前に紹介したような方法では $\boldsymbol{A}$ は対角化できないのです。

一般の行列 $\boldsymbol{A}$ を対角化できるための条件を行列の形を見ただけで述べることは難しいのですが、行列 $\boldsymbol{A}$ が直交行列で対角化できるための条件は、次のようにスッキリと述べることができます。

$\boldsymbol{A}$ が直交行列によって対角化可能である条件は、

$$\boldsymbol{A}{}^t\boldsymbol{A} = {}^t\boldsymbol{A}\boldsymbol{A}$$

行列 $\boldsymbol{A}$ が、$\boldsymbol{A}$ の転置行列 ${}^t\boldsymbol{A}$ と積について交換可能なとき、$\boldsymbol{A}$ は直交行列によって対角化できます。

実は、対称行列はこの対角化のための条件を満たしています。

確かめてみましょう。

対称行列 $\boldsymbol{A}$ は、$\boldsymbol{A} = {}^t\boldsymbol{A}$ を満たします。転置行列ともとの行列が一致しているのですから、$\boldsymbol{A}{}^t\boldsymbol{A} = \boldsymbol{A}\boldsymbol{A}$、${}^t\boldsymbol{A}\boldsymbol{A} = \boldsymbol{A}\boldsymbol{A}$ となり、$\boldsymbol{A}{}^t\boldsymbol{A} = {}^t\boldsymbol{A}\boldsymbol{A}$ が成り立ちます。

対称行列は、直交行列によって対角化できます。

対角化できない行列は、どう特徴付ければよいのでしょうか。

対角化できないときの行列を分類するには、**「ジョルダン標準形」**という理論を用います。「ジョルダン標準形」とは、「ジョルダン細胞行列」を対角線に並べた形のことです。

「ジョルダン細胞行列」とは、正方行列の対角成分が等しく、対角成分のひとつ上にある成分に１が並んでいて、他の成分は０である、次の図のような行列のことです。

$$(a) \quad \begin{pmatrix} a & 1 \\ 0 & a \end{pmatrix} \quad \begin{pmatrix} a & 1 & 0 \\ 0 & a & 1 \\ 0 & 0 & a \end{pmatrix} \quad \begin{pmatrix} a & 1 & 0 & 0 \\ 0 & a & 1 & 0 \\ 0 & 0 & a & 1 \\ 0 & 0 & 0 & a \end{pmatrix}$$

1次 / 2次 ジョルダン細胞行列 / 3次 / 4次

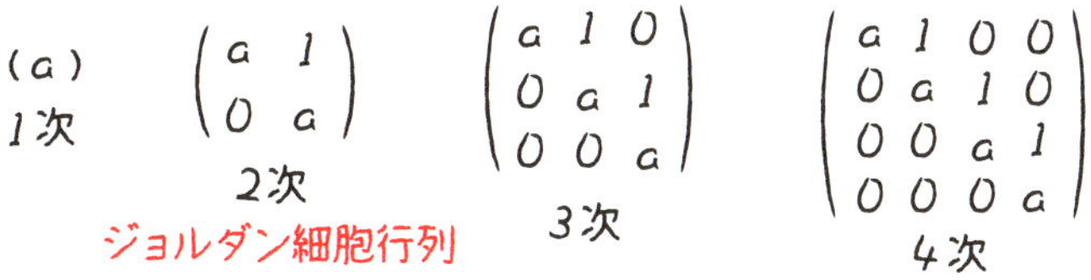

「ジョルダン標準形」とは、このような「ジョルダン細胞行列」を対角線に並べた行列で、例えば下図のようになります。

$$\begin{pmatrix} 2 & 0 & 0 \\ 0 & 3 & 0 \\ 0 & 0 & -1 \end{pmatrix} \quad \begin{pmatrix} 3 & 1 & 0 & 0 & 0 & 0 \\ 0 & 3 & 0 & 0 & 0 & 0 \\ 0 & 0 & 4 & 1 & 0 & 0 \\ 0 & 0 & 0 & 4 & 1 & 0 \\ 0 & 0 & 0 & 0 & 4 & 0 \\ 0 & 0 & 0 & 0 & 0 & 5 \end{pmatrix} \quad \begin{pmatrix} 2 & 1 & 0 & 0 & 0 & 0 \\ 0 & 2 & 0 & 0 & 0 & 0 \\ 0 & 0 & 2 & 0 & 0 & 0 \\ 0 & 0 & 0 & 2 & 1 & 0 \\ 0 & 0 & 0 & 0 & 2 & 1 \\ 0 & 0 & 0 & 0 & 0 & 2 \end{pmatrix}$$

$$\begin{pmatrix} 2 & 1 & 0 \\ 0 & 2 & 1 \\ 0 & 0 & 2 \end{pmatrix}$$

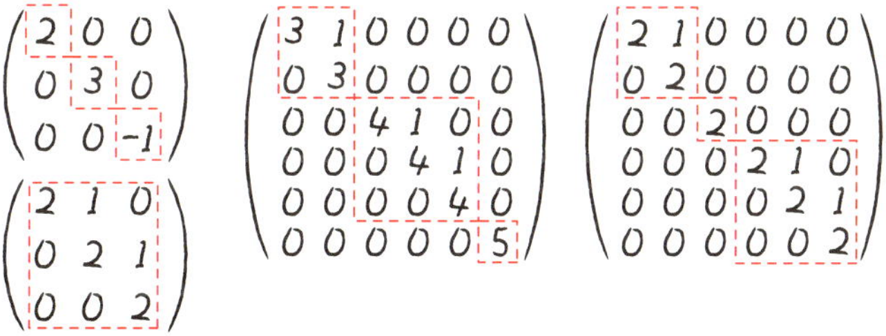

赤い四角で囲まれた正方形の部分がジョルダン細胞行列です。左上の例から分かるように、**対角行列は、ジョルダン標準形の特殊な場合です**。1次のジョルダン細胞行列が並んだものが対角行列なんです。

どんな行列 A に対しても、うまく P を選ぶことで、$P^{-1}AP$ が、ジョルダン細胞行列を組み合わせた行列にできるというのが、ジョルダン標準形の理論です。

ただ、応用で出てくる行列は対称行列が多く、対称行列は直交行列で対角化できるので、応用上はジョルダン標準形を持ち出すまでもなく話が済んでしまいます。そこで、この本では詳細に述べることはせずに、紹介だけにとどめることにしたわけです。

ジョルダン標準形について知りたい人は、巻末にいくつか書籍を紹介しておきますので参考にしてみてください。

第6章

行列式

1 これなら覚えられる！ サラスの公式
―― 行列式（2×2、3×3の場合）

行列式の定義は？

4章9節の復習から始めましょう。

2×2行列 $\boldsymbol{A}=\begin{pmatrix} a & x \\ b & y \end{pmatrix}$ の逆行列 $\boldsymbol{A}^{-1}$ は、

$$\boldsymbol{A}^{-1}=\frac{1}{ay-bx}\begin{pmatrix} y & -x \\ -b & a \end{pmatrix}$$

でした。このとき、分母にくる式が行列式でした。

> 2×2行列
>
> $\begin{pmatrix} a & x \\ b & y \end{pmatrix}$ に対して、行列式は $ay-bx$

です。これは易しいですね。

$\boldsymbol{A}$ の行列式を表したいときは、

$$|\boldsymbol{A}| \quad \text{または} \quad \det \boldsymbol{A}$$

と、$\boldsymbol{A}$ に絶対値記号を付けて表すか、$\boldsymbol{A}$ の前に「det」を付けて表します。「det」は、英語で行列式を表す“determinant”の最初の3文字をとって並べたものです。この本では、どちらも用いています。

さっそく、定義に従って行列式を計算してみると、

$$\begin{vmatrix} 3 & -1 \\ 5 & 2 \end{vmatrix}=3\cdot 2-5\cdot(-1)=11$$

具体的な行列の行列式はカッコ記号を省いて、絶対値記号のみを書きます。

となります。

次に、3 × 3 行列の場合を紹介しましょう。

3 × 3 行列の場合も、2 × 2 行列よりちょっと複雑なだけです。

$$\boldsymbol{P}=\begin{pmatrix} A & x & a \\ B & y & b \\ C & z & c \end{pmatrix}$$

の行列式を与えてみましょう。

行列式の由来は、2 × 2 行列のときと同じです。$\boldsymbol{P}$ の逆行列を計算したときに分母にくる式なんです。ただ、逆行列が複雑な形をしているので、それを初めに書くとびっくりしてしまいます。まずは、行列式の計算方法を与えてしまいますね。それから、それが $\boldsymbol{P}$ の逆行列の分母になっていることを確かめることにしましょう。

これから $\boldsymbol{P}$ の行列式の計算方法を説明します。

1 つの式で書くことができるのですが、9 個も文字があると、どこをどう組み合わせて掛けていけばいいのか分からなくなります。式の成り立ちを丁寧に説明してみます。そのほうが、みなさんが実際に 3 × 3 の行列式を計算する方法をマスターすることができると思うからです。

まず、$A\ x\ a$, $B\ y\ b$ を下に並べて書き、左上から右下に振り下ろすイメージで、ここに①、②、③の 3 本の赤線を書きました。

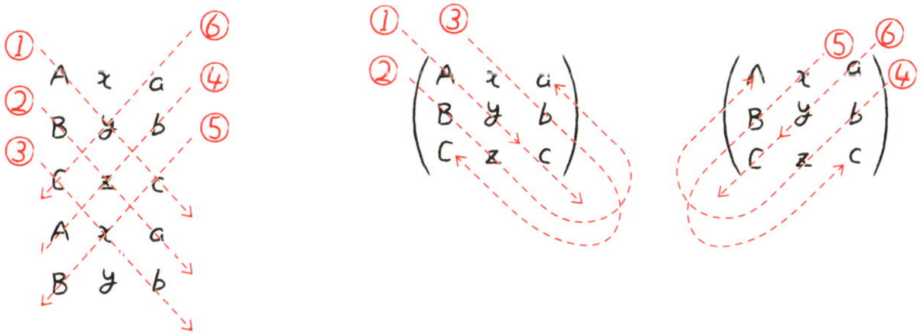

これらの通った文字を掛け合わせます。①であれば、$A\ y\ c$、②であれば、$B\ z\ a$、③であれば、$C\ x\ b$ となります。これらが、行列式の正の項となります。実際の計算では、そのつど $A\ x\ a,\ B\ y\ b$ を書き加えていたのでは面倒ですから、前頁右図のように成分を拾ってきて掛け合わせると、覚えておくとよいでしょう。

今度は、右上から左下に振り下げるイメージで、前頁左図に④、⑤、⑥の3本の赤線を引きましょう。

これらの通った文字を掛け合わせます。④であれば、Azb。⑤であれば、Bxc。⑥であれば、Cya です。これらが、行列式の負の項になります。

これらを用いて、3 × 3 の行列式は、次のようにまとまります。

$$|\boldsymbol{P}| = \begin{vmatrix} A & x & a \\ B & y & b \\ C & z & c \end{vmatrix} = Ayc + Bza + Cxb - Azb - Bxc - Cya$$

3 × 3 行列の行列式の定義式は**サラスの公式**と呼ばれています。

公式にしたがって、計算してみると、

$$\begin{vmatrix} 2 & -1 & 1 \\ 3 & 1 & 2 \\ -1 & -2 & 3 \end{vmatrix} = 2 \cdot 1 \cdot 3 + 3 \cdot (-2) \cdot 1 + (-1) \cdot (-1) \cdot 2$$
$$- 2 \cdot (-2) \cdot 2 - 3 \cdot (-1) \cdot 3 - (-1) \cdot 1 \cdot 1 = 20$$

順番は逆になってしまいましたが、この行列式を用いて、

$\boldsymbol{P} = \begin{pmatrix} A & x & a \\ B & y & b \\ C & z & c \end{pmatrix}$ の逆行列を紹介しましょう。

$\boldsymbol{P}$の行列式は、

$$|\boldsymbol{P}| = Ayc + Bza + Cxb - Azb - Bxc - Cya$$

$|\boldsymbol{P}|$が0でないとき、Pの逆行列は

$$\boldsymbol{P}^{-1} = \frac{1}{|\boldsymbol{P}|}\begin{pmatrix} yc - zb & -xc + za & xb - ya \\ -Bc + Cb & Ac - Ca & -Ab + Ba \\ Bz - Cy & -Az + Cx & Ay - Bx \end{pmatrix}$$

となります。

こんな公式は覚えていられませんよね。後ろで紹介する余因子展開を学ぶと、それほど暗記力がなくともこの式を再現できるようになります。でも、具体的な数値が与えられた場合は、p.209のように掃き出し法で求めればいいんです。ここでは、行列式が逆行列の分母に来ることを確認するために$\boldsymbol{P}^{-1}$を書き下してみただけです。

上で与えられた$\boldsymbol{P}^{-1}$が実際に$\boldsymbol{P}$の逆行列になっているか確かめてみましょう。

$$\mathrm{P}\cdot\mathrm{P}^{-1} = \begin{pmatrix} A & x & a \\ B & y & b \\ C & z & c \end{pmatrix}\cdot\frac{1}{|\boldsymbol{P}|}\begin{pmatrix} yc - zb & -xc + za & xb - ya \\ -Bc + Cb & Ac - Ca & -Ab + Ba \\ Bz - Cy & -Az + Cx & Ay - Bx \end{pmatrix}$$

$\boldsymbol{P}\cdot\boldsymbol{P}^{-1}$の(1, 1)成分を計算してみましょう。

$$\frac{A(yc - zb) + x(-Bc + Cb) + a(Bz - Cy)}{|\boldsymbol{P}|}$$

$$= \frac{Ayc - Azb - Bxc + Cxb + Bza - Cya}{Ayc + Bza + Cxb - Azb - Bxc - Cya}$$

$$= 1$$

$\boldsymbol{P}\cdot\boldsymbol{P}^{-1}$の(1, 2)成分を計算してみましょう。

$$\frac{A(-xc+za)+x(Ac-Ca)+a(-Az+Cx)}{|\boldsymbol{P}|}$$

$$=\frac{-Axc+Aza+Axc-Cxa-Aza+Cxa}{|\boldsymbol{P}|}$$

$$=0$$

うまい具合になっているものですね。他も計算すると、

$$\boldsymbol{P}\cdot\boldsymbol{P}^{-1}=\boldsymbol{E}$$

となることが確かめられます。また、$\boldsymbol{P}$ と $\boldsymbol{P}^{-1}$ を入れ換えて掛けても、

$$\boldsymbol{P}^{-1}\cdot\boldsymbol{P}=\boldsymbol{E}$$

となることが確かめられます。これは、みなさんのよい練習問題になるでしょう。

3×3行列の行列式（サラスの公式）

$$\begin{vmatrix} A & x & a \\ B & y & b \\ C & z & c \end{vmatrix} = Ayc + Bza + Cxb - Azb - Bxc - Cya$$

❷ 行列式の計算法則を実感しよう！
―― 行列式の性質

行列式の計算法則って何？

行列式の計算の練習がてら、行列式が満たす性質も紹介していきましょう。

次からの問題では「等式を示してください」なんていう問題文になっていますが、左辺と右辺を別々に計算して、一致していることを確かめるだけですからね。計算して確かめた後は、解答も読んでください。そこで、行列式が満たす計算法則を説明します。

2次、3次の行列式を計算するには、公式に代入すればよいだけです。が、4次以上の行列式では、そのまま公式に代入することは煩雑すぎてお勧めできません。以下で述べるような計算法則を用いて、行列を、行列式が求めやすい形に変形してから、行列式を求めます。これから紹介する行列式の計算法則は、3次の行列式を例にあげて説明しますが、4次以上の行列式でも成り立ちます。そのつもりで読んでいきましょう。

例題

$$\boldsymbol{A}=\begin{pmatrix}1&-2&1\\2&1&-1\\2&-2&-1\end{pmatrix}、\boldsymbol{B}=\begin{pmatrix}1&-2&1\\4&2&-2\\2&-2&-1\end{pmatrix}、$$

$$\boldsymbol{C}=\begin{pmatrix}2&1&-1\\1&-2&1\\2&-2&-1\end{pmatrix}、\boldsymbol{D}=\begin{pmatrix}1&-2&1\\1&-3&2\\2&-2&-1\end{pmatrix}、$$

$$\boldsymbol{E}=\begin{pmatrix}1 & -2 & 1\\ 3 & -2 & 1\\ 2 & -2 & -1\end{pmatrix}、\boldsymbol{F}=\begin{pmatrix}1 & -2 & 1\\ 5 & -5 & 2\\ 2 & -2 & -1\end{pmatrix}、\boldsymbol{G}=\begin{pmatrix}1 & 2 & 2\\ -2 & 1 & -2\\ 1 & -1 & -1\end{pmatrix}$$

のとき、次が成り立つことを示しましょう。

(1)　$|\boldsymbol{B}|=2|\boldsymbol{A}|$

(2)　$|\boldsymbol{C}|=-|\boldsymbol{A}|$

(3)　$|\boldsymbol{E}|=|\boldsymbol{A}|+|\boldsymbol{D}|$

(4)　$|\boldsymbol{F}|=|\boldsymbol{A}|$

(5)　$|\boldsymbol{G}|=|\boldsymbol{A}|$

---

(1)　それぞれの行列式を計算してみましょう。

$$\boldsymbol{A}=\begin{pmatrix}1 & -2 & 1\\ 2 & 1 & -1\\ 2 & -2 & -1\end{pmatrix}、\boldsymbol{B}=\begin{pmatrix}1 & -2 & 1\\ 4 & 2 & -2\\ 2 & -2 & -1\end{pmatrix}$$

$$\begin{aligned}|\boldsymbol{A}|&=1\cdot1\cdot(-1)+2\cdot(-2)\cdot1+2\cdot(-2)\cdot(-1)\\&\quad-1\cdot(-2)\cdot(-1)-2\cdot(-2)\cdot(-1)-2\cdot1\cdot1=-9\\|\boldsymbol{B}|&=1\cdot2\cdot(-1)+4\cdot(-2)\cdot1+2\cdot(-2)\cdot(-2)\\&\quad-1\cdot(-2)\cdot(-2)-4\cdot(-2)\cdot(-1)-2\cdot2\cdot1=-18\end{aligned}$$

よって、$|\boldsymbol{B}|=2|\boldsymbol{A}|$ $(=-18)$が成り立つ。

$\boldsymbol{B}$の行列というのは、$\boldsymbol{A}$の行列の２行目の要素をすべて２倍した行列なんです。こうして作られた行列$\boldsymbol{B}$の行列式は、もとの行列$\boldsymbol{A}$の行列式の２倍になるということです。

理由を考えてみましょう。

行列式の計算のときの矢印を考えてみます。

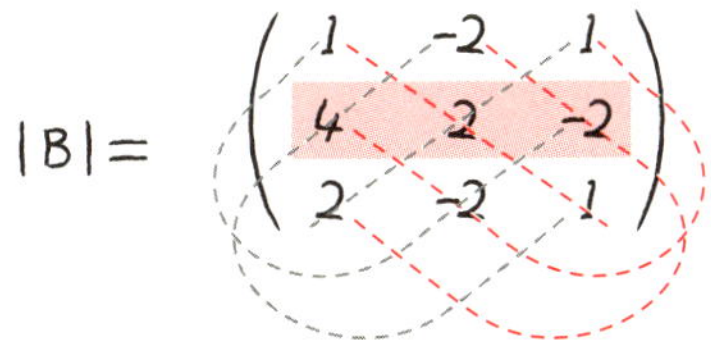

となりますが、どの矢印も2行目をちょうど一回だけ通っていますね。行列式の定義式で言えば、赤丸を付けた、$\boldsymbol{B}$, $\boldsymbol{y}$, $\boldsymbol{b}$

$$Ayc + Bza + Cxb - Azb - Bxc - Cya$$

が、2行目の文字です。6項のどの項にも1回ずつ出てきていますね。これが2倍になっているので、行列式全体でも2倍になるわけです。ですから、行列式の性質として次のことが言えます。

行列 $\boldsymbol{B}$ が、行列 $\boldsymbol{A}$ のある行を k 倍して作った行列とすると、

$$|\boldsymbol{B}| = k|\boldsymbol{A}|$$

(2)　$\boldsymbol{C} = \begin{pmatrix} 2 & 1 & -1 \\ 1 & -2 & 1 \\ 2 & -2 & -1 \end{pmatrix}$

$$\begin{aligned}|\boldsymbol{C}| &= 2\cdot(-2)\cdot(-1)+1\cdot(-2)\cdot(-1)+2\cdot1\cdot1 \\ &\quad -2\cdot(-2)\cdot1-1\cdot1\cdot(-1)-2\cdot(-2)\cdot(-1)=9\end{aligned}$$

確かに、$|\boldsymbol{C}| = -|\boldsymbol{A}|$ $(=9)$が成り立っています。

行列 $\boldsymbol{C}$ は、$\boldsymbol{A}$ の1行目と2行目を入れ替えて作った行列です。

このように、行を入れ替えてできた行列の行列式は、もとの行列の行列式に(-1)を掛けたものになります。

理由を考えてみましょう。

$\boldsymbol{A}$ の行列式の計算では、対角成分の1、1、-1の積に付ける符号はプラスです。一方、$\boldsymbol{C}$ の行列式の計算では1、1、-1の積に付ける符号は

マイナスです。

$$A = \begin{pmatrix} 1 & -2 & 1 \\ 2 & 1 & -1 \\ 2 & -2 & -1 \end{pmatrix}、C = \begin{pmatrix} 2 & 1 & -1 \\ 1 & -2 & 1 \\ 2 & -2 & -1 \end{pmatrix}$$

というように、$\boldsymbol{A}$ の行列式の計算と $\boldsymbol{C}$ の行列式の計算では、同じ成分の積に付ける符号がプラスとマイナスというように、すべて異なっているのです。実際に $\boldsymbol{A}$ と $\boldsymbol{C}$ のそれぞれの行列式の計算で、すべての積について、プラスとマイナスが異なっていることを確認することはみなさんにお任せいたします。

結局、次のことが分かります。

行列 $\boldsymbol{B}$ が、行列 $\boldsymbol{A}$ のある行とある行を入れ替えて作った行列とすると、

$$|\boldsymbol{B}| = -|\boldsymbol{A}|$$

このことが分かると、例えば、

$$\boldsymbol{H} = \begin{pmatrix} 1 & 2 & 1 \\ 1 & 2 & 1 \\ 1 & -1 & -1 \end{pmatrix}$$

のように 1 行目と 2 行目の成分が同じになっている行列の行列式が 0 になることが説明できます。

行列 $\boldsymbol{H}$ の 1 行目と 2 行目を入れ替えてみましょう。1 行目と 2 行目は同じ成分が並んでいますから、入れ替えても $\boldsymbol{H}$ のままです。しかし、行列式の方は -1 倍されるはずです。つまり、$|\boldsymbol{H}| = -|\boldsymbol{H}|$ が成り立ちます。これは、$2|\boldsymbol{H}| = 0$ ですから、$|\boldsymbol{H}| = 0$ となります。

具体的な計算をせずに $\boldsymbol{H}$ の行列式を求めることができました。

> 行列 $\boldsymbol{A}$ の 2 つの行が同じ成分からなるとき、
>
> $$|\boldsymbol{A}| = 0$$

(3) $\boldsymbol{A} = \begin{pmatrix} 1 & -2 & 1 \\ 2 & 1 & -1 \\ 2 & -2 & -1 \end{pmatrix}$、$\boldsymbol{D} = \begin{pmatrix} 1 & -2 & 1 \\ 1 & -3 & 2 \\ 2 & -2 & -1 \end{pmatrix}$、$\boldsymbol{E} = \begin{pmatrix} 1 & -2 & 1 \\ 3 & -2 & 1 \\ 2 & -2 & -1 \end{pmatrix}$

$$|\boldsymbol{A}| = \underline{1 \cdot 1 \cdot (-1)} + \underline{2 \cdot (-2) \cdot 1} + 2 \cdot (-2) \cdot (-1)$$
$$\quad - 1 \cdot (-2) \cdot (-1) - 2 \cdot (-2) \cdot (-1) - 2 \cdot 1 \cdot 1 = -9$$

$$|\boldsymbol{D}| = \underline{1 \cdot (-3) \cdot (-1)} + \underline{1 \cdot (-2) \cdot 1} + 2 \cdot (-2) \cdot 2$$
$$\quad - 1 \cdot (-2) \cdot 2 - 1 \cdot (-2) \cdot (-1) - 2 \cdot (-3) \cdot 1 = 1$$

$$|\boldsymbol{E}| = \underline{1 \cdot (-2) \cdot (-1)} + \underline{3 \cdot (-2) \cdot 1} + 2 \cdot (-2) \cdot 1$$
$$\quad - 1 \cdot (-2) \cdot 1 - 3 \cdot (-2) \cdot (-1) - 2 \cdot (-2) \cdot 1 = -8$$

確かに、$|\boldsymbol{E}| = |\boldsymbol{A}| + |\boldsymbol{D}|$ が成り立っていますね。

なぜこのような式が成り立つのか説明してみましょう。

$\boldsymbol{A}$、$\boldsymbol{D}$、$\boldsymbol{E}$ は、1 行目どうしと 3 行目どうしが等しくなっています。異なっているのは、2 行目だけです。実は $\boldsymbol{E}$ の 2 行目の成分は、$\boldsymbol{A}$ の 2 行目の成分と $\boldsymbol{D}$ の 2 行目の成分を足したものになっているんです。

	$\boldsymbol{A}$ の 2 行目	2	1	−1
+	$\boldsymbol{D}$ の 2 行目	1	−3	2
	$\boldsymbol{E}$ の 2 行目	3	−2	1

（初めの項：を引いた項）

ここで、$\boldsymbol{A}$、$\boldsymbol{D}$、$\boldsymbol{E}$ の行列式の計算の初めの項を抜き出してみると

（$1+(-3)=-2$）

$$1 \cdot 1 \cdot (-1) + 1 \cdot (-3) \cdot (-1) = 1 \cdot (-2) \cdot (-1)$$

|A|の初めの項　|D|の初めの項　|E|の初めの項

が成り立っていますよね。

これは、左辺に分配法則の逆を用いると、

$$1\cdot 1\cdot(-1)+1\cdot(-3)\cdot(-1)=1\cdot\{1+(-3)\}\cdot(-1)$$
$$=1\cdot(-2)\cdot(-1)$$

と計算できるから、成り立っているわけです。

各行列式の計算の2番目の項でも（を引いた項）

2+1=3

$$2\cdot(-2)\cdot 1+1\cdot(-2)\cdot 1=3\cdot(-2)\cdot 1$$

|A|の2番目の項　|D|の2番目の項　|E|の2番目の項

が成り立っています。

行列式の計算をするとき、各項には、2行目の成分はちょうど1回だけ出てきます。$\boldsymbol{A}$ の2行目の成分と $\boldsymbol{D}$ の2行目の成分の和が $\boldsymbol{E}$ の2行目の成分になっていますから、各項に分配法則の逆を用いることで、$\boldsymbol{A}$、$\boldsymbol{D}$ の項の和が $\boldsymbol{E}$ の項になるのです。

行列式の何番目の項でも、このことが成り立ちますから、行列式の計算全体で、$|\boldsymbol{A}|+|\boldsymbol{D}|=|\boldsymbol{E}|$ が成り立ちます。

> 行列 $\boldsymbol{A}$、$\boldsymbol{B}$、$\boldsymbol{C}$ がある行(第 k 行)を除いてすべて等しいとき、
> $\boldsymbol{A}$ の k 行と $\boldsymbol{B}$ の k 行の成分の和が $\boldsymbol{C}$ の k 行の成分に等しければ、
> $$|\boldsymbol{C}|=|\boldsymbol{A}|+|\boldsymbol{B}|$$

(4)　$\boldsymbol{A}=\begin{pmatrix}1 & -2 & 1\\ 2 & 1 & -1\\ 2 & -2 & -1\end{pmatrix}$、$\boldsymbol{F}=\begin{pmatrix}1 & -2 & 1\\ 5 & -5 & 2\\ 2 & -2 & -1\end{pmatrix}$

$$|\boldsymbol{F}|=1\cdot(-5)\cdot(-1)+5\cdot(-2)\cdot 1+2\cdot(-2)\cdot 2$$
$$-1\cdot(-2)\cdot 2-5\cdot(-2)\cdot(-1)-2\cdot(-5)\cdot 1=-9$$

確かに、$|\boldsymbol{F}|=|\boldsymbol{A}|$ が成り立ちます。

$\boldsymbol{A}$ と $\boldsymbol{F}$ では、1行目どうしと3行目どうしが等しくなっています。

$\boldsymbol{F}$ の2行目は、($\boldsymbol{A}$ の2行目)+($\boldsymbol{A}$ の1行目)×3となっています。

A の 2 行目	2　1　−1
＋ A の 1 行目×3	3　−6　3
F の 2 行目	5　−5　2

×3　A の 1 行目（1　−2　1）

行列 F は、A の 2 行目に 1 行目の 3 倍を足して作った行列です。

このように、ある行に他の行の定数倍を足してできる行列の行列式は、もとの行列の行列式と同じ値になります。

このことは、(1)～(3)で扱った行列式の性質を組み合わせると説明することができます。

$$=\begin{vmatrix} 1 & -2 & 1 \\ 5 & -5 & 2 \\ 2 & -2 & -1 \end{vmatrix}=\begin{vmatrix} 1 & -2 & 1 \\ 2+1\times 3 & 1+(-2)\times 3 & -1+1\times 3 \\ 2 & -2 & -1 \end{vmatrix}$$

[2 行目が和の形になっているので、2 つの行列式に分解] (3)で説明

$$=\begin{vmatrix} 1 & -2 & 1 \\ 2 & 1 & -1 \\ 2 & -2 & -1 \end{vmatrix}+\begin{vmatrix} 1 & -2 & 1 \\ 1\times 3 & (-2)\times 3 & 1\times 3 \\ 2 & -2 & -1 \end{vmatrix}$$

[右側の行列の 2 行目の「× 3」を行列の外に出して] (1)で説明

$$=\begin{vmatrix} 1 & -2 & 1 \\ 2 & 1 & -1 \\ 2 & -2 & -1 \end{vmatrix}+3\begin{vmatrix} 1 & -2 & 1 \\ 1 & -2 & 1 \\ 2 & -2 & -1 \end{vmatrix}$$

=0

[右側の行列は、1 行目と 2 行目の成分が同じなので、行列式が 0]

(2)の解答中で説明

$$=\begin{vmatrix} 1 & -2 & 1 \\ 2 & 1 & -1 \\ 2 & -2 & -1 \end{vmatrix}$$

これより、$|\boldsymbol{F}|=|\boldsymbol{A}|$が言えるわけです。

行列$\boldsymbol{B}$は、$\boldsymbol{A}$のある行に他の行の定数倍を足して作った行列のとき、

$$|\boldsymbol{B}|=|\boldsymbol{A}|$$

(5) $\boldsymbol{A}=\begin{pmatrix}1 & -2 & 1\\ 2 & 1 & -1\\ 2 & -2 & -1\end{pmatrix}$、$\boldsymbol{G}=\begin{pmatrix}1 & 2 & 2\\ -2 & 1 & -2\\ 1 & -1 & -1\end{pmatrix}$

$$\begin{aligned}|\boldsymbol{G}|&=1\cdot 1\cdot(-1)+(-2)\cdot(-1)\cdot 2+1\cdot 2\cdot(-2)\\ &\quad -1\cdot(-1)\cdot(-2)-(-2)\cdot 2\cdot(-1)-1\cdot 1\cdot 2=-9\end{aligned}$$

$|\boldsymbol{G}|=|\boldsymbol{A}|$ $(=-9)$が成り立っています。

行列$\boldsymbol{G}$は、行列$\boldsymbol{A}$の転置行列になっています。

ある行列の行列式と、その行列の転置行列の行列式は等しくなります。このことは、サラスの公式の成り立ちを観察すると、理由が分かります。

サラスの公式で、プラスの項は、左上から右下へ向かって並んだ成分の積でしたが、行列の転置をとっても、その行列で左上から右下へ向かって並んだ成分の積は変わりません。また、マイナスの項は、左下から右上へ向かって並んだ成分の積でしたが、やはり行列の転置をとっても成分の積は変わりません。ですから、行列式の値も変わらないのです。

$$|\boldsymbol{A}|=|{}^t\boldsymbol{A}|$$

今まで出てきた行列式の性質をまとめておきましょう。

行列式の性質

(1)　行列 $\boldsymbol{B}$ が、行列 $\boldsymbol{A}$ のある行を k 倍して作った行列とすると、

$$|\boldsymbol{B}| = k|\boldsymbol{A}|$$

(2)　行列 $\boldsymbol{B}$ が、行列 $\boldsymbol{A}$ のある行とある行を入れ替えて作った行列とすると、

$$|\boldsymbol{B}| = -|\boldsymbol{A}|$$

(3)　行列 $\boldsymbol{A}$ のある行とある行の成分が等しいとすると、

$$|\boldsymbol{A}| = 0$$

(4)　行列 $\boldsymbol{A}$、$\boldsymbol{B}$、$\boldsymbol{C}$ がある行(k 行) を除いてすべて等しいとき、$\boldsymbol{A}$ の k 行と $\boldsymbol{B}$ の k 行の成分が $\boldsymbol{C}$ の k 行の成分に等しければ、

$$|\boldsymbol{C}| = |\boldsymbol{A}| + |\boldsymbol{B}|$$

(5)　行列 $\boldsymbol{B}$ は、$\boldsymbol{A}$ のある行に他の行の定数倍を足して作った行列のとき、　$|\boldsymbol{B}| = |\boldsymbol{A}|$

(6)　$|{}^t\boldsymbol{A}| = |\boldsymbol{A}|$

3 × 3 行列で、これらの性質が成り立つことを具体例で確かめたわけですが、もちろん 2 × 2 行列でもこれらの性質が成り立ちます。

2 × 2 行列の場合には、すべての成分を文字でおいて、行列式の等式が成り立つことを確かめてもそれほど大変ではありません。

2 × 2行列で成り立つことを確かめることは、みなさんにお任せしましょう。

4 × 4 以上の行列についての行列式の定義を与えていないうちから言うのも、ずいぶん気の早いことなのですが、4 × 4 以上の行列でも、上に掲げた性質が成り立ちます。

練習問題などで 4 × 4 以上の行列の行列式を計算するときは、これらの

性質を用いて、行列式が計算しやすい形に行列を変形していきます。

行列式の性質はずいぶん多くあるように思えますが、行列式を式変形で求める場合に主に用いるのは、

(1)、(2)、(5)

です。

ここで行なっている操作って何かというと、連立１次方程式や逆行列を求めるときに行なっていた、行基本変形ですよね。

行基本変形

行基本変形		行列式の性質
① 行と行を入れ替える	⇔	(2) **行列式は(− 1)倍になる**
② 1つの行を c 倍する	⇔	(1) **行列式は c 倍になる**
③ 1つの行の c 倍を他の行に足す。	⇔	(5) **行列式は不変**

と対応しています。

行列を変形したとき、①のときには− 1 倍、②のときには c 倍することを忘れてはいけません。

行基本変形って、行列式を求めるときにも使えるんですね。

行列式を計算するときに用いることができる変形はこれだけではありません。

行列を転置すると、行が列になりますよね。

$$
\begin{array}{c}
\text{第1行} \\
\text{第2行} \\
\text{第3行}
\end{array}
\begin{pmatrix} A & x & a \\ B & y & b \\ C & z & c \end{pmatrix}
\xrightarrow{\text{転置}}
\begin{pmatrix} A & B & C \\ x & y & z \\ a & b & c \end{pmatrix}
\begin{array}{c}
\text{第1列 第2列 第3列}
\end{array}
$$

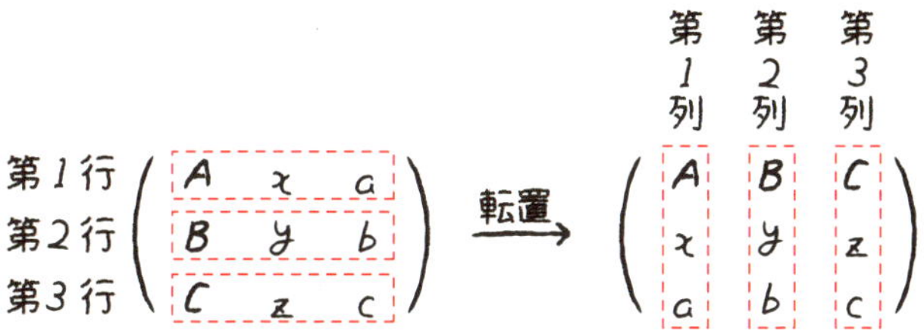

　転置しても行列式は変わらない（(6)の性質）のですから、上でまとめた性質の(1)～(5)はすべて「行」を「列」に読み替えてもよいわけです。行列式を計算するときは、「行」を「列」に読み替えた列基本変形も用いてかまいません。

> **列基本変形**
>
> ④ 列と列を入れ替える　　　　　**行列式は(-1)倍になる**
> ⑤ 1つの列をc倍する　　　　　**行列式はc倍になる**
> ⑥ 1つの列のc倍を他の列に足す。　**行列式は不変**

　次の節では、一般の行列式の定義を述べることにしましょう。

❸ 模式図で行列式を書き足せ！
—— 一般の行列式の定義

4次以上の行列式ってどう計算するの？

これから、一般の正方行列について行列式の定義を紹介しましょう。

最初にお断りしておくのは、これから定義は述べるものの、実際の行列式の計算はその定義を用いては行なわないことが多いということです。みなさんが試験などで、成分が具体的な数値で与えられている4×4以上の正方行列の行列式を計算するときは、前の節でまとめておいた行列式の性質を用いて計算していきます。前の節で紹介した行列式の性質は、4×4以上の行列でも成り立ちます。

ですから、これから述べる一般の行列式の定義は、どうしても定義のための定義という感が否めません。その上、ちょっとややこしいんです。一度は聞いておいたほうがよいでしょうが、もしもこの定義がわからない、ややこしいといって、線形代数の勉強を投げ出してしまわないようにしましょうね。

大胆なことを言うと、この節は飛ばして読んでも、線形代数の骨子を理解する上では、障害にならないでしょう。途中で詰まった場合には、捨ててください。前の線形空間、線形写像だけ分かっていれば、応用上差し支えないと考えます。そんな話になりますから、最後までお付き合いいただいたみなさんには、急なのぼりの後、あずまやで小休止していただくような計らいから、ちょっとした興味ある話題をコラムに用意してあります。

一般の行列式の定義を述べるには、「**置換**」という概念の説明から入るのがふつうです。でも、「置換」の概念って、前置きが長く面倒です。この本では本格的な「置換」の概念を用いず、「**転倒数**」という概念を用いて一般の行列式を定義します。

行列式の定義を述べる前に、この「転倒数」という用語から解説していきましょう。

「転倒数」は、1から n までを並べ替えた順列に対して定義される数値です。

まずは、順列の確認から。

1と2を並べ替えた順列は、

12、21

の**2個**あります。

1から3までを並べ替えた順列は、

123、132、213、231、312、321

の**6個**あります。

1,2,3から作られる言葉を載せる辞書で、1のほうが2より先、2のほうが3より先に出てくるとすると、順列に対応する言葉は左の順に出てきます。

1から4までを並べ替えた順列を書き上げられますか。書き上げてみましょう。

1が先頭にくるものが

1234、1243、1324、1342、1423、1432

2が先頭にくるもの

2134、2143、2314、2341、2413、2431

3が先頭にくるもの

3124、3142、3214、3241、3412、3421

4が先頭にくるもの

4123、4132、4213、4231、4312、4321

これも辞書式順序で並べました。

と全部で、$6 \times 4 =$ **24(個)** あります。

この24を計算で求めるには、次のように考えます。

ABCD

の位置に、A、B、C、Dの順で1から4の数をおいていくことを考えましょう。

Aにおくことができる数は、4個の数の中から1個を選ぶので4通り、BにはAにおいた以外の数をおくので、残りの3個の数の中から1個の数を選ぶので3通り、CにはA、Bにおいた以外の数をおくので、残りの2個の中から1個の数を選ぶので2通り、Dには残りの1個の数を選ぶことになるので、ABCDに1から4までの数をおく場合の数は、これらを掛け合わせて、

$$4 \times 3 \times 2 \times 1 = 4! = 24 \text{(通り)}$$

!は階乗のマークです。

となります。

これに倣えば、

1と2を並べ替えた順列の個数は、$2 \times 1 = 2! = 2$ 個

1から3までを並べ替えた順列の個数は、$3 \times 2 \times 1 = 3! = 6$ 個

となります。

1から n までの n 個の数字を並べ替えた順列の個数は、

$$n! \text{(個)}$$

となります。

転倒数の定義は次のとおりです。

転倒数の定義

順列の各数字について、それより左側にある数字で、かつそれより大きい数字の個数を足し上げた数

具体例で、「転倒数」を求めてみましょう。

1から4までを並べ替えた順列、

$$3421$$

の転倒数を求めてみましょう。

まず、各数字について、その数字より左側にあって、その数字より大きい数字の個数を書き上げてみましょう。

4については、左側に大きな数字がありませんから、0個

3については、左側に数字がありませんから、0個

2については、左側に4、3がありますから、2個

1については、左側に4、3、2がありますから、3個

これらを足し上げて、$0+0+2+3=5$(個)

これから、「3421」の**転倒数は5**であると求まります。

転倒数の求め方を練習してみましょうか。

例題　「365142」の転倒数を求めてください。

各数字について、その数字より大きくて左側にある数字の個数を書き上げます。

3については、0個。6についても、0個。5については6があるので、1個。1については、3、6、5があるので3個。4については、6、5があるので2個。2については、3、6、5、4があるので4個となります。全部を合わせると、0＋0＋1＋3＋2＋4＝10個

「365142」の**転倒数は10**です。

奇順列・偶順列の定義

転倒数が

奇数の順列を奇順列、偶数の順列を偶順列

と呼びます。

上のように転倒数を定義しましたが、行列式の定義には転倒数そのものではなく、与えられた順列が、奇順列であるか、偶順列であるかの区別が重要です。ここでは、転倒数はそれを判定するための指標だと思ってください。

さて、奇順列、偶順列の概念を準備したところで、もう一度2×2行列、3×3行列の行列式を振り返ってみましょう。

$$\begin{vmatrix} a & x \\ b & y \end{vmatrix} = ay - bx$$

$$\begin{vmatrix} A & x & a \\ B & y & b \\ C & z & c \end{vmatrix} = Ayc + Bza + Cxb - Azb - Bxc - Cya$$

となっていました。

初めに項の作り方を見ていきましょう。

2 次、3 次の場合、どこの成分どうしを掛けて項を作っているのか、網を掛けて図解してみましょう。

2 次の場合

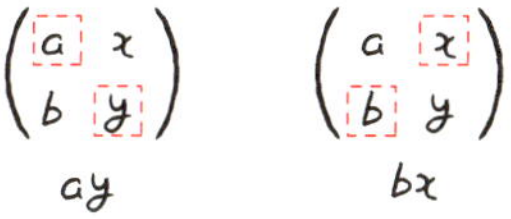

$$\begin{pmatrix} \boxed{a} & x \\ b & \boxed{y} \end{pmatrix} \quad \begin{pmatrix} a & \boxed{x} \\ \boxed{b} & y \end{pmatrix}$$
$$\quad ay \qquad\qquad bx$$

3 次の場合

$$\begin{pmatrix} \boxed{A} & x & a \\ B & \boxed{y} & b \\ C & z & \boxed{c} \end{pmatrix} \begin{pmatrix} A & x & \boxed{a} \\ B & \boxed{y} & b \\ \boxed{C} & z & c \end{pmatrix} \begin{pmatrix} A & \boxed{x} & a \\ B & y & \boxed{b} \\ \boxed{C} & z & c \end{pmatrix} \begin{pmatrix} \boxed{A} & x & a \\ B & y & \boxed{b} \\ C & \boxed{z} & c \end{pmatrix} \begin{pmatrix} A & \boxed{x} & a \\ \boxed{B} & y & b \\ C & z & \boxed{c} \end{pmatrix} \begin{pmatrix} A & x & \boxed{a} \\ \boxed{B} & y & b \\ C & \boxed{z} & c \end{pmatrix}$$
$$Ayc \qquad Bza \qquad Cxb \qquad Azb \qquad Bxc \qquad Cya$$

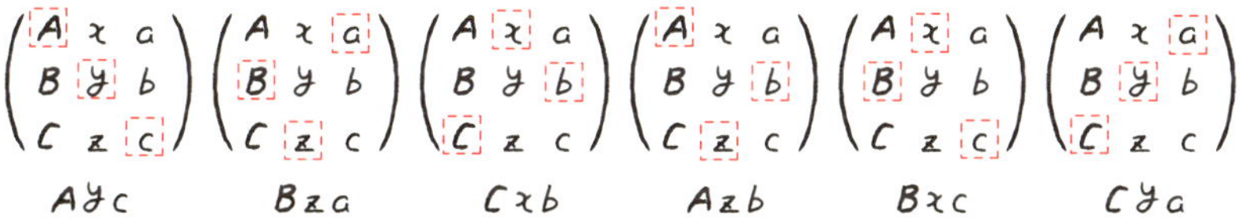

どちらの場合も、網が掛かるところが、同じ行、同じ列にくることはありませんね。ある行に関して、網がかかるところは 1 ヶ所、ある列に関して、網がかかるところは 1 ヶ所です。

2 次の場合で、2 個の網がけをするとき、2 個が異なる行、異なる列にある場合は、上ですべて尽くされています。

3 次の場合も、3 個の網がけをするとき、どの 2 個も異なる行、異なる列にある場合は、上ですべて尽くされています。

このように網がけの部分が異なる行、異なる列にある状態を、**「見合わない状態」**と呼ぶことにします。この本だけの用語です。

行列の成分を正方形と捉えれば、行列は 2×2、3×3 のマス目が並んだ将棋盤と見立てることができます。

そこで、網をかけたところに"飛車"という駒を置くことにするのです。飛車はタテとヨコに進むことができる駒です。ですから、同じ行に置いたり、同じ列に置いたりすると取り合ってしまいます。

行列式に出てくる網の状態は、**「見合わない状態」**というわけです。

4次以上の場合も、2次、3次のときと同じように項が出てきます。

n 次の場合も行列式に現われる項は、n^2 個の成分の中から n 個の成分を「見合わない状態」でとるときの成分の積となります。

ここで、**「見合わない状態」と順列に1対1の対応の関係**を付けましょう。

「見合わない状態」から対応する順列を作ってみます。

例えば、Bza のときの「見合わない状態」に対応する順列の作り方はこうです。

$$\begin{array}{l}\text{第1行}\\\text{第2行}\\\text{第3行}\end{array}\begin{pmatrix} A & x & \boxed{a} \\ \boxed{B} & y & b \\ C & \boxed{z} & c \end{pmatrix} \quad \begin{array}{l}\text{列の順に取り出す} \to B \ z \ a \\ \text{何行目にあるか} \to 2 \ 3 \ 1\end{array}$$

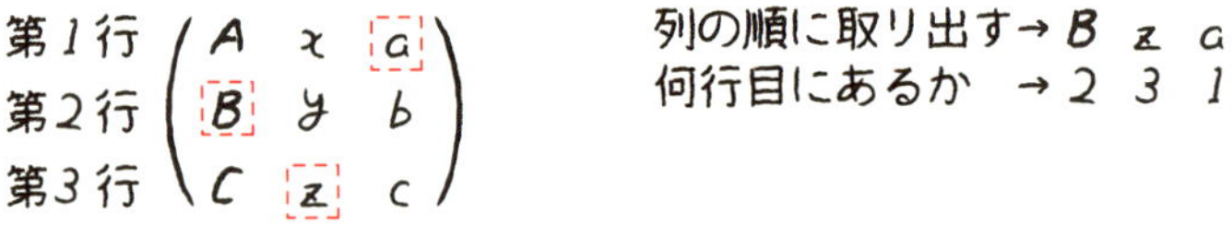

B は第2行、z は第3行、a は第1行なので、これを順に並べて「231」という順列を作ります。文字を列の順に拾っていき、B、z、a がそれぞれ第何行か見ていけばよいのです。

逆に、順列から「見合わない状態」を作り、項に対応させてみましょう。

例えば、「213」であれば、次頁の上のように、1列目では2行目の B を、2列目では1行目の x を3列目では3行目の c を対応させます。ですから、「213」に対応する行列式の項は Bxc になります。

$$
\begin{array}{cccc}
2 & 1 & 3 \\
\downarrow & \downarrow & \downarrow \\
(\ ,1) & (\ ,2) & (\ ,3) \\
\downarrow & \downarrow & \downarrow \\
(2,1)成分 & (1,2)成分 & (3,3)成分 \\
\downarrow & \downarrow & \downarrow \\
B & x & c
\end{array}
\qquad
\begin{pmatrix} A & x & a \\ B & y & b \\ C & z & c \end{pmatrix}
$$

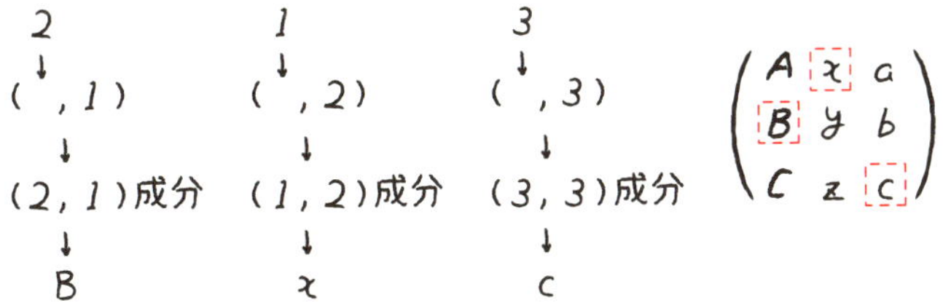

このようにして、行列式の項、「見合わない状態」、順列の間に 1 対 1 の対応を付けることができます。

確かに、3 次の行列式に出てくる項の個数は 6 個、3 次の場合の「見合わない状態」は 6 個、1、2、3 を並べた順列は 6 個と同数になっていますね。2 次の場合も、すべて 2 個で同数です。

4 次の場合はどうでしょうか。4 次の「見合わない状態」の成分のとり方は、何通りになるでしょうか。数え上げてみましょう。

1 列目からマス目を選ぶ選び方は 4 通りあります。

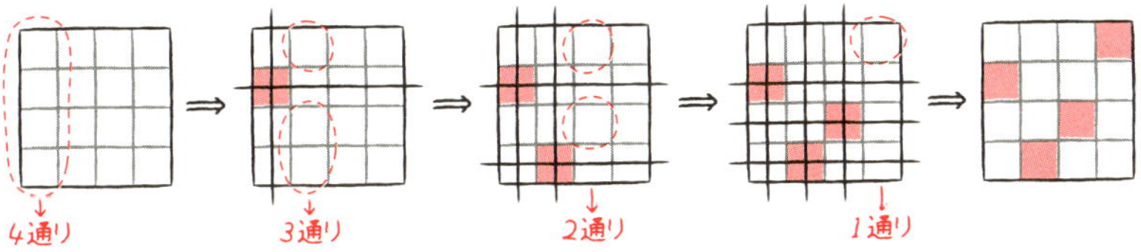

2 列目から選ぶマス目は、1 列目で選んだマス目がある行からは選ぶことができませんから、2 列目の選び方は 3 通りです。

1 列目と 2 列目のマス目を決めると、それらがおかれた行からは、3 列目のマス目を選ぶことはできません。1 列目と 2 列目のマス目を決めると、3 列目のマス目は残り 2 行の中から選ぶことになります。3 列目の選び方は 2 通りです。4 列目のマス目でおくことができるところは、1 通りに決まってしまいます。

これから 4 個のマス目を選ぶ選び方は、

$$4 \times 3 \times 2 \times 1 = 4! = 24 (通り)$$

と求めることができます。

次に、項の正負を見ていきましょう。

これを判定するのが、奇順列、偶順列なんです。

Bza に対応する順列は「231」です。この順列の転倒数を計算すると、$0+0+2=2$ と偶数になっています。「231」は偶順列です。偶順列のときは、項 Bza の符号は正になっています。

Bxc に対応する順列は「213」です。この順列の転倒数を計算すると、$0+1+0=1$ と奇数になっています。「231」は奇順列です。奇順列のときは、項 Bxc の符号は負になっています。

つまり、項に対応する順列が、

偶順列であれば正、奇順列であれば負

と項の符号を判定することができるのです。サラスの公式では、実際にそうなっていますね。

ここで、4次以上の行列式の定義を紹介するときのために、行列の成分や行列の成分の積を表す図形的表示を導入しておきましょう。これは一般的な記号ではありません。この本だけに通用するものです。

4×4 の行列には、16個の成分が出てきます。これを文字でおくだけでクラクラとめまいがしてくるのが通常の人の感覚だと思います。

試しにおいてみましょうか。ふつうの本では、一般の3次の正方行列を

$$\begin{pmatrix} a_{11} & a_{12} & a_{13} \\ a_{21} & a_{22} & a_{23} \\ a_{31} & a_{32} & a_{33} \end{pmatrix}$$

とおきます。“a_{12}”は、右下の添え字が12になっているので、行列の(1，2)成分を表しているわけです。この表記で行列式を書き下されても、数学科・物理学科以外の人は、誰も読もうとしないでしょう。

そこで、行列の成分を  のようなマス目に網がけをして表すことにします。

 で、与えられた3×3行列の(2，3)成分を表すことにします。

また、 で、与えられた3×3行列の(2，1)成分、(3，2)成分、(1，3)成分の積を表すことにします。

この記号を用いて、2次、3次の行列式を表すと、次のようになります。

2次の場合

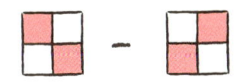

3次の場合

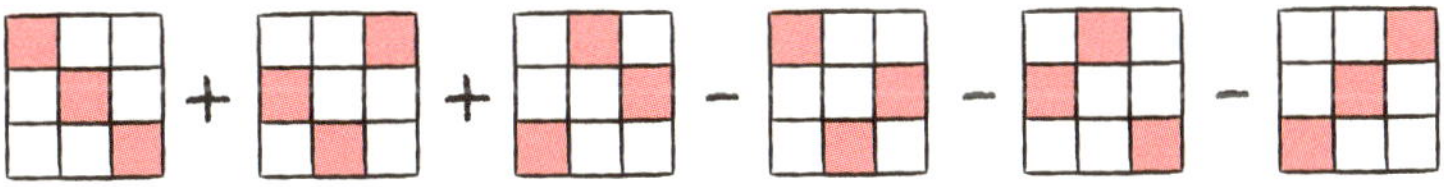

となります。

いよいよ4次の行列式を書き下してみましょう。4次の行列式は、24個の項からなります。これらをすべて書き出し、それに対応する順列の転倒数を計算して、奇順列か偶順列かを割り出し、それをもとに項の符号を決めます。こうして4次の行列式を書き下すと次のようになります。

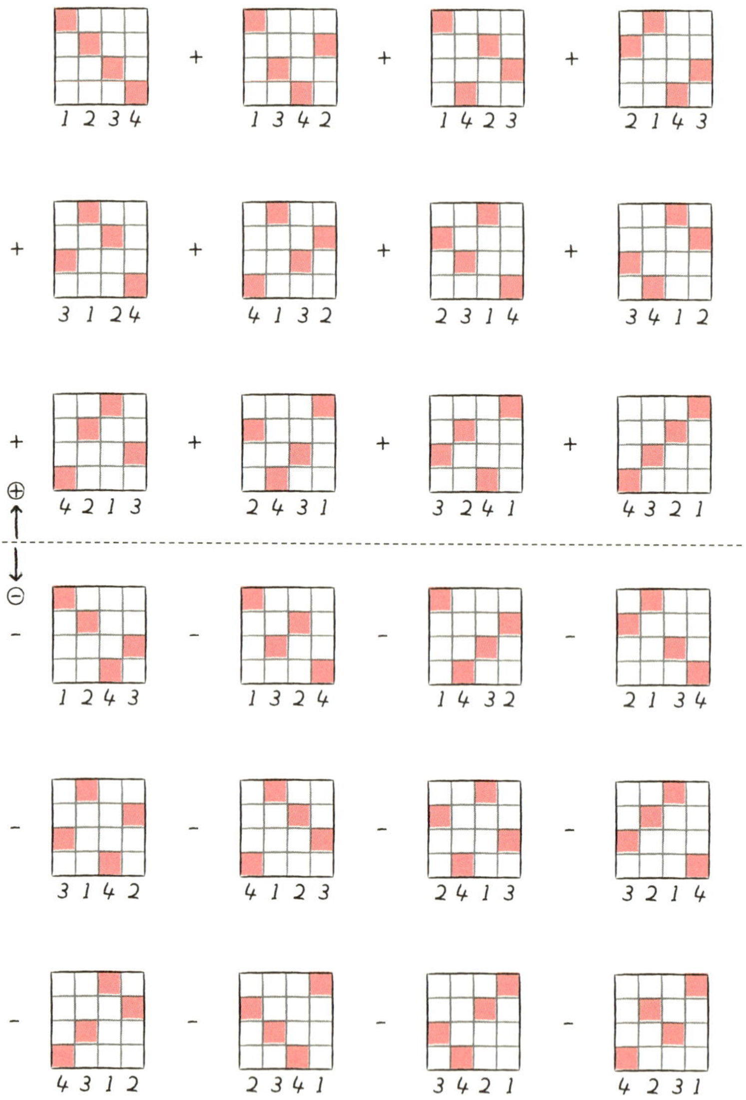
1 2 3 4
+
1 3 4 2
+
1 4 2 3
+
2 1 4 3
+
3 1 2 4
+
4 1 3 2
+
2 3 1 4
+
3 4 1 2
+
4 2 1 3
+
2 4 3 1
+
3 2 4 1
+
4 3 2 1
⊕
⊖
−
1 2 4 3
−
1 3 2 4
−
1 4 3 2
−
2 1 3 4
−
3 1 4 2
−
4 1 2 3
−
2 4 1 3
−
3 2 1 4
−
4 3 1 2
−
2 3 4 1
−
3 4 2 1
−
4 2 3 1

1つ例をとって項の符号を確かめてみましょう。

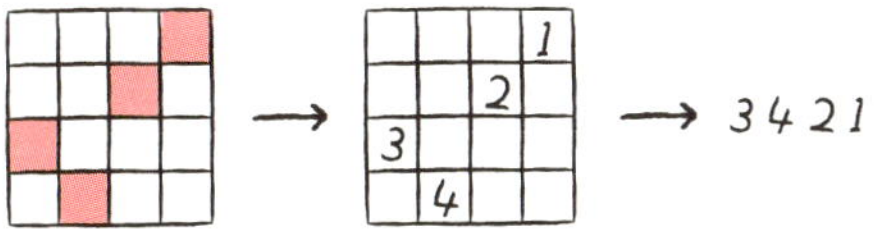

の符号を確認してみます。

これに対応する順列は、「3421」です。
この順列の転倒数は、p.325で計算したように5です。転倒数が奇数ですから、「3421」は奇順列です。ですから、この項の符号はマイナスになります。行列式を書き下した式でも、この項の符号はマイナスになっていますね。

4次の行列式まで分かると、一般の n 次の行列式も分かりますね。
手順をまとめておくと、次のようになります。

n 次の行列式の書き下し方

① $n \times n$ の成分から、「見合わない状態」の n 個の成分の積をすべて書き出す（$n!$ 個ある）。

② 各積に関して、「見合わない状態」に対応する順列の転換数を計算して順列の奇偶を調べ、項がプラスかマイナスかを判定する。

コラム　15パズルと転倒数

図1のように、1から15の数字が書かれた15個の駒を盤面に並べ、開いている箇所に駒を動かしていき、図2のように駒を整列させるゲームを15パズルと言います。実物を見たことがある人も多いのではないでしょうか。数字の代わりに絵が描かれていて、絵柄をそろえるタイプのものもあります。

図1

⟹

図2

現在では、インターネットにもFlash機能を用いたソフトが転がっていて、リアルでなくともこのゲームを愉しむことができます。できれば少し手を動かして遊んだ後でこれから先を読むと、より納得がいくことでしょう。

図3

⟹

図4

このパズルを有名にしたのはパズル作家のサム・ロイドです。1878年、彼は1000ドルの賞金を懸けて、このパズル盤を題材にした問題を出題しました。彼の問題は、図3から図4の状態にせよというものでした。

　末尾が「15-14」となっている図3の状態から、正順の「14-15」となっている図4の状態にせよということです。もちろん、駒を盤から離してはいけません。規定のルールは守らなければなりません。

　当時の1000ドルと言ったら大金です。多くの市民が一攫千金を狙って、この問題を解こうと必死になりました。しかし、解けたという人は誰ひとり現れませんでした。というのも、この問題には解がなかったからです。図3から図4の状態にすることは、どう駒を動かしても不可能なのです。出題者のサム・ロイドは不可能であることを知って多額の賞金を懸けた懸賞問題を出していたのです。

　ではなぜ、駒を動かすことで図3から図4の状態にすることができないのでしょうか。これが、行列式の定義のときに用いた転倒数を用いると、うまく説明することができるのです。紹介してみましょう。

　まず、盤面に置かれた駒の状態と順列とを対応付けます。

　図5ように、盤面に置かれた駒の数字を蛇字型に読んでいき順列を作ります。盤に駒が置かれていないところは無視します。

図5　
$$\begin{array}{|c|c|c|c|} \hline 7 & 2 & 8 & 14 \\ \hline 6 & 11 & 12 & 10 \\ \hline 13 & 15 & & 9 \\ \hline 1 & 5 & 3 & 4 \\ \hline \end{array} \iff 7, 2, 8, 14, 10, 12, 11, 6, 13, 15, 9, 4, 3, 5, 1$$

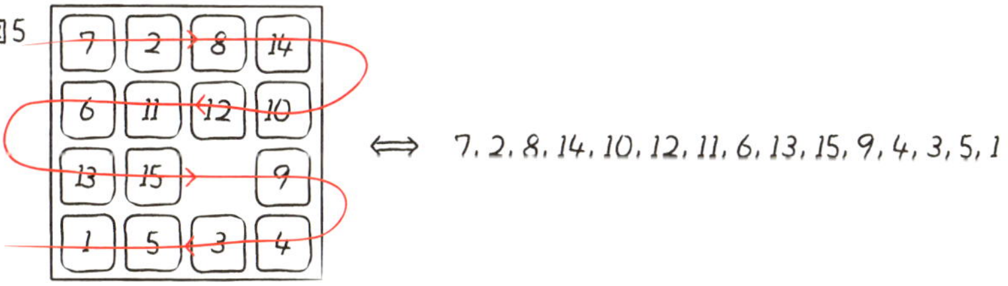

図6

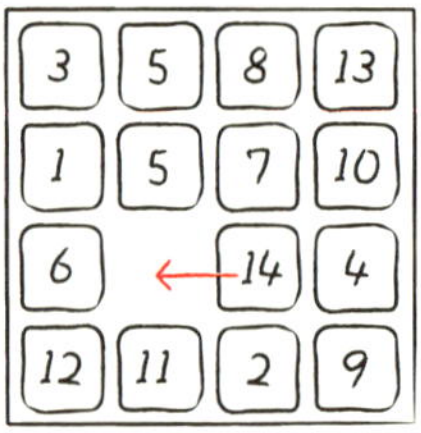

図7

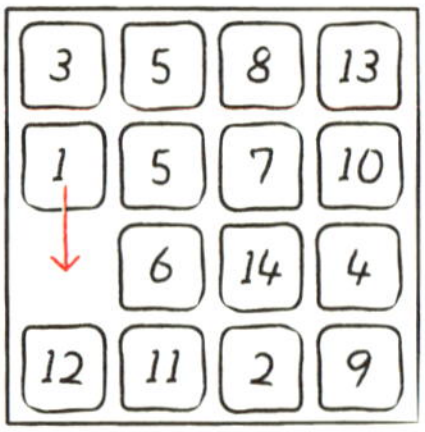

図8

ここで、駒の動きと転倒数の奇偶の変化について調べておきましょう。

図６のように、ヨコに駒を動かしたとします。このとき、操作の前と後で、それに対応する順列は変わりません。ですから、それに対応する転倒数にも変化はありません。

図７のように辺に沿ってタテに駒を動かした場合はどうでしょうか。これも対応する順列は変わりませんから、それに対応する転倒数は変化しません。

考察を要するのは、図８のように正方形の盤面の中でタテに駒を動かしたときです。

このとき、駒の状態に対応する順列は、

から

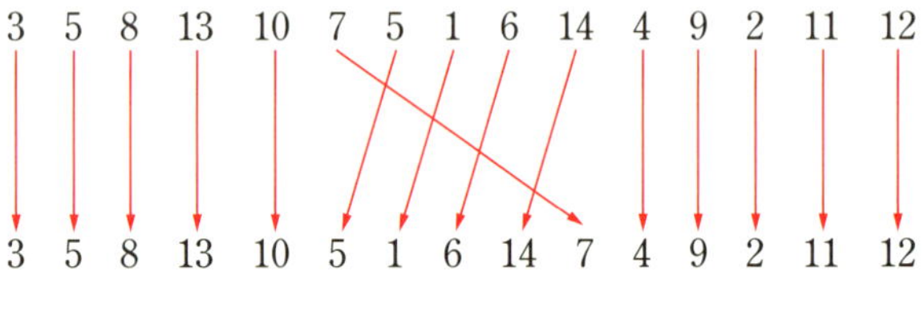

のように、7が5、1、6、14の４個の数字を飛び越えます。

これを解析する前に、ちょっと一般論を。

一般に、順列で隣り合う数字を入れ替えると、転倒数の奇偶は入れ替わります。入れ替え前が奇数であれば、入れ替え後は偶数になります。入れ替え前が偶数であれば、入れ替え後は奇数になります。

どうしてでしょうか。

まず、入れ替えた2数以外は、転倒数の計算をするときの「左側にある自分より大きい数の個数」が変化しません。転倒数の変化を捉えるには、入れ替えた2数についてだけ、「自分より大きい数の個数」を考えればよいことになります。入れ替えた2数の小さいほうを「(小)」、大きいほうを「(大)」とします。すると、

「(小)　(大)　→　(大)　(小)」と入れ替えたとき(図9)、小のほうは「左側にある自分より大きい数の個数」は＋1になります。大のほうは変化しません。ですから、転倒数は1だけ増えます。

「(大)　(小)　→　(小)　(大)　」と入れ替えたとき(図10) はこれと逆で、転倒数は1だけ減ります。

図9

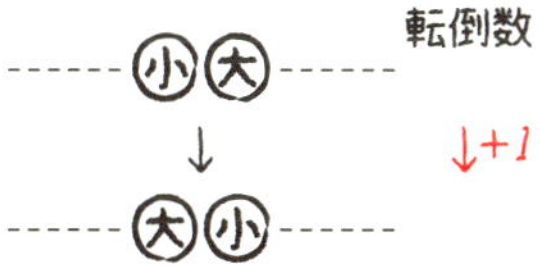

図10

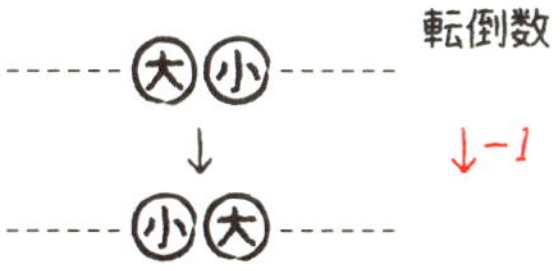

いずれにしろ、転倒数の奇偶は入れ替わります。

図8の場合に戻りましょう。

図8の場合には、7が4個の数字を飛び越しています。1個ずつ飛び越すと考えると、転倒数の奇偶の変化の様子は、

奇数から始まる場合　　奇→偶→奇→偶→奇
偶数から始まる場合　　偶→奇→偶→奇→偶

というようになり、いずれの場合でも初めと終わりで転倒数の奇偶は一致します。奇偶が一致したのは、7が飛び越す数字が偶数だからです。もしも7の飛び越す数字が奇数であれば、初めと終わりで転倒数の奇偶は一致しません。

しかし、正方形の盤面の中身でタテに駒を動かすとき、それに対応する

順列の前と後では、常に偶数個の数字を飛び越します。図11のように考えて、飛び越す数字はいつでも2行分なので、その個数は常に偶数です。

図11

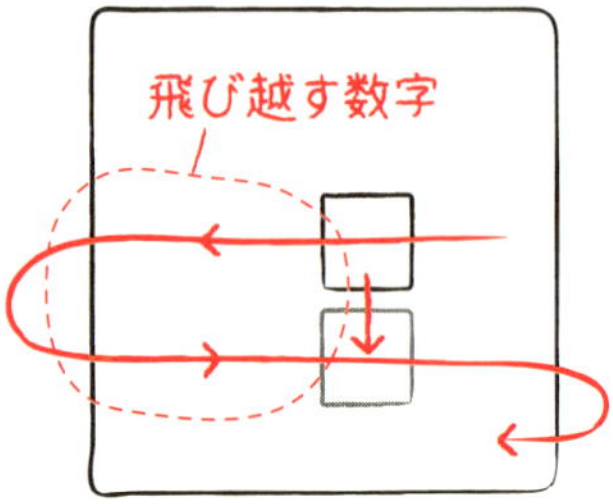

ですから、図6、7、8のときを考察することで、駒をどのように動かしても、転倒数の奇偶には変化がないことが分かりました。

さて、おおもとの問題に戻ります。

図4に対応する順列は、図3に対応する順列の14と15の一箇所だけを入れ換えた順列ですから、転倒数の奇偶は一致しないのです。駒をどのように動かしても転倒数の奇偶が変化しないはずですから、図3の状態からどのように駒を動かしても図4の状態へは移りえないことが分かります。

これよりもう少し深い考察を加えると、転倒数の奇偶が一致する2つの状態は、駒を動かすことで互いに移り合うことができることが分かります。

4 行列式をいろんな角度から眺めると…
―― 余因子展開

数値で与えられた4次の行列の行列式を求めるには？

前の節で4次以上の行列式の定義を紹介しました。でも、書き下すのはひと苦労です。実用的ではありません。3×3行列の行列式は、サラスの公式を覚えている人も多いですが、この4×4行列の行列式を覚えている人はいないでしょう。

では、4次の行列の成分が数値で与えられたとき、行列式を計算するにはどうしたらよいでしょうか。そのために必要なテクニックの1つが、2節で紹介した行列式の性質です。これを用いて、行列を行列式が計算しやすい形に変形します。具体的には、0の成分を作っていくことです。行列式は、成分の積の和でしたから、0の成分があると、それを含んだ積は0になって計算が簡単になるのです。

もう1つの必要なテクニックが、これから紹介する行列式の余因子展開です。余因子展開とは、ある列(行)に着目して、その列(行)の成分を括(くく)りだすことです。

3×3行列 $\begin{pmatrix} A & x & a \\ B & y & b \\ C & z & c \end{pmatrix}$ の行列式を余因子展開してみましょう。

3×3行列の行列式を、1列目に出てくる成分 A、B、C で括ります。1列目に出てくる成分は、項の中に1回ずつしか出てきませんから、きれいに括ることができます。すると、

$$\begin{vmatrix} A & x & a \\ B & y & b \\ C & z & c \end{vmatrix} = Ayc + Bza + Cxb - Azb - Bxc - Cya$$

$$= A(yc - zb) + B\{-(xc - za)\} + C(xb - ya) \quad \cdots\cdots\cdots ①$$

ここで、初めのカッコの中身 $yc - zb$ は、A が含まれる行と列を除いてできる 2×2 行列の行列式になっていますね（下図㋐）。

2番目のカッコの中身 $-(xc - za)$ も B が含まれる行と列を除いてできる 2×2 行列の行列式にマイナスを付けた式になっています（下図㋑）。

3番目のカッコの中身 $xb - ya$ は、C が含まれる行と列を除いてできる 2×2 行列の行列式です（下図㋒）。

2番目だけ行列式にマイナスが付いていることに注意してください。

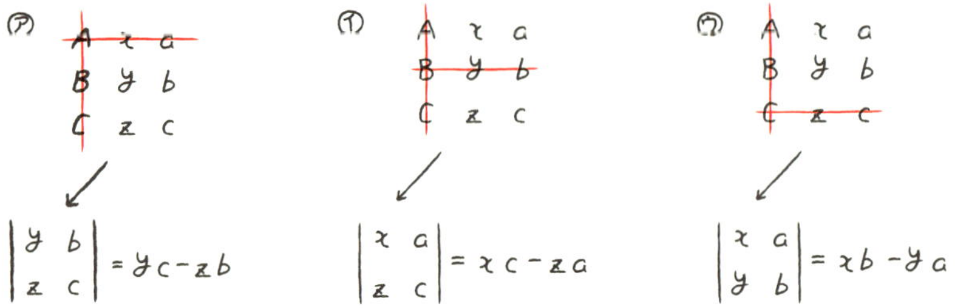

そこで、$yc - zb$、$-(xc - za)$、$xb - ya$ といった、3×3 行列の一部を取り出してできた 2×2 行列に関する行列式（2番目はそれに符号の付けた）を、

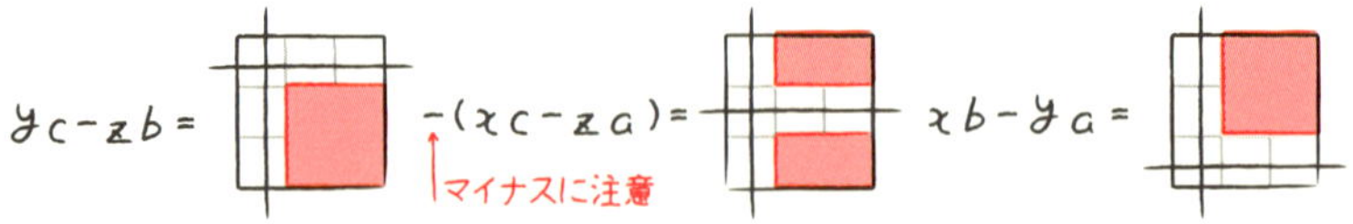

と表すことにします。

すると、3×3 行列の行列式①は、

$$A(yc - zb) + B\{-(xc - za)\} + C(xb - ya)$$

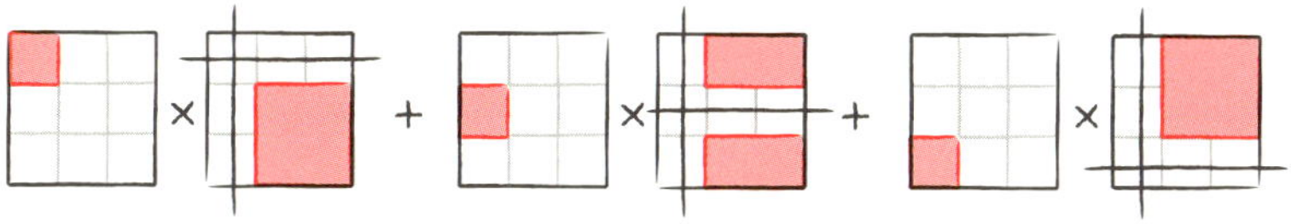

と表すことができます。

1列目の成分を括り出しましたが、2列目の成分を括りだしてもかまいません。

$$Ayc + Bza + Cxb - Azb - Bxc - Cya$$
$$= x\{-(Bc - Cb)\} + y(Ac - Ca) + z\{-(Ab - Ba)\} \quad \cdots\cdots\cdots ②$$

と書くことができます。

今度は、x を含んでいる行と列を除いてできる行列の行列式をマイナス1倍したもの、y を含んでいる行と列を除いてできる行列の行列式、z を含んでいる行と列を除いてできる行列の行列式をマイナス1倍したものを下図のように表します。

㋐
$$\begin{vmatrix} B & b \\ C & c \end{vmatrix} = Bc - Cb$$

$-(Bc - Cb) =$

㋑
$$\begin{vmatrix} A & a \\ C & c \end{vmatrix} = Ac - Ca$$

$Ac - Ca =$

㋒
$$\begin{vmatrix} A & a \\ B & b \end{vmatrix} = Ab - Ba$$

$-(Ab - Ba) =$

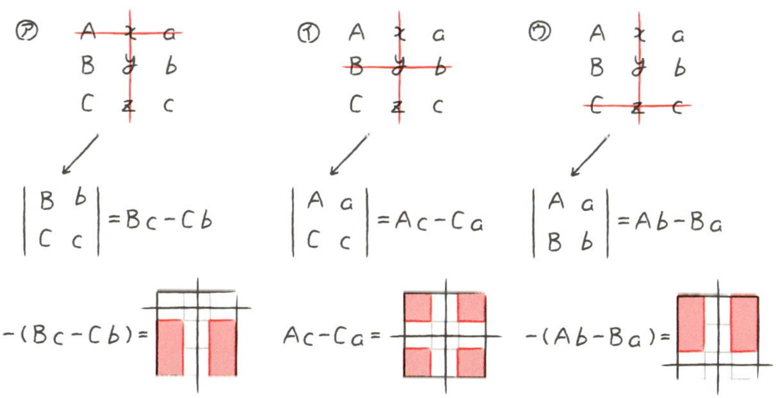

すると、３ × ３行列の行列式②は、

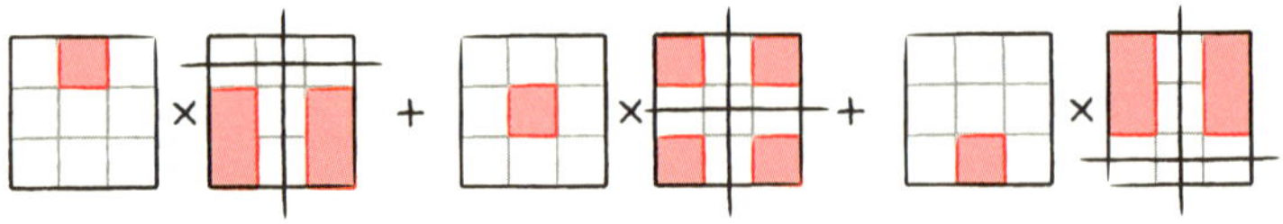

と表すことができます。

“○が含まれる行と列を除いてできる２ × ２行列の
行列式に符号を付けたもの“

というのが、いい加減しつこくなってきましたよね。用語を紹介しましょう。これを**余因子(cofactor)**と言います。取り除いて余った成分についての行列式だというわけです。(1，2)成分を含む行と列を取り除いてできる行列の行列式(符号付き)を、**(1，2)余因子**と言います。

①、②やそれらを図で表した式を、行列式の余因子展開と言います。

３列目の成分で余因子展開すると、

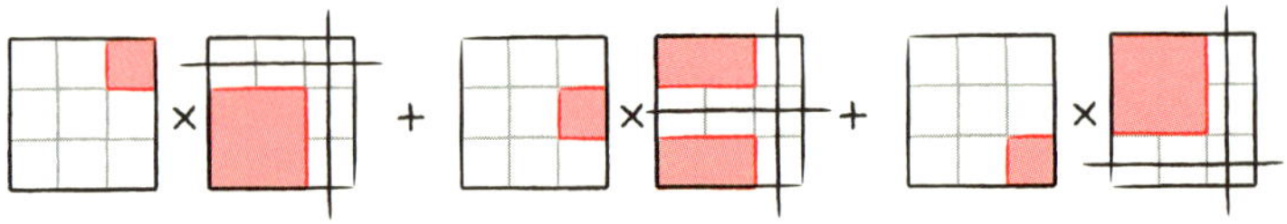

余因子は“………行列式に符号を付けたもの”とありますが、ここの符号の付け方を説明しておきましょう。

符号の付け方は、着目した成分(これを含む行と列を取り除く)がどこにあるかにより決まります。

３ × ３行列では、右のようにプラスとマイナスが決まります。

+	−	+
−	+	−
+	−	+

(2, 1)成分 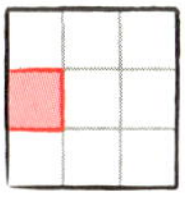 では、前頁右下図でマイナスになっていますから、

余因子 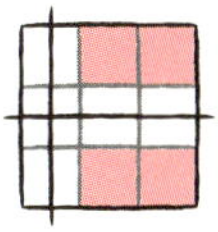 は行列式をとったあとマイナスを付けて作ります。

行列式は、行列の転置をとっても変わらなかったので、列の代わりに行で議論してもかまいません。

行列式において、1行目の成分を括りだすと、

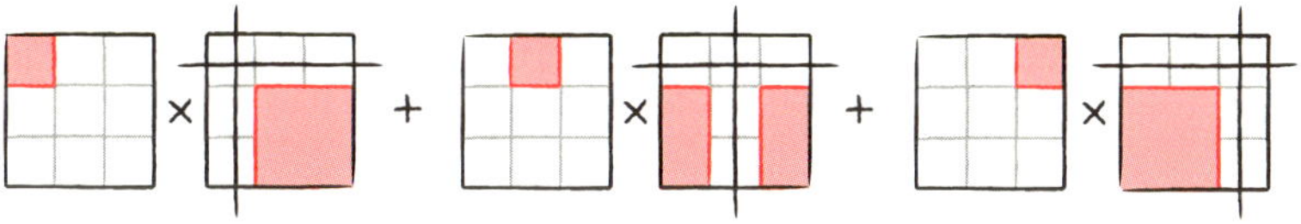

となります。

4 × 4 行列の場合でも余因子展開ができますよ。4 × 4 行列の行列式を見ながら調べてみましょう。

(1, 1)成分 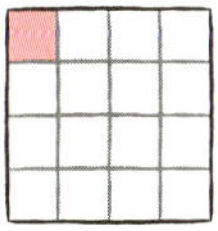 を含む項は、

プラスが、 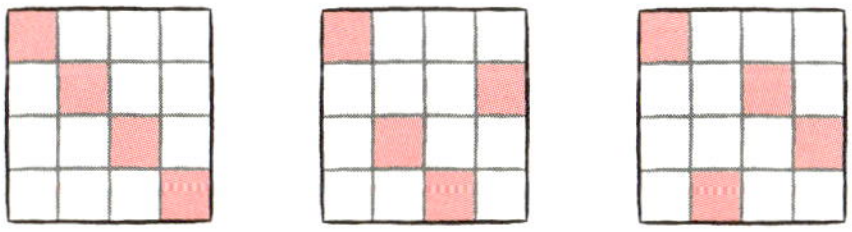 の 3 項

マイナスが、  の 3 項

となっていますね。

(1, 1)成分を外して書いたものを並べると、

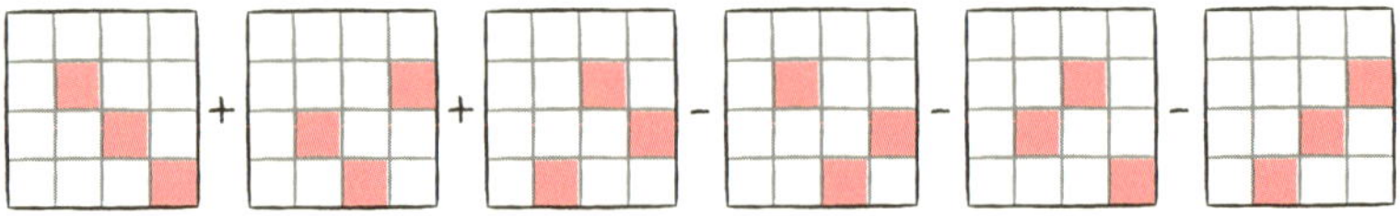

となります。これはちょうど(1,　1) 成分を含む行と列、つまり１行目と１列目の成分を取り除いてできる３×３行列の行列式になっていますね。

　ですから、４×４行列の行列式で、(1,　1)成分を含む項は、

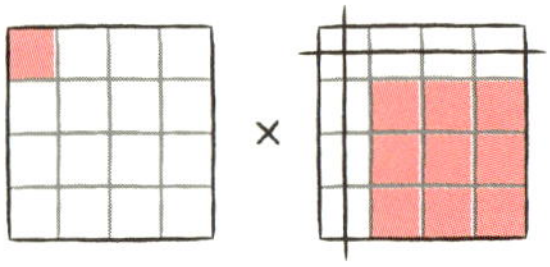

と表せるわけです。

　ですから、４×４行列の行列式を１行目で余因子展開すると、

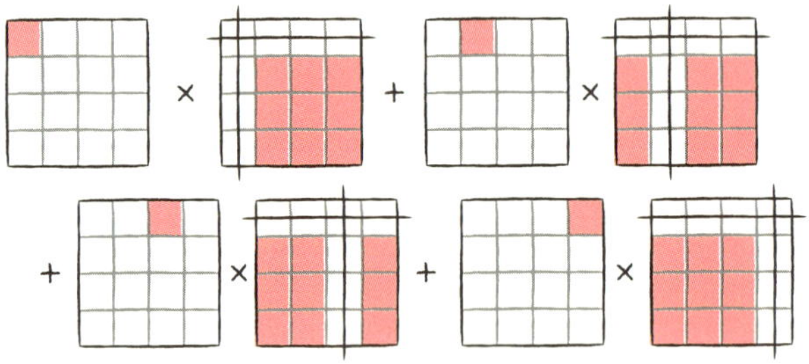

となります。

　なお、余因子を作るときに付ける、プラスマイナスの符号は、右のようになります。左上がプラスで、あとはプラスとマイナスがチェッカー盤のように交互に現れます。これは、４×４以上の行列のときも同様です。

+	−	+	−
−	+	−	+
+	−	+	−
−	+	−	+

5次以上でも、もちろん余因子展開をすることができます。

これから余因子展開を用いて、具体的な数値が与えられた4次以上の行列の行列式を求めてみましょう。でも、いきなり展開を始めるのはうまくありません。4次以上の行列の行列式を計算するには、行変形を用いて上三角行列に変形します。**上三角行列**とは、**対角成分より下にある成分がすべて0である行列**のことです。上三角行列は、行列式を簡単に計算することができるのです。上三角行列の行列式は、対角成分の積になります。

$$\begin{vmatrix} a_1 & * & * & * & \cdots & * \\ 0 & a_2 & * & * & \cdots & * \\ 0 & 0 & a_3 & * & \cdots & * \\ 0 & 0 & 0 & \ddots & & * \\ \vdots & & \vdots & & \ddots & * \\ 0 & 0 & 0 & \cdots & & a_n \end{vmatrix} = a_1 a_2 a_3 \cdots a_n$$

これが成り立つことを、4次の場合に余因子展開を用いて示してみましょう。列で余因子展開することを繰り返していくと、展開したときに対角成分以外は0になりますから、結局行列式が対角成分を掛けたものになることが、下の例を見ると分かると思います。

$$\begin{vmatrix} a & e & h & j \\ 0 & b & f & i \\ 0 & 0 & c & g \\ 0 & 0 & 0 & d \end{vmatrix} = a\begin{vmatrix} b & f & i \\ 0 & c & g \\ 0 & 0 & d \end{vmatrix} - 0\cdot\begin{vmatrix} e & h & j \\ 0 & c & g \\ 0 & 0 & d \end{vmatrix} + 0\cdot\begin{vmatrix} e & h & j \\ b & f & i \\ 0 & 0 & d \end{vmatrix} - 0\cdot\begin{vmatrix} e & h & j \\ b & f & i \\ 0 & c & g \end{vmatrix}$$

1列目で余因子展開

$$= a\begin{vmatrix} b & f & i \\ 0 & c & g \\ 0 & 0 & d \end{vmatrix} = a\left(b\begin{vmatrix} c & g \\ 0 & d \end{vmatrix} - 0\cdot\begin{vmatrix} f & i \\ 0 & d \end{vmatrix} + 0\cdot\begin{vmatrix} f & i \\ c & g \end{vmatrix}\right)$$

$$= a\cdot b\begin{vmatrix} c & g \\ 0 & d \end{vmatrix} = abcd$$

４次の行列式を計算する問題を解いてみましょう。

$$A=\begin{pmatrix}1&2&-3&1\\2&0&3&4\\-3&2&1&3\\2&4&-1&2\end{pmatrix}$$ の行列式を求めてみましょう。

式の値を変えずに行列の形を変えていきます。**本来であればイコールで結ぶところですが、操作をはっきり書くために→で結んであります。**行を入れ替えると行列式の値はマイナス１倍になることに注意しましょう。

$$\begin{vmatrix}1&2&-3&1\\2&0&3&4\\-3&2&1&3\\2&4&-1&2\end{vmatrix}\xrightarrow[\text{㋓→㋓+㋐×(−2)}]{\text{㋑→㋑+㋐×(−2)　㋒→㋒+㋐×3}}\begin{vmatrix}1&2&-3&1\\0&-4&9&2\\0&8&-8&6\\0&0&5&0\end{vmatrix}\xrightarrow{\text{㋒→㋒+㋑×2}}$$

$$\begin{vmatrix}1&2&-3&1\\0&-4&9&2\\0&0&10&10\\0&0&5&0\end{vmatrix}\xrightarrow{\text{㋒↔㋓}}-\begin{vmatrix}1&2&-3&1\\0&-4&9&2\\0&0&5&0\\0&0&10&10\end{vmatrix}\xrightarrow{\text{㋓→㋓+㋒×(−2)}}$$

行を入れかえたので符号が反転する

$$-\begin{vmatrix}1&2&-3&1\\0&-4&9&2\\0&0&5&0\\0&0&0&10\end{vmatrix}$$

これより、$\boldsymbol{A}$ の行列式は、

$$|\boldsymbol{A}|=-(1\cdot(-4)\cdot 5\cdot 10)=\mathbf{200}$$

行列式を求めることが目的であれば、上三角行列にこだわる必要はありません。対角成分以外の第1列の成分が0になった時点で余因子展開をしてかまいません。★の時点で余因子展開し、そこに出てくる3次の正方行列の行列式を求めるのに第3行で余因子展開すると次のようになります。臨機応変に対応していきましょう。

$$\begin{vmatrix} -4 & 9 & 2 \\ 8 & -8 & 6 \\ 0 & 5 & 0 \end{vmatrix} = -5\cdot\begin{vmatrix} -4 & 2 \\ 8 & 6 \end{vmatrix} = -5\{(-4)\cdot 6 - 8\cdot 2\} = 200$$

> 4次以上の行列の行列式を計算するときは、行変形を用いて上三角行列を作り、対角成分の積を求める。

演習問題

$\boldsymbol{A} = \begin{pmatrix} 2 & -2 & -1 & 4 \\ 1 & -1 & 2 & -3 \\ -4 & -1 & 2 & 1 \\ 2 & 3 & -2 & 1 \end{pmatrix}$の行列式を行列式の性質と余因子展開を用いて求めてみましょう。

解答

$$\begin{vmatrix} 2 & -2 & -1 & 4 \\ 1 & -1 & 2 & -3 \\ -4 & -1 & 2 & 1 \\ 2 & 3 & -2 & 1 \end{vmatrix} \longrightarrow - \begin{vmatrix} 1 & -1 & 2 & -3 \\ 2 & -2 & -1 & 4 \\ -4 & -1 & 2 & 1 \\ 2 & 3 & -2 & 1 \end{vmatrix}$$

㋐↔㋑（行入れかえで符号反転）

㋑→㋑+㋐×(−2)
㋒→㋒+㋐×4
㋓→㋓+㋐×(−2)

$$- \begin{vmatrix} 1 & -1 & 2 & -3 \\ 0 & 0 & -5 & 10 \\ 0 & -5 & 10 & -11 \\ 0 & 5 & -6 & 7 \end{vmatrix} \longrightarrow \begin{vmatrix} 1 & -1 & 2 & -3 \\ 0 & -5 & 10 & -11 \\ 0 & 0 & -5 & 10 \\ 0 & 5 & -6 & 7 \end{vmatrix}$$

㋑↔㋒

㋓→㋓+㋑
㋑行目の−1をくくり出す

$$- \begin{vmatrix} 1 & -1 & 2 & -3 \\ 0 & 5 & -10 & 11 \\ 0 & 0 & -5 & 10 \\ 0 & 0 & 4 & -4 \end{vmatrix} \longrightarrow -(-5) \begin{vmatrix} 1 & -1 & 2 & -3 \\ 0 & 5 & -10 & 11 \\ 0 & 0 & 1 & -2 \\ 0 & 0 & 4 & -4 \end{vmatrix}$$

−5にする

㋒の−5をくくり出す

㋓→㋓+㋒×(−4)

$$5 \begin{vmatrix} 1 & -1 & 2 & -3 \\ 0 & 5 & -10 & 11 \\ 0 & 0 & 1 & -2 \\ 0 & 0 & 0 & 4 \end{vmatrix}$$

これより、$|\boldsymbol{A}| = 5 \cdot 1 \cdot 5 \cdot 1 \cdot 4 =$ **100**

5 余因子を 使えば一発 逆行列（字余り…）
―― 余因子と逆行列

余因子と逆行列の関係とは？

次に余因子を用いて、逆行列を求める方法を紹介しましょう。準備から始めます。

いま、$\boldsymbol{P}=\begin{pmatrix} A & x & a \\ B & y & b \\ C & z & c \end{pmatrix}$とします。

1 列目の成分での余因子展開の式

$$|\boldsymbol{P}|=\begin{vmatrix} A & x & a \\ B & y & b \\ C & z & c \end{vmatrix}=A\begin{vmatrix} y & b \\ z & c \end{vmatrix}+B\left\{-\begin{vmatrix} x & a \\ z & c \end{vmatrix}\right\}+C\begin{vmatrix} x & a \\ y & b \end{vmatrix} \cdots\cdots\cdots ①$$

の A、B、C を x、y、z に置き換えた式を書いてみます。

$$\begin{vmatrix} x & x & a \\ y & y & b \\ z & z & c \end{vmatrix}=x\begin{vmatrix} y & b \\ z & c \end{vmatrix}+y\left\{-\begin{vmatrix} x & a \\ z & c \end{vmatrix}\right\}+z\begin{vmatrix} x & a \\ y & b \end{vmatrix} \cdots\cdots\cdots ②$$

同じ成分を持つ列がある行列の行列式は 0 になるという p.315 の性質があるので、0 になるはずです。実際に計算してみると、

$$\begin{aligned} & x\begin{vmatrix} y & b \\ z & c \end{vmatrix}+y\left\{-\begin{vmatrix} x & a \\ z & c \end{vmatrix}\right\}+z\begin{vmatrix} x & a \\ y & b \end{vmatrix} \\ &= x(yc-zb)+y\{-(xc-za)\}+z(xb-ya) \\ &= xyc-xzb-yxc+yza+zxb-zya \\ &= 0 \end{aligned}$$

と0になりました。

これを踏まえて、次のような3×3行列と3×3行列の積を計算してみましょう。

$$\begin{pmatrix} \begin{vmatrix} y & b \\ z & c \end{vmatrix} & -\begin{vmatrix} x & a \\ z & c \end{vmatrix} & \begin{vmatrix} x & a \\ y & b \end{vmatrix} \\ -\begin{vmatrix} B & b \\ C & c \end{vmatrix} & \begin{vmatrix} A & a \\ C & c \end{vmatrix} & -\begin{vmatrix} A & a \\ B & b \end{vmatrix} \\ \begin{vmatrix} B & y \\ C & z \end{vmatrix} & -\begin{vmatrix} A & x \\ C & z \end{vmatrix} & \begin{vmatrix} A & x \\ B & y \end{vmatrix} \end{pmatrix} \begin{pmatrix} A & x & a \\ B & y & b \\ C & z & c \end{pmatrix} \quad \cdots\cdots ③$$

左側の行列の成分は、2×2の行列式になっています。

左側の行列の(2, 2)成分は、$\boldsymbol{P}$の(2, 2)余因子になっています。注意しなければいけないのは、対角成分から外れた成分です。

左側の行列の(1, 2)成分は、$\boldsymbol{P}$の(2, 1)余因子になっています。1と2が入れ替わっています。

積の行列の(1, 1)成分は①の右辺に、(1, 2)成分は②の右辺になります。他の成分についても同様で、積の行列は、

$$\begin{pmatrix} |P| & 0 & 0 \\ 0 & |P| & 0 \\ 0 & 0 & |P| \end{pmatrix} \quad \cdots\cdots ④$$

と、対角成分が$\boldsymbol{P}$の行列式に、それ以外の成分は0になります。

③の左側の行列のように、$\boldsymbol{P}$に対し、その**余因子を転置で並べた行列を余因子行列**と呼び、$\tilde{\boldsymbol{P}}$で表します。

すると、③を計算して④になるので、

$$\tilde{\boldsymbol{P}}\boldsymbol{P} = |\boldsymbol{P}|\,\boldsymbol{E} \quad \cdots\cdots ⑤ \qquad \frac{1}{|\boldsymbol{P}|}\tilde{\boldsymbol{P}}\cdot\boldsymbol{P} = \boldsymbol{E}$$

det|P|(≠0とする)で割って、

と書くことができますから、$\boldsymbol{P}$ の逆行列は、

$$\boldsymbol{P}^{-1} = \frac{1}{|\boldsymbol{P}|}\widetilde{\boldsymbol{P}} \qquad \cdots\cdots\cdots⑥$$

と求めることができます。

$\boldsymbol{P}$ の逆行列を成分で具体的に書くと、

$$P^{-1} = \frac{1}{\begin{vmatrix} A & x & a \\ B & y & b \\ C & z & c \end{vmatrix}} \begin{pmatrix} \begin{vmatrix} y & b \\ z & c \end{vmatrix} & -\begin{vmatrix} x & a \\ z & c \end{vmatrix} & \begin{vmatrix} x & a \\ y & b \end{vmatrix} \\ -\begin{vmatrix} B & b \\ C & c \end{vmatrix} & \begin{vmatrix} A & a \\ C & c \end{vmatrix} & -\begin{vmatrix} A & a \\ B & b \end{vmatrix} \\ \begin{vmatrix} B & y \\ C & z \end{vmatrix} & -\begin{vmatrix} A & x \\ C & z \end{vmatrix} & \begin{vmatrix} A & x \\ B & y \end{vmatrix} \end{pmatrix}$$

となります。模式的に書くと、

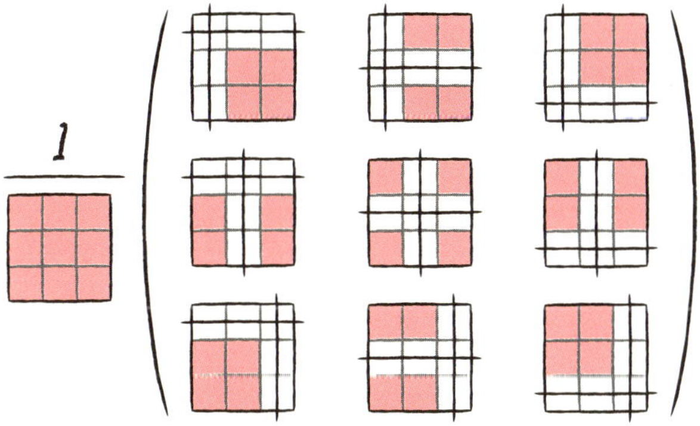

4 × 4 行列の場合でも、⑤の関係式はやはり成り立ちますから、逆行列は⑥の形に書くことができます。

4 × 4 行列の場合を図の式で書けば、

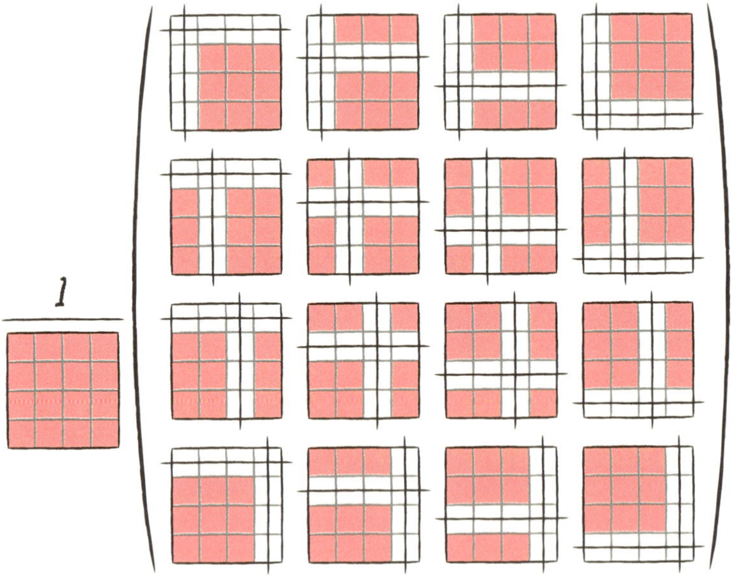

となります。

上では、各成分が文字の場合について、逆行列を求めました。逆行列は、分母にもとの行列の行列式がくるので、成分が具体的な数で行列式が 0 になる場合は、逆行列が存在しないことになります。

逆行列の存在

$n \times n$ 行列 A について、

$|A| = 0$ のとき、逆行列が存在しない。

$|A| \neq 0$ のとき、逆行列が存在する。

これに関連して、n 個の n 次元列ベクトルが線形独立であるか線形従属であるかを、行列式を計算することによって判断する方法を紹介しましょう。

n 個の n 次元列ベクトル $\{\vec{a}_1,\ \vec{a}_2,\ \cdots,\ \vec{a}_n\}$ について、$\boldsymbol{A}$ を

$$\boldsymbol{A}=(\vec{a}_1\quad \vec{a}_2\quad \cdots\quad \vec{a}_n)$$

とおくと、

$|\boldsymbol{A}|\neq 0$ のとき、$\{\vec{a}_1,\ \vec{a}_2,\ \cdots,\ \vec{a}_n\}$ は線形独立　……①

$|\boldsymbol{A}|=0$ のとき、$\{\vec{a}_1,\ \vec{a}_2,\ \cdots,\ \vec{a}_n\}$ は線形従属

となります。

①を説明してみましょう。

$$c_1\vec{a}_1+c_2\vec{a}_2+\cdots\cdots+c_n\vec{a}_n=\vec{0}\quad \cdots\cdots②$$

を $\boldsymbol{A}$ を用いて書くと、

$$\boldsymbol{A}\begin{pmatrix} c_1 \\ \vdots \\ c_n \end{pmatrix}=\begin{pmatrix} 0 \\ \vdots \\ 0 \end{pmatrix}$$

$|\boldsymbol{A}|\neq 0$ のとき、$\boldsymbol{A}$ は逆行列を持ち、$\boldsymbol{A}^{-1}$ を左から掛けると、

$$\boldsymbol{A}^{-1}\boldsymbol{A}\begin{pmatrix} c_1 \\ \vdots \\ c_n \end{pmatrix}=\boldsymbol{A}^{-1}\begin{pmatrix} 0 \\ \vdots \\ 0 \end{pmatrix}\quad つまり、\begin{pmatrix} c_1 \\ \vdots \\ c_n \end{pmatrix}=\begin{pmatrix} 0 \\ \vdots \\ 0 \end{pmatrix}$$

と、②を満たす c_1、c_2、$\cdots$、c_n は、$(c_1,\ c_2,\ \cdots,\ c_n)=(0,\ 0,\ \cdots,\ 0)$ のみなので、$\{\vec{a}_1,\ \vec{a}_2,\ \cdots,\ \vec{a}_n\}$ は線形独立です。

$|\boldsymbol{A}|=0$ のとき、$\{\vec{a}_1,\ \vec{a}_2,\ \cdots,\ \vec{a}_n\}$ が線形従属になることの説明は、最終節にまわします。

3 × 3 行列の逆行列を、余因子行列を用いて求めてみましょう。

演習問題

$\boldsymbol{A} = \begin{pmatrix} 3 & 2 & 1 \\ 8 & 6 & 1 \\ 5 & 4 & 1 \end{pmatrix}$ の逆行列 $\boldsymbol{A}^{-1}$ を、余因子行列を用いて求めてください。

解答

$$A^{-1} = \frac{1}{\begin{vmatrix} 3 & 2 & 1 \\ 8 & 6 & 1 \\ 5 & 4 & 1 \end{vmatrix}} \begin{pmatrix} \begin{vmatrix} 6 & 1 \\ 4 & 1 \end{vmatrix} & -\begin{vmatrix} 2 & 1 \\ 4 & 1 \end{vmatrix} & \begin{vmatrix} 2 & 1 \\ 6 & 1 \end{vmatrix} \\ -\begin{vmatrix} 8 & 1 \\ 5 & 1 \end{vmatrix} & \begin{vmatrix} 3 & 1 \\ 5 & 1 \end{vmatrix} & -\begin{vmatrix} 3 & 1 \\ 8 & 1 \end{vmatrix} \\ \begin{vmatrix} 8 & 6 \\ 5 & 4 \end{vmatrix} & -\begin{vmatrix} 3 & 2 \\ 5 & 4 \end{vmatrix} & \begin{vmatrix} 3 & 2 \\ 8 & 6 \end{vmatrix} \end{pmatrix}$$

$$= \frac{1}{\begin{pmatrix} 3\cdot6\cdot1+8\cdot4\cdot1+5\cdot2\cdot1 \\ -3\cdot4\cdot1-8\cdot2\cdot1-5\cdot6\cdot1 \end{pmatrix}} \begin{pmatrix} 6\cdot1-4\cdot1 & -(2\cdot1-4\cdot1) & 2\cdot1-6\cdot1 \\ -(8\cdot1-5\cdot1) & 3\cdot1-5\cdot1 & -(3\cdot1-8\cdot1) \\ 8\cdot4-5\cdot6 & -(3\cdot4-5\cdot2) & 3\cdot6-8\cdot2 \end{pmatrix}$$

$$= \frac{1}{2} \begin{pmatrix} 2 & 2 & -4 \\ -3 & -2 & 5 \\ 2 & -2 & 2 \end{pmatrix}$$

6 行列式は平行四辺形の面積、平行六面体の体積
―― 行列式の図形的意味

行列式って図形的には何を表しているの？

行列 $\boldsymbol{A}$ を係数として持つ連立 1 次方程式 $\boldsymbol{A}\vec{x} = \vec{b}$ の解の分母にくるものが、行列式 $\det \boldsymbol{A}$ だと言いました。

実は、図形的側面から見たとき、行列式にはもう 1 つの大きな一面があります。

2 次の場合から見ていきましょう。

$\boldsymbol{P} = \begin{pmatrix} a_x & b_x \\ a_y & b_y \end{pmatrix}$ の行列式 $\det \boldsymbol{P} = a_x b_y - a_y b_x$ は、$\vec{a} = \begin{pmatrix} a_x \\ a_y \end{pmatrix}$、$\vec{b} = \begin{pmatrix} b_x \\ b_y \end{pmatrix}$

で張られる平行四辺形の面積になっているのです。　$\vec{a} = \begin{pmatrix} a_x \\ a_y \end{pmatrix}$、$\vec{b} = \begin{pmatrix} b_x \\ b_y \end{pmatrix}$

で張られる平行四辺形とは、$\vec{a}$ と $\vec{b}$ との始点を合わせ、その始点、$\vec{a}$ の終点、$\vec{b}$ の終点を頂点にもつ、図のような平行四辺形のことです。

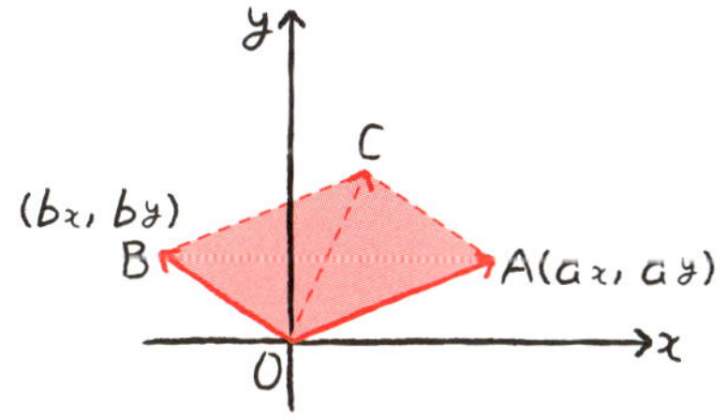

さっそく確かめてみましょう。

$\vec{a}=\begin{pmatrix}4\\1\end{pmatrix}$、$\vec{b}=\begin{pmatrix}2\\3\end{pmatrix}$のとき、$\vec{a}$、$\vec{b}$で張られる平行四辺形の面積が、行列式で表されることを計算して確かめます。

$\boldsymbol{P}=\begin{pmatrix}4&2\\1&3\end{pmatrix}$の行列式を計算すると、

$$\det\boldsymbol{P}=\det\begin{pmatrix}4&2\\1&3\end{pmatrix}=4\cdot3-1\cdot2=10$$

です。$\vec{a}=\begin{pmatrix}4\\1\end{pmatrix}$、$\vec{b}=\begin{pmatrix}2\\3\end{pmatrix}$で張られる平行四辺形の面積を実際に計算してみると、

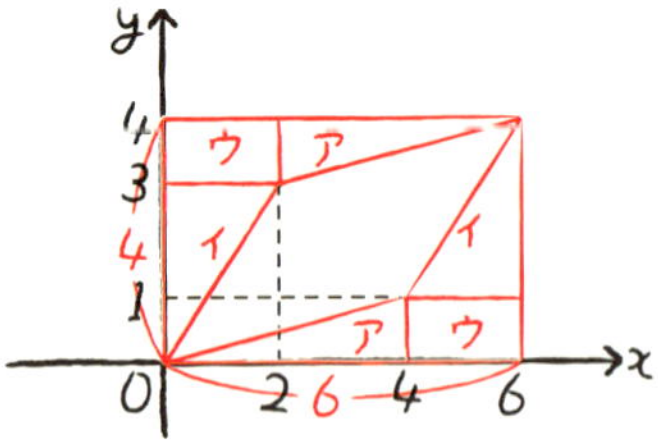

$$4\times6-\underbrace{1\times4\div2}_{ア}\times2-\underbrace{2\times3\div2}_{イ}\times2-\underbrace{1\times2}_{ウ}\times2=10$$

と確かにあっています。

でも、ちょっと待ってください。

$\vec{a}=\begin{pmatrix}2\\3\end{pmatrix}$、$\vec{b}=\begin{pmatrix}4\\1\end{pmatrix}$と先ほどの値を入れ替えた場合で計算してみましょう。このベクトルで張られる平行四辺形の面積を計算すると、

$\boldsymbol{P}=\begin{pmatrix}2&4\\3&1\end{pmatrix}$の行列式を計算して、

$$\det\boldsymbol{P}=\det\begin{pmatrix}2&4\\3&1\end{pmatrix}=2\cdot1-3\cdot4=-10$$

と負の値になってしまいます。

ちょっと違和感がありますが、絶対値をとると面積になるということでよしとしましょう。

こういうこともあるので、行列式が何を表すかをまとめると次のようになります。

$\boldsymbol{P}=\begin{pmatrix} a_x & b_x \\ a_y & b_y \end{pmatrix}$ の行列式 $\det \boldsymbol{P} = a_x b_y - a_y b_x$ は、

$\vec{a}=\begin{pmatrix} a_x \\ a_y \end{pmatrix}$、$\vec{b}=\begin{pmatrix} b_x \\ b_y \end{pmatrix}$ で張られる平行四辺形の符号付き面積になっている。

「符号付き」という言葉で、面積は正で出る場合もあるけれど、負で出る場合もありますよ、と譲歩しているのです。

実は、どういうときに面積が正になり、どういうときに負になるかは、$\vec{a}$、$\vec{b}$ の位置関係を見れば、行列式を計算せずとも求めることができます。

反時計回りで見て、$\vec{a}$ のほうが先にくるとき、面積は正のまま求まります。$\vec{b}$ のほうが先にくるとき、面積にマイナスが付いた値が求まります。

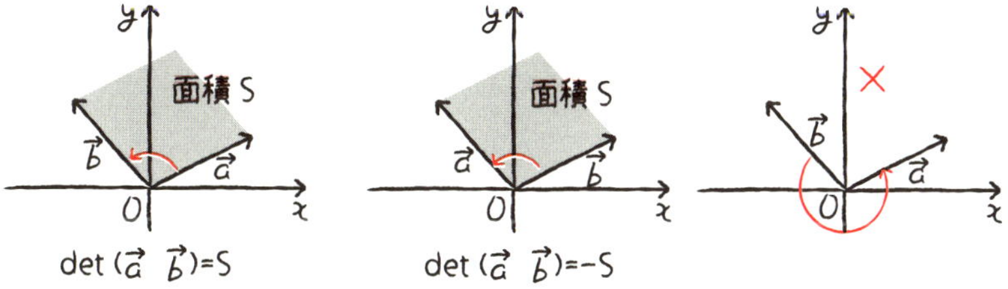

「反時計回りで見る」といっても、一番右の図のようにわざわざ大回りをしてはいけませんよ。あくまでも小さいほうで見ていきます。

なぜ、2次の行列式が平行四辺形の面積を表しているのかを説明しておきましょう。

行列の成分がすべて正の場合、かつ、反時計回りで見て、$\vec{a}$ が $\vec{b}$ より先に来る場合で説明してみます。

平行四辺形の面積は三角形の面積の 2 倍ですから、p.357 の行列式

$\det \boldsymbol{P} = a_x b_y - a_y b_x$ の 2 分の 1 が、

$$\vec{a} = \begin{pmatrix} a_x \\ a_y \end{pmatrix}、\vec{b} = \begin{pmatrix} b_x \\ b_y \end{pmatrix} \text{で張られる三角形の面積である}$$

ことを説明すればよいでしょう。

これには、三角形の等積移動を用います。等積移動とは、面積を変えずに形を変えていくことです。下図のように底辺(AB) の位置を固定したまま、頂点を底辺に平行な直線 l の上を動かすと、三角形の高さは変わらず、面積は一定です。三角形 ABC と三角形 ABD の面積は等しくなります。

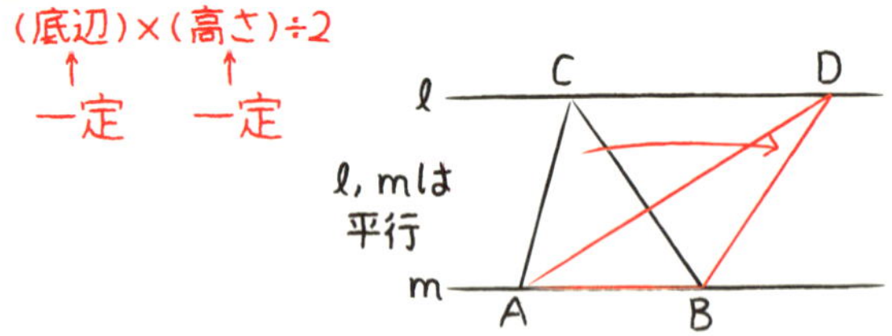

この変形を用いて、$\vec{a} = \begin{pmatrix} a_x \\ a_y \end{pmatrix}$、$\vec{b} = \begin{pmatrix} b_x \\ b_y \end{pmatrix}$ で張られる三角形の形を下図のように変形します。

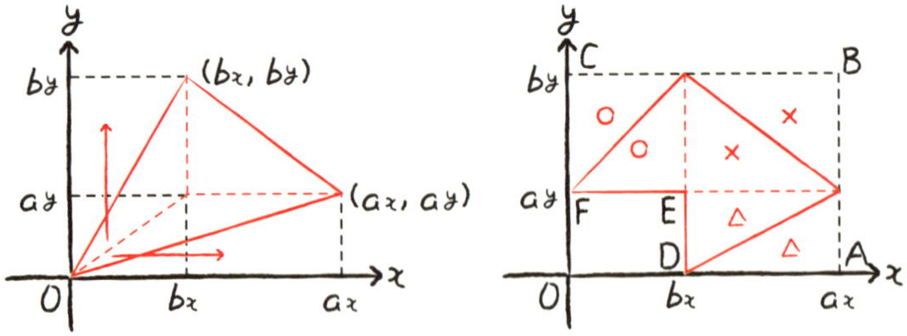

すると、右図の面積の 2 倍は、長方形の面積の差として表されるので、

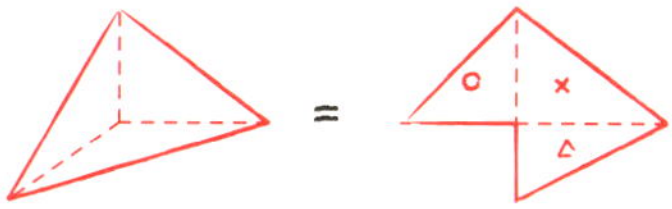

$$= \frac{1}{2}(a_x b_y - a_y b_x)$$

となります。これによって、$\vec{a}$、$\vec{b}$ で張られる三角形の面積が、

$\frac{1}{2}\det \boldsymbol{P}$ で表され、$\vec{a}$、$\vec{b}$ で張られる平行四辺形の面積は $\det \boldsymbol{P}$ で表されることが分かります。

2 次の行列式は、平行四辺形の面積を表しています。

演習問題

(1)　図 1 の平行四辺形の面積を求めましょう。

(2)　図 2 の三角形の面積を求めましょう。

図 1

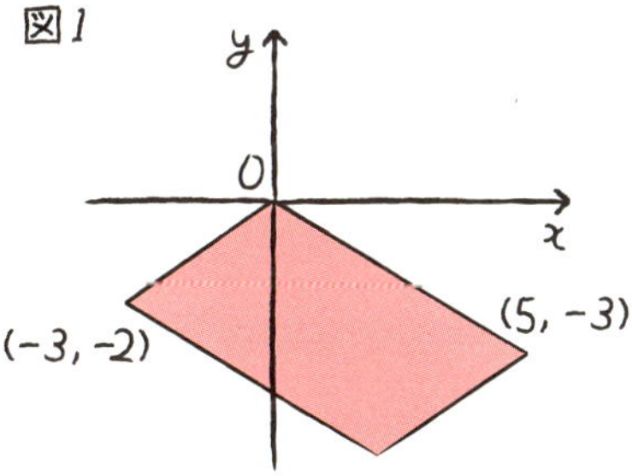

図 2

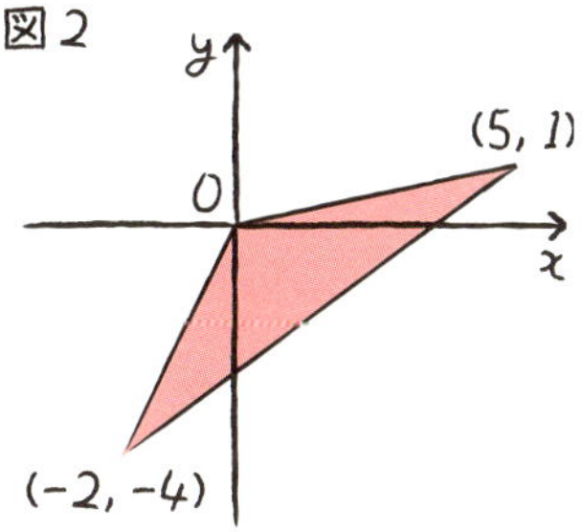

(1)　$\vec{a} = \begin{pmatrix} -3 \\ -2 \end{pmatrix}$、$\vec{b} = \begin{pmatrix} 5 \\ -3 \end{pmatrix}$ とおく。$\vec{a}$、$\vec{b}$ で張られる平行四辺形の面積は、

$$\det(\vec{a}\quad\vec{b}) = \begin{vmatrix} -3 & 5 \\ -2 & -3 \end{vmatrix} = (-3)\cdot(-3) - (-2)\cdot 5 = \mathbf{19}$$

(2)　$\vec{a} = \begin{pmatrix} -2 \\ -4 \end{pmatrix}$、$\vec{b} = \begin{pmatrix} 5 \\ 1 \end{pmatrix}$ とおく。$\vec{a}$、$\vec{b}$ で張られる平行四辺形の面積は、

$$\det(\vec{a}\quad\vec{b})=\begin{vmatrix}-2 & 5\\ -4 & 1\end{vmatrix}=(-2)\cdot 1-(-4)\cdot 5=18$$

$\vec{a}$、$\vec{b}$ で張られる三角形の面積は、これの半分で、

$$18\times\frac{1}{2}=\mathbf{9}$$

◆ 3次の行列式の図形的な意味

続いて、3次の行列式が表す図形量を見ていきましょう。

$\boldsymbol{P}=\begin{pmatrix}a_x & b_x & c_x\\ a_y & b_y & c_y\\ a_z & b_z & c_z\end{pmatrix}$ の行列式 $\det\boldsymbol{P}$ は、

$\vec{a}=\begin{pmatrix}a_x\\ a_y\\ a_z\end{pmatrix}$、$\vec{b}=\begin{pmatrix}b_x\\ b_y\\ b_z\end{pmatrix}$、$\vec{c}=\begin{pmatrix}c_x\\ c_y\\ c_z\end{pmatrix}$ で張られる平行六面体の符号付き体積

になっているのです。

平行六面体とは何でしょう。

平行四辺形とは、長方形の辺の長さを固定しておき、歪(ゆが)ませた図形ですよね。平行六面体は、直方体の辺の長さを固定しておき、歪ませた図形です。

平行四辺形では、2本の平行な辺の組が2組ありますが、平行六面体では、4本の平行な辺の組が3組あります。

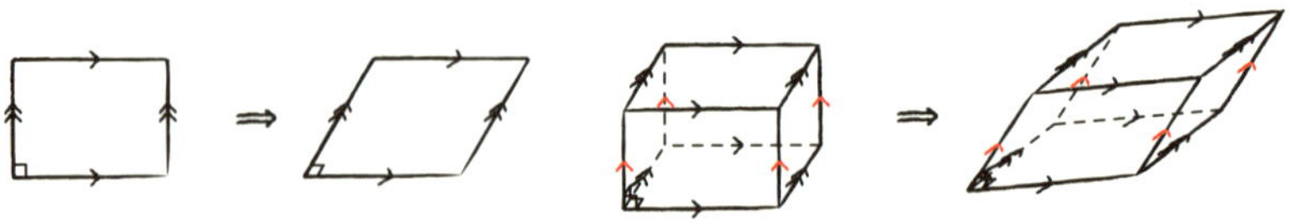

$\vec{a}$、$\vec{b}$、$\vec{c}$ で張られる平行六面体とは、$\vec{a}$、$\vec{b}$、$\vec{c}$ の始点を一致させ、始点と $\vec{a}$、$\vec{b}$、$\vec{c}$ の終点を頂点として持つような平行六面体のことです。

符号付きのところも説明しておきましょう。

$\vec{a}$、$\vec{b}$ を含む平面を π とします。

右手の親指を $\vec{a}$、右手の人差し指を $\vec{b}$ に合わせます。このとき、π から見て、中指の向いた方向と $\vec{c}$ が平面 π に関して同じ側にあれば、$\det \boldsymbol{P}$ は正の値になり、そのまま平行六面体の体積を表しています。

中指の向いた方向と $\vec{c}$ が平面 π に関して異なる側にあれば、$\det \boldsymbol{P}$ は平行六面体の体積にマイナスを付けた値になります。

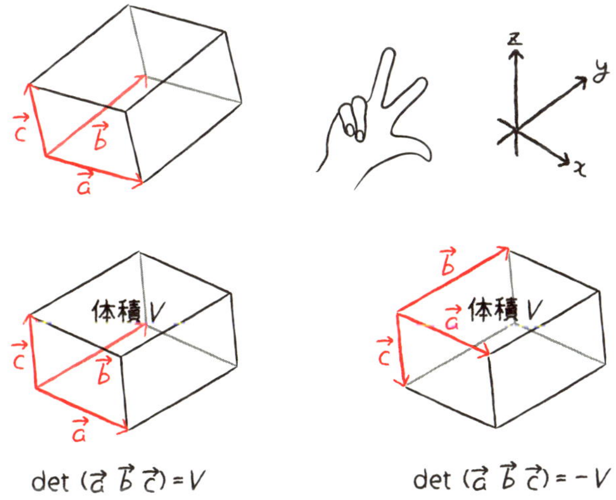

なぜ、平行六面体の体積を表すことになるのか説明してみましょう。

$\vec{a}$、$\vec{b}$、$\vec{c}$ の始点を原点 O に合わせ、終点を A、B、C とします。O を通り、$\vec{a}$、$\vec{b}$ に平行な平面を π とします。

C を通って、$\vec{a}$、$\vec{b}$ に平行な面(π' とする)と z 軸の交わりを H とします。H の座標を$(0,\ 0,\ h)$とします。

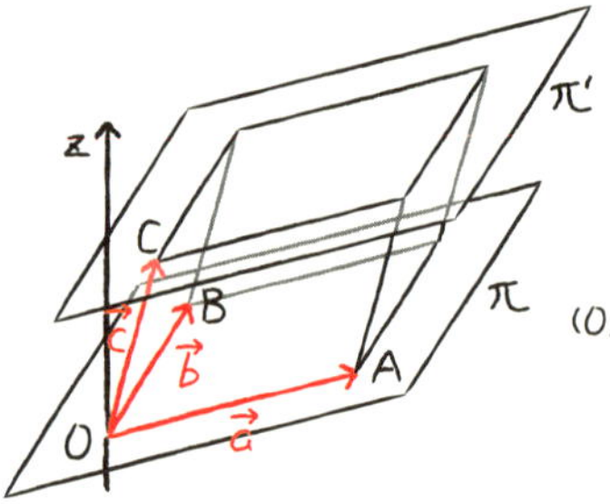

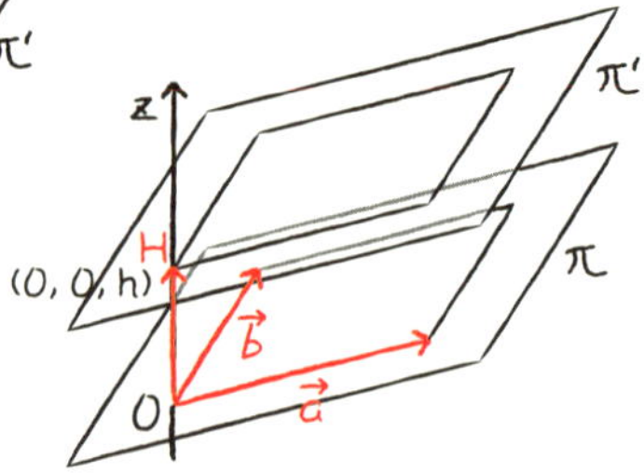

すると、$\vec{a}$、$\vec{b}$、$\vec{c}$ が張る平行六面体の体積と $\vec{a}$、$\vec{b}$、$\overrightarrow{\mathrm{OH}}$ が張る平行六面体の体積は、等積移動の考え方で等しくなります。

平行六面体の体積は、(底面積)×(高さ)で表されますが、どちらも底面は $\vec{a}$、$\vec{b}$ で張られる平行四辺形で、高さは π と π' の距離に等しいからです。

さらに、$\vec{a}$、$\vec{b}$、$\overrightarrow{\mathrm{OH}}$ が張る平行六面体を下図のように変形させます。$\vec{a}$、$\vec{b}$、$\overrightarrow{\mathrm{OH}}$ が張る平行六面体を H を通る水平な平面(xy 平面に平行な面)で切断し、上の部分を下にくっつけると、$\vec{a}$、$\vec{b}$ が張る平行四辺形を xy 平面に正射影した平行四辺形を底面とする高さ h の四角柱になります。したがって、$\vec{a}$、$\vec{b}$、$\vec{c}$ が張る平行六面体の体積と四角柱の体積は等しくなります。

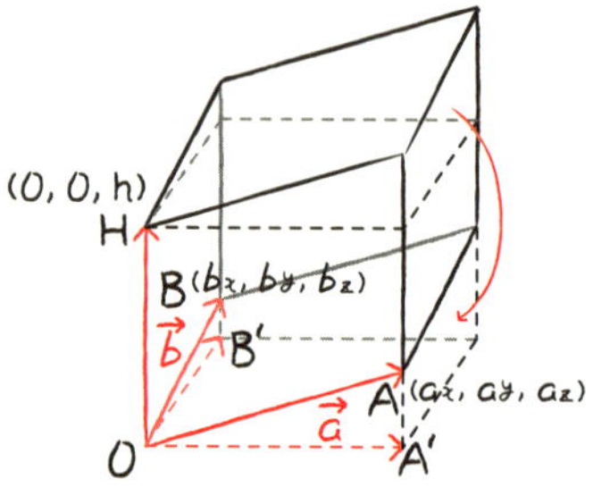

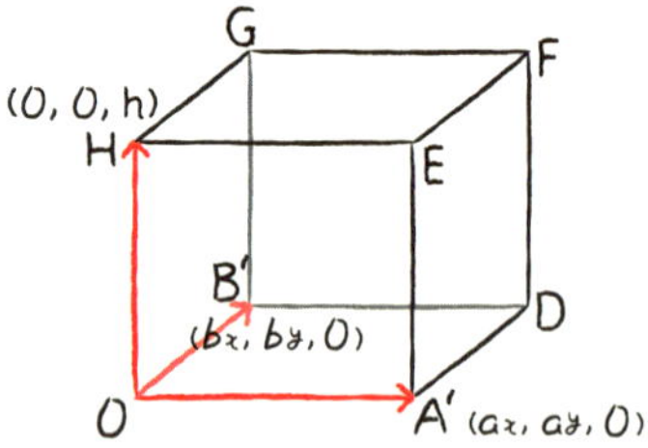

この四角柱の体積を計算してみましょう。

これは、底面積が $a_x b_y - a_y b_x$ で、高さが h ですから、

$$(a_x b_y - a_y b_x)h$$

と表されます。これはちょうど、

$$\begin{pmatrix} a_x & b_x & 0 \\ a_y & b_y & 0 \\ a_z & b_z & h \end{pmatrix}$$

3列目で余因子展開すると、$\begin{vmatrix} a_x & b_x \\ a_y & b_y \end{vmatrix} h$

の行列式になっています。3 列目で展開すれば、上の式になります。

また、H は平面 π' 上の点ですから、実数 α、β を用いて、

$$\begin{pmatrix} 0 \\ 0 \\ h \end{pmatrix} = \overrightarrow{\mathrm{OH}} = \overrightarrow{\mathrm{OC}} + \overrightarrow{\mathrm{CH}} = \vec{c} + \alpha\vec{a} + \beta\vec{b}$$

Cは$\vec{c}$の終点　$\overrightarrow{\mathrm{CH}}$は$\pi'$に含まれるベクトルなので$\vec{a}$と$\vec{b}$の1次結合で表せる

と書くことができます。これらをまとめるとこうなります。

（$\vec{a}$、$\vec{b}$、$\vec{c}$ で張られる平行六面体の体積）

＝（四角柱 OA′DB′－HEFG の体積）　A′, B′は、A, Bをxy平面へ正射影した点

$$= \det\begin{pmatrix} a_x & b_x & 0 \\ a_y & b_y & 0 \\ a_z & b_z & h \end{pmatrix}$$

$$= \det(\vec{a} \quad \vec{b} \quad \overrightarrow{\mathrm{OH}}) = \det(\vec{a} \quad \vec{b} \quad \alpha\vec{a} + \beta\vec{b} + \vec{c})$$

$$= \det(\vec{a} \quad \vec{b} \quad \beta\vec{b} + \vec{c}) = \det(\vec{a} \quad \vec{b} \quad \vec{c})$$

↑3列目に1列目のα倍を足しても行列式の値は変わらない

となります。

結局、$\vec{a}$、$\vec{b}$、$\vec{c}$ で張られる平行六面体の体積が $\det(\vec{a} \quad \vec{b} \quad \vec{c})$ で表されることが分かりました。

> 2 次の行列式は平行四辺形の面積、3 次の行列式は平行六面体の体積を表す。

演習問題

(1)　$\overrightarrow{OA}$、$\overrightarrow{OB}$、$\overrightarrow{OC}$ で張られる平行六面体の体積を求めましょう。

(2)　$\overrightarrow{OA}$、$\overrightarrow{OB}$、$\overrightarrow{OC}$ で張られる三角錐の体積を求めましょう。

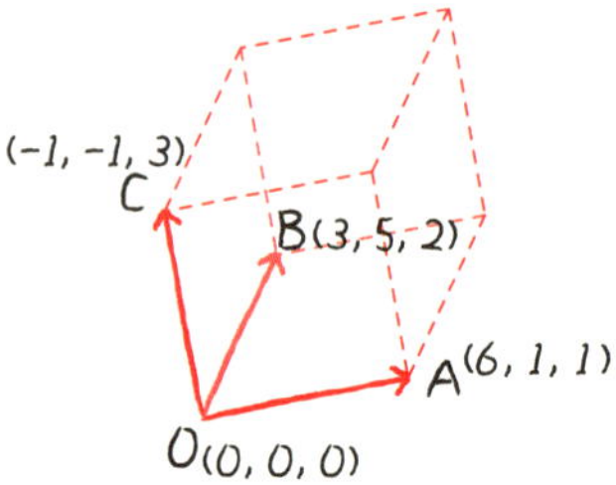

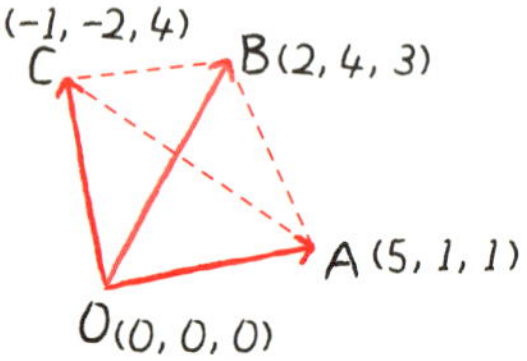

解答

(1)　$\vec{a}=\begin{pmatrix}6\\1\\1\end{pmatrix}$、$\vec{b}=\begin{pmatrix}3\\5\\2\end{pmatrix}$、$\vec{c}=\begin{pmatrix}-1\\-1\\3\end{pmatrix}$ とおく。$\vec{a}$、$\vec{b}$、$\vec{c}$ で張られる平行六面体の体積は、

$$\det(\vec{a}\quad\vec{b}\quad\vec{c})=\begin{vmatrix}6&3&-1\\1&5&-1\\1&2&3\end{vmatrix}$$
$$=6\cdot5\cdot3+1\cdot2\cdot(-1)+1\cdot3\cdot(-1)$$
$$-6\cdot2\cdot(-1)-1\cdot3\cdot3-1\cdot5\cdot(-1)=\mathbf{93}$$

(2)　$\vec{a}=\begin{pmatrix}5\\1\\1\end{pmatrix}$、$\vec{b}=\begin{pmatrix}2\\4\\3\end{pmatrix}$、$\vec{c}=\begin{pmatrix}-1\\-2\\4\end{pmatrix}$ とおく。$\vec{a}$、$\vec{b}$、$\vec{c}$ で張られる平行六面体の体積は、

$$\det(\vec{a}\quad\vec{b}\quad\vec{c}) = \begin{vmatrix} 5 & 2 & -1 \\ 1 & 4 & -2 \\ 1 & 3 & 4 \end{vmatrix}$$

$$= 5\cdot4\cdot4 + 1\cdot3\cdot(-1) + 1\cdot2\cdot(-2)$$

$$-5\cdot3\cdot(-2) - 1\cdot2\cdot4 - 1\cdot4\cdot(-1) = 99$$

$\vec{a}$、$\vec{b}$、$\vec{c}$ で張られる平行六面体の体積は、

($\vec{a}$、$\vec{b}$ で張られる平行四辺形の面積)×高さ

一方、$\vec{a}$、$\vec{b}$、$\vec{c}$ で張られる三角錐の体積は、

($\vec{a}$、$\vec{b}$ で張られる三角形の面積)×高さ× $\frac{1}{3}$

なので、平行六面体と三角錐の体積比は、

($\vec{a}$、$\vec{b}$ で張られる平行四辺形の面積)×高さ

：($\vec{a}$、$\vec{b}$ で張られる平行四辺形の面積)× $\frac{1}{2}$ ×高さ× $\frac{1}{3}$

$$= 1 : \frac{1}{6}$$

よって、$\vec{a}$、$\vec{b}$、$\vec{c}$ で張られる三角錐の体積は、

$$99 \times \frac{1}{6} = \mathbf{\frac{33}{2}}$$

7 BAは、やはり掛け算だよ
―― 行列式の乗法性

ABの行列式は？

前の節では、行列を、ベクトルを並べたものと見たとき、行列式の図形的な意味を紹介しました。

この節では、さらに行列を1次変換fの表現行列に的を絞って、行列式の図形的意味を追求していきましょう。

$\boldsymbol{R}^2$から$\boldsymbol{R}^2$への1次変換fの表現行列が$\boldsymbol{A}=\begin{pmatrix} a & c \\ b & d \end{pmatrix}$のときで調べてみましょう。$\vec{a}=\begin{pmatrix} a \\ b \end{pmatrix}$、$\vec{b}=\begin{pmatrix} c \\ d \end{pmatrix}$とおきます。

表現行列が$\boldsymbol{A}=\begin{pmatrix} a & c \\ b & d \end{pmatrix}$であるということは、標準基底$\{\vec{e_1},\ \vec{e_2}\}$を

$$f(\vec{e_1})=\begin{pmatrix} a \\ b \end{pmatrix}=\vec{a}、f(\vec{e_2})=\begin{pmatrix} c \\ d \end{pmatrix}=\vec{b}$$ に移すということです。

では、$\vec{e_1}$、$\vec{e_2}$で張られる平行四辺形(つまり、正方形)の内部の点は、どこに移されるでしょうか。この正方形$\boldsymbol{S}$を単位正方形と呼ぶことにします。

正方形の内部(周を含む)の点は、x座標もy座標も0以上1以下ですから、0以上1以下のs、tを用いて、

$$s\vec{e_1}+t\vec{e_2}$$

と表されます。$s\vec{e_1}+t\vec{e_2}$にfを作用させると、

$$f(s\vec{e_1}+t\vec{e_2})=sf(\vec{e_1})+tf(\vec{e_2})=s\vec{a}+t\vec{b}$$

ここで、s、t が 0 以上 1 以下の実数を動きますから、$\vec{e}_1$、$\vec{e}_2$ で張られる正方形の内部の点は、$\vec{a}$、$\vec{b}$ で張られる平行四辺形 $\boldsymbol{T}$ の内部の点に移ります。

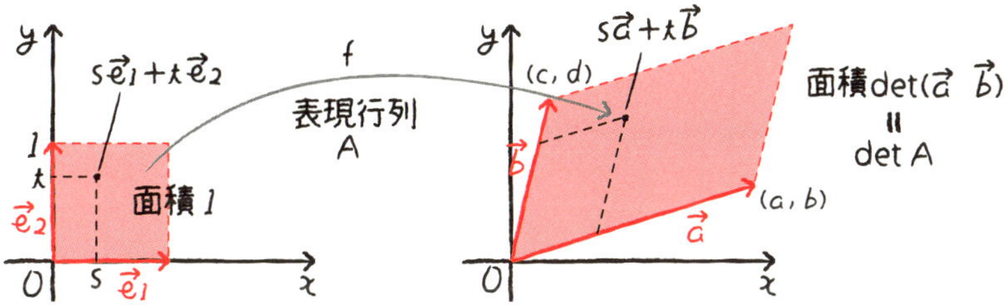

つまり、f によって、正方形が平行四辺形に移るということです。

単位正方形の面積が 1、平行四辺形の面積が $|\det \boldsymbol{A}|$ です。f によって、面積が $|\det \boldsymbol{A}|$ 倍になります。

上の例では、単位正方形を移しましたが、任意の領域に関しても面積は $|\det \boldsymbol{A}|$ 倍になるのです。

例えば、$\boldsymbol{R}^2$ 上の下のような領域 $\boldsymbol{S}$ の点を f で移した点からなる領域 $\boldsymbol{T}$ で考えます。

$\boldsymbol{S}$、$\boldsymbol{T}$ の面積を $|\boldsymbol{S}|$、$|\boldsymbol{T}|$ で表すと、

$$|\boldsymbol{S}| \times |\det \boldsymbol{A}| = |\boldsymbol{T}|$$

が成り立ちます。

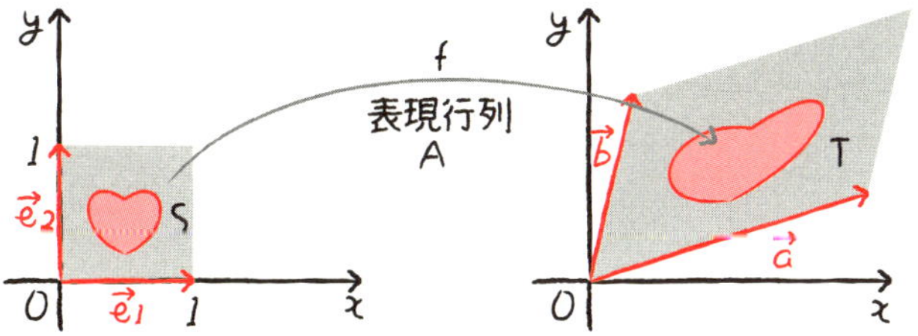

これは、$\boldsymbol{S}$ を小さい格子が集まったものと考えると納得がいきます。小学校では、下左図のような図形の面積を求めなさい、という問題から面積の講義が始まりましたよね。曲線で囲まれた領域であっても、細かい正方形に分けて考えれば、面積を求めることができるのでした。

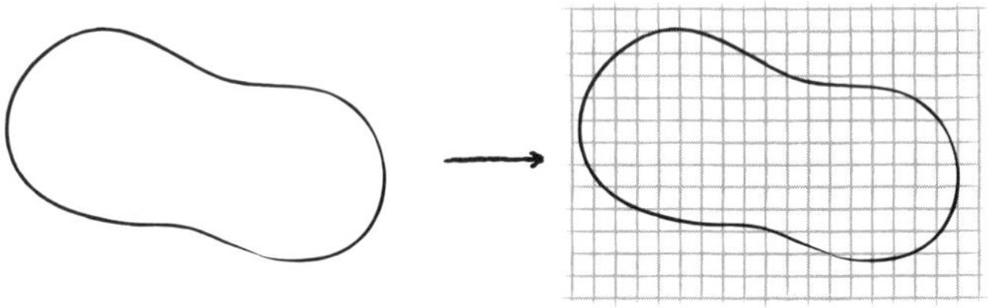

小さい格子については、それを f によって移すと面積は $|\det \boldsymbol{A}|$ 倍になりますから、全体でも面積が $|\det \boldsymbol{A}|$ 倍になるのです。

ここで、$\boldsymbol{BA}$ の行列式を考えてみましょう。$\boldsymbol{A}$、$\boldsymbol{B}$ が $\boldsymbol{R}^2$ から $\boldsymbol{R}^2$ への1次変換 f、g の表現行列であるとします。

すると、単位正方形 $\boldsymbol{S}$ を $g \circ f$（表現行列 $\boldsymbol{BA}$）で移してできる平行四辺形 $\boldsymbol{T}$ の面積は、$|\det \boldsymbol{BA}|$ となります。

$$|\boldsymbol{T}| = |\det \boldsymbol{BA}|$$

一方、$g \circ f$ を段階に分けて考えましょう

単位正方形は f によって、面積が $|\det \boldsymbol{A}|$ の平行四辺形 $\boldsymbol{U}$ に移されます。

$$|\boldsymbol{U}| = |\det \boldsymbol{A}|$$

さらに、この平行四辺形 $\boldsymbol{U}$ を g で移すと、面積は $|\det \boldsymbol{B}|$ 倍になりますから、

$$|\boldsymbol{T}| = |\det \boldsymbol{B}| \times |\boldsymbol{U}| = |\det \boldsymbol{B}| \times |\det \boldsymbol{A}|$$

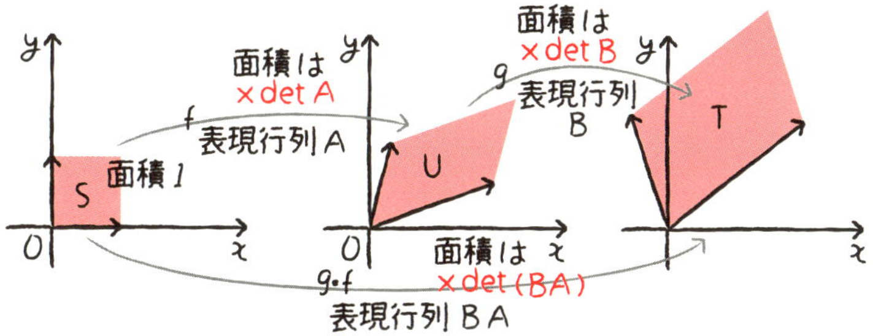

つまり、$|\boldsymbol{T}|$を2通りに表したことから、

$$|\det \boldsymbol{BA}| = |\det \boldsymbol{A}| \times |\det \boldsymbol{B}|$$

が成り立つことが分かります。

実は、絶対値記号は取り除くことができ、

$$\det \boldsymbol{BA} = \det \boldsymbol{B} \cdot \det \boldsymbol{A}$$

が成り立ちます。

いま、2次の行列に関して、この式が成り立つことを紹介しましたが、3次以上の行列に関してもこの式は成り立っています。

また、上の式より、

$$\det \boldsymbol{BA} = \det \boldsymbol{B} \cdot \det \boldsymbol{A} = \det \boldsymbol{A} \cdot \det \boldsymbol{B} = \det \boldsymbol{AB}$$

となるので、

$$\det \boldsymbol{AB} = \det \boldsymbol{BA}$$

が成り立っています。

最後にこの式を用いて、p.353で残っていた説明を完成させましょう。

n 個の n 次元列ベクトル $\{\vec{a}_1,\ \vec{a}_2,\ \cdots,\ \vec{a}_n\}$ について、$\boldsymbol{A}$ を

$$\boldsymbol{A} = (\vec{a}_1\ \ \vec{a}_2\ \ \cdots\ \ \vec{a}_n)$$

とおくと、$\det \boldsymbol{A} = 0$ のとき、$\{\vec{a}_1,\ \vec{a}_2,\ \cdots,\ \vec{a}_n\}$ は線形従属になることを説明してみましょう。

p　q

これを証明する代わりに、対偶をとって、$\{\vec{a}_1,\ \vec{a}_2,\ \cdots,\ \vec{a}_n\}$ は線形独立のとき、$\det \boldsymbol{A} \neq 0$ となることを証明します。

qでない

pでない　「pならばq」の代わりに、「qでないならばpでない」を証明すればよい

$\{\vec{e}_1,\ \vec{e}_2,\ \cdots,\ \vec{e}_n\}$ を n 次元列ベクトルの標準基底とします。

$\{\vec{a}_1,\ \vec{a}_2,\ \cdots,\ \vec{a}_n\}$ は、n 次元列ベクトルで、n 個の線形独立なベクトルですから基底となります。そこで、基底 $\{\vec{a}_1, \vec{a}_2, \cdots, \vec{a}_n\}$ を基底 $\{\vec{e}_1, \vec{e}_2, \cdots, \vec{e}_n\}$ に取替えることを考えます。取替え行列を $\boldsymbol{P}$、n 次の単位行列を $\boldsymbol{E}$ とすると、

$$(\vec{e}_1\ \ \vec{e}_2\ \ \cdots\ \ \vec{e}_n) = (\vec{a}_1\ \ \vec{a}_2\ \ \cdots\ \ \vec{a}_n)\boldsymbol{P}$$
$$\boldsymbol{E} = \boldsymbol{AP}$$

これの行列式をとると、

$$\det \boldsymbol{E} = \det \boldsymbol{A} \times \det \boldsymbol{P}$$

左辺は 1 なので、$\det \boldsymbol{A} \neq 0$ であることが導かれます。

演習問題で p.369 の式を確認してみましょう。

演習問題

p.188 の(1)、(3)で、

$$\det \boldsymbol{A} \cdot \det \boldsymbol{B} = \det \boldsymbol{AB} = \det \boldsymbol{BA}$$

すなわち、$|\boldsymbol{A}||\boldsymbol{B}| = |\boldsymbol{AB}| = |\boldsymbol{BA}|$

が成り立つことを確認してください。

解答

$$A=\begin{pmatrix}1 & 3\\ 4 & 6\end{pmatrix}\quad B=\begin{pmatrix}-1 & 3\\ 2 & -1\end{pmatrix}\quad AB=\begin{pmatrix}5 & 0\\ 8 & 6\end{pmatrix}\quad BA=\begin{pmatrix}11 & 15\\ -2 & 0\end{pmatrix}$$

$$|A|=\begin{vmatrix}1 & 3\\ 4 & 6\end{vmatrix}=1\cdot 6-4\cdot 3=-6,\quad |B|=\begin{vmatrix}-1 & 3\\ 2 & -1\end{vmatrix}=(-1)\cdot(-1)-2\cdot 3=-5$$

$$|AB|=\begin{vmatrix}5 & 0\\ 8 & 6\end{vmatrix}=5\cdot 6-8\cdot 0=30,\quad |BA|=\begin{vmatrix}11 & 15\\ -2 & 0\end{vmatrix}=11\cdot 0-(-2)\cdot 15=30$$

よって，$|A||B|=|AB|=|BA|$ が成り立っている

$$A=\begin{pmatrix}3 & 1 & 1\\ -1 & 2 & -1\\ -2 & 1 & 4\end{pmatrix},\quad B=\begin{pmatrix}2 & 1 & 2\\ 5 & -4 & -1\\ 3 & 0 & 1\end{pmatrix},\quad AB=\begin{pmatrix}14 & -1 & 6\\ 5 & -9 & -5\\ 13 & -6 & -1\end{pmatrix}$$

$$BA=\begin{pmatrix}1 & 6 & 9\\ 21 & -4 & 5\\ 7 & 4 & 7\end{pmatrix}$$

$$|A|=\begin{vmatrix}3 & 1 & 1\\ -1 & 2 & -1\\ -2 & 1 & 4\end{vmatrix}=3\cdot 2\cdot 4+(-1)\cdot 1\cdot 1+(-2)\cdot 1\cdot(-1)$$
$$-3\cdot 1\cdot(-1)-(-1)\cdot 1\cdot 4-(-2)\cdot 2\cdot 1=36$$

$$|B|=\begin{vmatrix}2 & 1 & 2\\ 5 & -4 & -1\\ 3 & 0 & 1\end{vmatrix}=2\cdot(-4)\cdot 1+5\cdot 0\cdot 2+3\cdot 1\cdot(-1)$$
$$-2\cdot 0\cdot(-1)-5\cdot 1\cdot 1-3\cdot(-4)\cdot 2=8$$

$$|AB|=\begin{vmatrix}14 & -1 & 6\\ 5 & -9 & -5\\ 13 & -6 & -1\end{vmatrix}=14\cdot(-9)\cdot(-1)+5\cdot(-6)\cdot 6+13\cdot(-1)\cdot(-5)$$
$$-14\cdot(-6)\cdot(-5)-5\cdot(-1)\cdot(-1)-13\cdot(-9)\cdot 6=288$$

$$|BA|=\begin{vmatrix}1 & 6 & 9\\ 21 & -4 & 5\\ 7 & 4 & 7\end{vmatrix}=1\cdot(-4)\cdot 7+21\cdot 4\cdot 9+7\cdot 6\cdot 5$$
$$-1\cdot 4\cdot 5-21\cdot 6\cdot 7-7\cdot(-4)\cdot 9=288$$

よって，$|A||B|=|AB|=|BA|$ が成り立っている

◆付録◆
さらに学びたい人のためのブックガイド

最後までお読みいただきありがとうございました。

この本を読むことで線形代数のあらすじをつかんでいただけたことと思います。

さらに深く線形代数を学んでいきたい方、また、線形代数を応用する分野を学んでいきたい方のために、参考図書を紹介していきます。文章中、「本書」と述べたときは、

「まずはこの一冊から　意味がわかる線形代数」

のことを指すものとします。

●**「1 冊でマスター　大学の線形代数」**　石井俊全（技術評論社）

拙著で恐縮ですが、線形代数をより詳しく学びたいのであれば、本書の次に読むべき本はずばりこの本です。

書名に「大学の」とあるように、理学部・工学部・経済学部の大学 1 年生を読者対象に想定して書かれていますが、この本が役立つのは学生ばかりではありません。

この本では、本書でフォローしきれなかった、定理・法則についての証明や線形代数の高度な概念を具体例で示しながら丁寧に説明しています。これらについて知りたい方は、ぜひ一度この本を手に取ってみてください。

本書では、事実だけを示すことに留め、証明を与えなかった定理には、基本変形におけるランクの不変性、行列式の計算法則、$\det AB = \det A \cdot \det B$ などがあります。この本ではどの定理にも理解しやすい証明を載せています。「理解しやすい」というところがポイントです。学習者が読めない難解な証明が載っている本も多いからです。この本では一般論の証明であっても、適度に具体化することで証明を理解してもらえるように工夫してあります。

また、本書で扱うことができなかった進んだ概念には、ケーリー・ハミルトンの定理、交空間・和空間、直和、商空間、2 次形式、2 次曲線、2 次曲面、ジョルダン標準形、単因子などがあります。これらについても問題とともに分かりやすく紹介しています。特に、ジョルダン標準形（5 章 7 節で言及）については力を入れて説明してあります。

ジョルダン標準形の理論は、線形代数の最高峰であり、これが理解できれば線形代数は卒業と言ってもよいほど難易度が高いものです。線形代数の講座では、後期の試験で行列をジョルダン標準形に直す問題が出題されます。

しかし、多くの本では、行列をジョルダン標準形に直すテクニックだけを紹介してあったり、理論は書かれていても記述の分量が少なくかつ難解であったりするので、

ジョルダン標準形について深くは理解できていないという人が多いのが現状です。この本では、ジョルダン標準形の計算方法だけでなく、なぜそのような計算をするのかといった背景の理論についても詳しく解説して完全理解を目指しています。いまのところ（2016年5月）、和書の中ではジョルダン標準形を学ぶのに一番理解しやすい本になっていると自負しています。

理論について手厚いことを強調しましたが、演習問題も豊富に収録してあります。この本は講義編と別冊の演習編からなり、十分な演習量を確保することができます。もしもあなたが大学生で、線形代数の講義の単位を取るために期末テストの問題を時間内に解き切る実力を身に付けたいというのであれば、この本は最適です。

●「ベクトル・行列がビジュアルにわかる 線形代数と幾何　多次元量の図形的解釈」

江見圭司　江見善一（共立出版）

「ビジュアルにわかる」と銘打っていることからも分かるように、図版が豊富な書籍です。ベクトル・行列の図像的イメージを大切にして解説していく姿勢は、本書とも重なっています。

この本には、他の本では読むことができないトピックスが2点あります。

1つ目は、空間図形の式を丁寧に扱っているところです。この本では、3次元空間中の直線、平面の式をベクトルと絡めて扱っています。以前の教育課程では、文系の人でも当たり前のように学んだ項目ですが、現行の教育課程ではエアポケットのように欠落している箇所です。現行の線形代数の参考書を書いている多くの著者にとっては、高校で学習し慣れ親しんだ知識でしょうから、直線、平面の式に言及しても、さらっと流してしまっているのです。1次式が表している図形的対象を知っておくことは、連立1次方程式の図形的理解の大いな助けになると考えます。本書では割愛したところです。

2つ目は、2次曲線を説明しているところで、2次曲線とは、x、y の2次式で表される曲線のことで、具体的には、楕円、放物線、双曲線などです。

本書では、4章6節のところで、回転移動の表現行列を紹介しました。2次曲線の話題は、この後ろにつながる話題です。

本書でも、このあと2次曲線の話題を挿入しようかと考えましたが、楕円、双曲線の式を知らない人に初めからきちんと説明するには紙幅を費やさなければならないので割愛しました。線形代数の本の中には、この話題を巻末に持ってきているものも、いくつか見受けられます。

2次曲線を扱うだけなら他の本でも扱っている例があります。この本の特筆すべき点は、2 次曲線を円錐の切断面であるとして、図形的解釈から説き起こしている点です。現行の高校の課程でも、2 次曲線を扱っていますが、楕円・双曲線の図形的性質を式の上で確認するだけです。円錐の切断面であることから、その図形的性質を導いているわけではありません。

こうした解説の本が入手できる形で存在していることは、数学教育の観点から大きな意義があると思います。

●「これなら分かる応用数学教室—最小二乗法からウェーブレットまで」

金谷健一（共立出版）

本書では、固有値・固有ベクトルの概念をイメージ豊かに理解してもらうのがひとつのテーマでした。固有値・固有ベクトルの概念は幅広い応用例があります。その応用の一端として、本書ではコラムで「主成分分析」の解説を盛り込みました。

多変量解析の理論を解説している本で初学者にも読める本を探すのは一苦労です。多変量解析のソフトの扱い方を図入りで丁寧に示している本はいくらもあるのですが、「多変量解析」と銘打っている本で、多変量解析の理論を分かりやすく解説している本はなかなか見当たりません。理論書は急に難しくなる傾向があり、初心者向けに多変量解析の理論のイメージを説く本がないのが現状です。そんな中で、この本は多変量解析の主成分分析が比較的分かりやすく書いてあります。

固有値・固有ベクトルには、主成分分析以外の多くの華麗な応用例があります。それらのうち、この本では、フーリエ変換、画像処理、ウェーブレットなどが紹介されています。

また、この本のよいところは、初学者が疑問に思うようなところを、節末で言及しているところです。ここの箇所は対話形式で書かれているので、なお読みやすいでしょう。言い放しにしていないところに好感が持てます。

●「線形代数入門」 齋藤正彦（東京大学出版会）

入門とありますが、決してやさしい本ではありません。読みこなすためには、数学の表記・記述になれておく必要があります。数学科や物理学科へ行く人は、この本の内容を十分咀嚼しておかなければなりません。

そうでない人でも、線形代数の諸定理を証明までつけてしっかりと理解したいのであれば、この本を最終目標とするとよいでしょう。ベクトル、行列、線形空間、対角化など、線形代数周辺のことであれば、ほとんどのことが書かれています。ジョルダン標準形については、単因子論という抽象的な概念を用いて説明しています。

⊙さくいん⊙

著者略歴

石井 俊全（いしい・としあき）

1965 年、東京生まれ。
東京大学建築学科卒、東京工業大学数学科修士課程卒。
「大人のための数学教室 和」講師。
書籍編集の傍ら、中学受験算数、大学受験数学、数検受験数学から、多変量解析のための線形代数、アクチュアリー数学、確率・統計、金融工学（ブラックショールズの公式）に至るまで、幅広い分野を、算数・数学が苦手な人に向けて講義をしている。

著書
『中学入試 計算名人免許皆伝』（東京出版）
『1 冊でマスター 大学の微分積分』
『1 冊でマスター 大学の線形代数』（いずれも技術評論社）
『まずはこの一冊から 意味がわかる統計学』
『まずはこの一冊から 意味がわかる多変量解析』
『ガロア理論の頂を踏む』
『一般相対性理論を一歩一歩数式で理解する』（いずれもベレ出版）

まずはこの一冊(いっさつ)から 意味(いみ)がわかる線形代数(せんけいだいすう)

2011 年 6 月 25 日 初版発行
2025 年 6 月 20 日 第 11 刷発行

著者	石井(いしい) 俊全(としあき)
カバーデザイン	B&W⁺
図版	溜池 省三
DTP	WAVE 清水 康広

発行者	内田 眞吾
発行・発売	ベレ出版 〒162-0832　東京都新宿区岩戸町12 レベッカビル TEL.03-5225-4790 FAX.03-5225-4795 ホームページ　https://www.beret.co.jp/ 振替 00180-7-104058
印刷	モリモト印刷株式会社
製本	根本製本株式会社

落丁本・乱丁本は小社編集部あてにお送りください。送料小社負担にてお取り替えします。

ISBN 978-4-86064-288-4 C2041　　編集担当　坂東一郎